管理學基礎

主編 王建華、薛穎

崧燁文化

前　言

　　管理學是一門建立在經濟學、心理學、行為學、社會學、數學等基礎之上的綜合性和實踐性很強的應用性學科，是學習經濟、管理專業的入門課程，是掌握完備知識體系的重要基礎。

　　在現代社會中，管理作為組織實現目標的一種手段，可以說無時不在、無處不在。人們不管從事何種工作，都在參與管理活動，要麼管理國家，要麼管理組織，要麼管理業務，要麼管理家庭、管理子女。可以說，國家的興衰、組織的成敗、家庭的貧富無不與管理工作是否得當有關。

　　本書在繼承、借鑑前人的研究基礎上研究和探討了各種社會組織管理活動的基本規律和一般方法。這些基本規律和科學方法對所有管理領域具有普遍適用性。

　　18-19世紀，在亞當·斯密的分工理論和查理·巴貝奇機械製造業管理理論的指導下，英國的生產管理獲得了飛速發展，英國由此成為當時世界經濟最發達的國家。進入20世紀以後，在泰勒的科學管理（1911）、福特的移動式裝配流水生產線（1913）、休哈特的質量控制（1931）等一系列管理思想和技術的推動下，美國經濟獲得了突飛猛進的發展，美國在20世紀成為世界第一經濟強國。20世紀60-70年代，日本創造性地推行了全面質量管理和準時制生產等管理手段，這使日本變成當時世界第二大經濟強國。由此可見，哪個國家最先創造性地推廣使用了新的管理方法和管理技術，做好了管理工作，其經濟就會獲得快速的發展。因此，學好管理學，掌握管理的基礎理論，提高管理的整體水準，實現管理的科學化，是做好管理工作的前提和基礎。

　　由於編寫時間及編者水準所限，教材中肯定存在一些不足或錯誤之處，懇請各位批評指正。

編者

目 錄

第一章　管理概述 ……………………………………………（1）
　　第一節　管理的基本概念 …………………………………（2）
　　第二節　管理的原理與方法 ………………………………（12）
　　第三節　管理者 ……………………………………………（19）
　　第四節　管理學 ……………………………………………（24）

第二章　管理理論的發展 ……………………………………（31）
　　第一節　古典管理理論 ……………………………………（31）
　　第二節　行為科學理論 ……………………………………（38）
　　第三節　現當代管理理論 …………………………………（44）
　　第四節　管理理論的新發展與趨勢 ………………………（54）

第三章　預測與決策 …………………………………………（60）
　　第一節　預測與決策概述 …………………………………（60）
　　第二節　決策的理論 ………………………………………（68）
　　第三節　決策的過程 ………………………………………（71）
　　第四節　決策方法 …………………………………………（73）

第四章　計劃 …………………………………………………（85）
　　第一節　計劃概述 …………………………………………（86）
　　第二節　計劃的類型 ………………………………………（89）
　　第三節　計劃工作程序 ……………………………………（91）
　　第四節　計劃工作一般方法 ………………………………（93）

第五章　組織 ……………………………………………………… (100)

- 第一節　組織概述 …………………………………………… (101)
- 第二節　組織結構設計 ……………………………………… (104)
- 第三節　組織文化 …………………………………………… (119)

第六章　領導 ……………………………………………………… (129)

- 第一節　領導的概述 ………………………………………… (130)
- 第二節　領導理論 …………………………………………… (135)
- 第三節　領導的原則、方法和藝術 ………………………… (143)

第七章　激勵 ……………………………………………………… (150)

- 第一節　激勵概述 …………………………………………… (151)
- 第二節　激勵理論 …………………………………………… (153)
- 第三節　激勵的基本途徑與手段 …………………………… (161)

第八章　溝通 ……………………………………………………… (167)

- 第一節　溝通概述 …………………………………………… (167)
- 第二節　溝通的基本類型 …………………………………… (171)
- 第三節　溝通的障礙及其改善 ……………………………… (181)
- 第四節　人際關係溝通 ……………………………………… (186)
- 第五節　組織溝通 …………………………………………… (190)

第九章　控制 ……………………………………………………… (198)

- 第一節　控制概述 …………………………………………… (198)

第二節　控制工作原則和要求 …………………………………（203）

　第三節　控制的過程與方法 ……………………………………（207）

第十章　管理創新 ……………………………………………（217）

　第一節　創新概述 ………………………………………………（217）

　第二節　管理創新的基本內容 …………………………………（224）

　第三節　創新的方法與策略 ……………………………………（232）

　第四節　創新理論的發展趨勢 …………………………………（238）

第一章　管理概述

導入案例

發展的難題

　　A建築公司原本是一家小企業，僅有十多名員工，主要承攬一些小型建築項目和室內裝修工程。創業之初，大家齊心協力，幹勁十足，經過多年的艱苦創業和努力經營，目前已經發展成為員工過百的中型建築公司，有了比較穩定的顧客，生存已不存在問題，公司走上了比較穩定的發展道路。但是，公司仍有許多問題讓經理胡先生感到頭疼。

　　創業初期人手少，胡經理和員工不分彼此，大家也沒有分工，一個人頂幾個人用，拉項目、與工程隊談判、監督工程進展，誰在誰做，大家不分晝夜，不計較報酬，有什麼事情飯桌上就可以討論解決。經理為人隨和，十分關心和體貼員工。由於胡經理的工作作風以及員工工作具有很大的自由度，大家工作熱情高漲，公司因此得到快速發展。

　　然而，隨著公司業務的發展，特別是經營規模不斷擴大之後，胡經理在管理工作中不時感覺到不如以前得心應手了。首先，讓胡經理感到頭疼的是那幾位與自己一起創業的「元老」，他們自恃勞苦功高，對後來加入公司的員工，不管他們在公司中的職位高低，一律不看在眼裡。這些「元老」們工作散漫，不聽從主管人員的安排。這種散漫的作風很快在公司內部蔓延開來，對新來者產生了不良的示範作用。公司再也看不到創業初期的那種工作激情了。其次，胡經理感覺到公司內部的溝通經常不順暢，大家誰也不願意承擔責任，一遇到事情就來向他匯報，但也僅僅是遇事匯報，很少有解決問題的建議，結果導致許多環節只要胡經理不親自去推動，似乎就要「停擺」。另外，胡經理還感到公司內部質量意識開始淡化，對工程項目的管理大不如從前，客戶的抱怨也在逐漸增多。

　　上述感覺令胡經理焦急萬分，他認識到必須進行管理整頓。但如何整頓呢？胡經理想抓紀律，想把「元老」們請出公司，想改變公司激勵系統……

他想到了許多，覺得有許多事情要做，但一時又不知道從何處入手，因為胡經理本人和其他「元老」們一樣，自公司創建以來一直一門心思地埋頭苦幹，並沒有太多地琢磨如何讓別人更好地去做事，加上他自己也沒有系統地學習過管理知識，實際管理經驗也欠豐富。

假如你是胡經理：

（1）你認為A建築公司取得成功的因素是什麼？

（2）A建築公司目前出現問題的原因是什麼？應該從哪些方面入手改進管理？

第一節　管理的基本概念

管理活動自古有之。凡是兩人以上進行共同勞動，就必然存在管理。管理作為人類最重要、最基本的活動之一，廣泛地存在於社會生活的各個領域，它是一切有組織的活動所必不可少的組成部分。

人類社會的發展史同時就是一部管理發展史。歷史已經證明，生產力越發達，人類社會越進步，管理也就越重要。一個社會的管理水準越高，其發展也就會越快。管理和科學技術已成為推動現代社會發展的兩大車輪。

一、管理的必要性

管理作為人類一種特殊的社會實踐活動，是任何組織生存與發展所不可缺少的。大量實踐證明，一個單位、一家企業，在其他條件不變的情況下，不同的領導班子和不同的管理方式往往會帶來不同的經營結果。管理正是要解決有限資源與多種目標的矛盾，以便更有效地提高組織利用資源的能力。儘管管理因對象的不同而具有特殊性，由此形成的管理理論也千差萬別，但其所要解決的問題卻具有顯著的普遍性。也正因為如此，管理才有了探索的必要性和可能性。

任何一個組織若要維持自己的生存和發展，首先需要擁有一定的資源，其次要能夠對有限的資源進行合理的配置，以達到最佳的使用效果，從而實現組織目標。一般而言，一個組織的存續至少需要這樣幾種類型的資源：①人力資源，即組織中擁有成員的數量和質量的總和，尤其是人的技能、能力、知識以及他們的協作力和潛力，它是組織中最為重要的資源。②財力資源，即組織所擁有的現金及貨幣資本。由於它可以用來購買物質資源和人力資源，故一個組織所擁有的財力資源的多寡實際上也反應了組織擁有資源的

多寡。③物質資源，即組織存在所需要的諸如土地、廠房、機器設備、辦公室、交通運輸工具、各種材料等物質。對於一個組織而言，物質資源的多寡也可以表現為其擁有財富的多少。④信息資源。它包括知識性信息和非知識性信息兩類。在人類進入知識經濟時代的今天，信息資源對任何一個組織的存續都是非常重要的。⑤時間資源。時間是組織中最稀有、最特殊的資源，因為時間具有不可逆性。除了以上所需的共同資源外，現實中個別組織可能還需要其他特別的資源。

儘管每個組織所擁有的資源在數量、質量、種類上都不盡相同，但肯定是有限的。假使資源的供應是無限的，人們要人有人、要物有物、要資金有資金、要信息有信息、要時間有時間，那麼組織的活動將會為所欲為，管理也將變得多餘。事實上，無論是人類社會賴以生存發展的自然資源，還是組織賴以生存的人文社會資源，都是有限的。雖然當今時代處於信息大爆炸的狀態，但總體上來說信息仍然是有限的。現實中不同的組織所要追求的目標也是多種多樣的，但不管什麼樣的目標，都必然會受到資源有限性的制約。而且人們從自然界攝取資源後所創造的財富相對人們的需求而言也是有限的，因此，管理的基本矛盾就表現為有限的資源與組織目標之間的矛盾。隨著生產力的發展，隨著人類社會的進步，資源與目標的矛盾越來越複雜，管理也就顯得越來越重要。

管理總是為了解決現實中的管理問題，正因為組織的資源是有限的，所以才要求組織充分有效地配置資源，即對有限的不同類型的資源，根據組織目標和產出物內在結構的要求，在量、質等方面進行不同的配比，並使之在產出過程中始終保持相應的比例，從而使產出物成功產出。在資源配置過程中，管理發揮著重要作用。管理作為對組織內有限資源進行有效整合的活動，貫穿於組織資源配置的全過程。

就社會生產過程而言，管理的必要性主要是由以下三個因素決定的：

（1）管理是由共同勞動引起的，是社會化大生產的必然產物。當社會生產力還不發達、人們的生產活動尚未進行分工的時候，根本不需要管理。隨著社會生產力的發展，當很多人在一起從事共同勞動時，由於勞動者之間存在著分工與協作，為了使他們之間動作協調、步調一致，有秩序、有成效地從事生產活動，就需要有一定的管理。在手工業工廠裡，分工協作的共同勞動已使管理成為組織活動不可缺少的條件。但是，一般來說，手工業工廠的生產規模比較小，生產技術和勞動分工比較簡單，因此，管理工作也比較簡單。隨著現代機器大工業的出現，大規模地採用機器進行生產，不僅生產技術複雜，企業內部分工更加精細，協作更加嚴密，生產過程具有嚴格的比例

性和高度的連續性，而且勞動的社會化程度空前提高，社會聯繫更加廣泛。因此要使生產力的各個要素正確地、合理地結合起來，使人力、物力、財力得到有效的配合和利用，就更需要對生產過程加以科學的組織。可見，管理是共同勞動的客觀要求，共同勞動的規模越大，生產的社會化程度越高，勞動分工與協作越精細和嚴密，管理工作也就越重要，對管理的要求也就越高。

（2）管理是現代科學和技術發展的客觀要求，是促進技術進步的有力武器。科學技術是第一生產力，它融合併制約著勞動者、勞動資料及勞動對象這三個生產力的實體要素。管理是生產力中的結合性因素，生產力諸因素的有機結合是靠管理來實現的。離開了管理，不僅生產力諸因素無法有效地結合，而且科學技術的作用也無法發揮，特別是當代科學技術的發展突飛猛進，社會生產力呈現跳躍式發展，科學技術在生產力中的地位越來越顯著。在現代工業生產中，無論是產品的設計、工藝規程的制定、操作方法的選擇、生產過程各階段的劃分與結合等，都必須系統地運用科學技術知識來解決。為了增強企業產品的競爭力，不斷提高產品的質量和勞動生產率水準，就必須大力加強科學技術研究，將科技成果盡快地應用於生產領域。管理是把科學技術成果轉化為實用生產技術的手段和仲介，只有加強管理，才能加速科技成果的轉化。

（3）管理是提高社會效益和經濟效益的重要手段。當今世界，有些國家很富有，有些國家非常貧窮，儘管資源和其他方面的基礎對國家的繁榮與否有很大的影響，然而有的國家資源貧乏但國家富有，而有的國家則資源豐富卻並不富有。事實上，一個國家是否繁榮取決於該國生產率的狀況，亦即該國是怎樣有效利用其人力、財力、土地、原材料、技術和其他資源的。換句話說，一個國家的發達與否取決於其管理效率的高低。企業的情況也一樣，經營管理者的能力差、水準低，必然導致該企業管理的低效率，而不管企業的設備有多麼優良、資金有多麼充足、員工有多麼優秀。由此可見，一個國家、一個民族或者一個企業，由強變弱或由弱變強的轉換力量在很大程度上取決於管理水準的高低；也可以看到，一個單位或企業，在其他條件不變的情況下，不同的領導班子和不同的管理方式完全會帶來不同的狀態，既可能使之起死回生，也可能令其一敗塗地。所以，好的管理可以使各類資源得到最有效的利用，以使人類社會經濟活動更有成效，從而提高社會效益和經濟效益。

二、管理的概念

管理起源於人類的共同勞動，是一種與人類文明共存的社會現象。通過

管理，人們的生產、生活和其他活動才得以有目的、有秩序、有效率地進行。

在西方，管理的含義一般與人類的組織活動有關。人類在實踐中發現，多個人在一起工作能夠完成個人無法完成的任務，於是便逐漸產生了各種社會組織。在組織內，為了協調大家的活動，就要進行管理。

長期以來，學者們從不同的研究角度出發，對管理做出了不同的定義。典型的有：

（1）管理是組織的某一專業職能或綜合職能。例如，美國著名管理學家赫伯特・西蒙認為「管理就是決策」。法國著名學者法約爾認為「管理就是實行計劃、組織、指揮、協調和控制」。

（2）管理是對組織資源或要素進行協調以實現組織目標的活動。

（3）管理是一個活動系列，是連續的動態過程，能發揮多種作用，具有一定特徵。例如，美國學者孔茨等認為：「管理就是創造一種環境，使置身於其中的人們能在集體中一道工作，以完成預定使命和目標。」

（4）「管理是通過他人的努力來達到目標」（美國管理協會的定義）。因此，有人說，管理就是「管」你的。

這些定義從不同的側面和角度揭示了管理的含義或某些方面的屬性，應該說，其對管理本質的認識還是基本一致的。

我們認為，管理是指一定組織中的管理者，通過計劃、組織、激勵、協調、控制等手段實施有效的組織活動，對組織資源進行配置，建立秩序，營造氛圍，以實現組織目標的動態實踐過程。

實際上，管理的內容是廣泛的，一個人有效地利用時間是管理，合理地安排自己的工資收入也是管理。但我們在本教材中討論的管理主要是對一個社會組織而言的。

這個定義包括以下含義：

首先，管理是為實現共同目標而進行的有組織的實踐活動，離開共同目標，管理將無的放矢、不得要領。管理的目的是發揮集體作用，滿足個人努力而無法滿足的需要。人的需要有時通過自身努力可以予以滿足，但在絕大多數情況下通過個人努力是無法滿足的。當人的需要通過個人努力無法滿足時，就求助於集體。但自由組合的集體不久就會產生危機。管理是集體努力產生效果的必要條件。管理有助於達成分散的個體達不到的目標，滿足個人努力無法滿足的需求。

其次，管理的對象是組織要素及其組合和組織系統的運行。組織目標的實現過程具體表現為各項工作任務的執行和完成過程，而要執行和完成工作任務，就必然要求組織的管理者給每一項任務配備必要的人、財、物等生產

力要素，創造良好的組織文化和工作氛圍，並對各部門、各級人員的工作進度和協作關係進行有效協調，確保整個組織系統能夠高效運行。可見，管理活動所指向的對象，既包括組織要素及其組合狀態，也包括組織系統運行狀態。其中，組織要素既包括勞動力、勞動資料、勞動對象等「硬件」，也包括工作任務、組織結構、組織制度、組織精神等「軟件」。或者說，管理既要「管人」，也要「管事」，還要「處關係」。

最後，管理是通過行使一定的管理職能來實現組織目標的，包括決策、計劃、組織、激勵、領導、控制等。管理者的主要工作是行使管理職能，而不是一般的、具體的生產勞動。在組織中，各個管理職能是相互聯繫、不可分割的，並共同形成管理的整體性活動。如組織、領導、控制等職能性活動都要圍繞計劃目標和計劃方案進行，並且各職能性活動相互配合、協調一致才能發揮管理在促進組織目標實現中的作用。

三、管理的特徵

管理的特徵可從以下幾個方面來看：

1. 管理是一種社會現象和文化現象

說管理是一種社會現象，是指任何以共同勞動為基礎的社會組織都需要管理，管理是一種普遍存在的、作用廣泛的社會職能。說管理是一種文化現象，是指管理的社會職能：一方面，體現了特定組織和社會的文化特徵；另一方面，管理作為一種生產力或生產力的表現形式，要能夠反應特定組織和社會的文化發展要求，這樣才能充分發揮其作為生產力的功能和作用。

管理這種現象是否存在，必須具備兩個條件：①兩個人以上的集體活動；②一致認可的目標。管理作為社會組織不可缺少的活動，產生於人們有組織的共同勞動。由於共同勞動，人們需要溝通意願、統一指揮；由於共同勞動，人們需要分工協作、組織協調；由於共同勞動，人們需要統一行動、規範行為。因此，在共同勞動的社會組織中，管理人員及其管理活動就成為必然。組織活動具有明確的目標，沒有共同的目標，就沒有共同勞動。管理人員的職責就是通過管理引導和激勵組織成員為實現組織目標而努力。組織活動需要各種資源，管理就是通過行使計劃、組織、領導和控制等管理職能，實現組織資源的合理配置和組織系統的高效運行。管理活動存在於每一個組織中，組織是管理的載體。

文化泛指一個組織或社會歷史上所創造的物質財富和精神產品的總和，不同文化會對管理產生不同的影響，使其打上一定的文化烙印。因此，管理是無處不在的社會文化現象。管理作為一種有組織的社會職能，一方面，組

織和社會的價值觀、生活習慣、工作方式、行為風格、審美情趣等，或多或少地要反應到管理活動和管理職能上來；另一方面，管理要能夠充分發揮出其作為生產力的功能和作用，就必須符合和代表這個組織或社會中人們的某些共同要求，幫助他們實現其理想、抱負和人生價值，給組織和社會帶來精神與物質生活上的滿足，否則管理就難以發揮出其作為生產力應有的功能和作用。正因為如此，管理和技術一樣，具有很強的地域專用性，脫離當地具體實際，盲目套用別人或國外的管理方法與模式，將無益於本地和本國的經濟發展與社會進步，只能起到事倍功半的效果。

2. 管理的主體是管理者

管理活動是由管理者來實施的。既然管理是讓別人和自己一道去實現組織既定的目標，那麼管理者就要對管理的效果負重要責任。管理者既要管理組織，又要管理各類工作，還要管理組織不同層次中的各類人員。

3. 管理的對象是組織及其資源

管理是通過對人、財、物、信息及其他各種組織資源的運用來實現的，任何管理活動都離不開資源的消耗。資源總是有限的，管理活動無非就是以最低的資源消耗、最佳的活動方式去安排和協調組織行為，從而實現管理的目的。因此，管理的對象是組織及其資源。社會組織按其是否以營利為目的可以分為兩大類，即營利性組織（主要是企業）和非營利組織（包括教育科研、文化藝術、醫療衛生、宗教、慈善福利以及公交、水電、鐵路等社會公共服務機構）。

4. 管理的目的是卓有成效地實現組織目標

管理作為一種手段，總是圍繞著共同的組織目標而進行的。目標不明確，管理就無從談起；目標是否科學合理，直接關係到管理的成敗或成效的高低。同時，管理的根本目的就是要有效地達到組織目標，提高組織活動的成效。一個組織如果沒有內在的效率要求，也就不會產生管理的動力。

5. 管理的核心是處理好人際關係

管理主要是協調、處理人與人之間的活動和利益關係。人既是管理的主體又是管理的客體，管理的大多數情況是人與人打交道，它使組織目標得以實現的同時也滿足了組織中的成員實現其個人目標的願望。因此，管理絕不等價於命令或強制，利用各種方法處理好各階層的關係才是管理的關鍵。可以說，管理的核心就是如何處理好人際關係。

四、管理的性質

管理作為一種普遍的社會文化現象和特殊的實踐活動，具有自己獨特的

性質。

1. 管理的二重性

管理的二重性是指管理具有自然屬性和社會屬性，即與社會化大生產相聯繫的自然屬性、與社會制度相聯繫的社會屬性。從根本上講，管理之所以具有雙重屬性，是因為其對象——社會生產過程本身具有雙重屬性。我們知道，任何社會生產都是在一定的生產方式下進行的，生產過程既是物質資料的再生產過程，同時也是生產關係的再生產過程，這就決定了對生產過程所進行的管理相應地具有雙重屬性。一方面，管理是適應共同勞動的需要而產生的，在社會化大生產條件下，管理具有組織、指揮與協調生產的功能，是社會勞動過程的普遍形態，只要進行社會化大生產，就必然要進行管理，這就是管理的自然屬性，它反應了社會勞動過程的一般要求，是各種不同生產方式下共有的一系列經驗和相關科學方法的總結。這就是說，管理的自然屬性取決於生產力發展水準和勞動的社會化程度，不取決於生產關係，因而它是管理的一般屬性。另一方面，管理又是適應一定生產關係的要求而產生的，具有維護和鞏固生產關係、實現特定生產目的的功能，由此決定了管理的社會屬性。管理的社會屬性取決於社會生產關係的性質，與生產力發展水準無關，勞動的社會結合方式不同，管理的社會性質也就不同。管理的社會屬性是管理的特殊屬性，它表現為勞動過程的特殊歷史形態，為某種生產方式所特有。

2. 管理的科學性與藝術性

（1）管理的科學性。管理是人類重要的社會活動，存在著客觀規律性。管理的科學性，表現在它是以反應管理客觀規律的管理理論和方法為指導的一套具有分析問題、解決問題的作用的科學方法論。

管理科學的形成經歷了漫長的歲月。自有人類歷史以來，人們在由簡單到複雜的管理實踐中不斷總結成功的經驗和失敗的教訓，經過長期的研究、探索和提煉，使管理的思想萌芽逐步形成簡單的概念進而發展成為一套比較完整的、反應管理過程客觀規律的理論知識體系，使得管理活動能夠在一系列體現管理客觀規律的原理、原則和方法的指導下進行。

管理作為科學，就是指人們發現、探索、總結和遵循客觀規律，在邏輯的基礎上建立系統化的理論體系，並在管理實踐中應用管理原理與原則，使管理成為在理論指導下的規範化理性行為。

人們不斷地通過管理活動的結果檢驗管理理論與方法的正確性及有效性，從而使管理科學的理論與方法在實踐中不斷得到豐富和發展。因此，管理作為一個活動過程，其間蘊含著客觀規律，成功的管理總是遵循客觀規律辦事

的結果。如果管理者掌握了系統的管理知識、方法及其運行規律，就可能對管理中存在的問題提出正確的解決思路，並採取有效的改進措施，從而取得令人滿意的管理效果；反之，則可能憑經驗辦事，「拍腦袋」決策，不但不能很好地解決管理中的問題，甚至可能因決策失誤而給組織造成嚴重損失。可見，如果不承認管理的科學性，不按規律辦事，違反管理的原理與原則，隨心所欲地進行管理，就必然導致管理中的隨意性、「一言堂」甚至獨裁與腐敗，就必然受到規律的懲罰，最終導致管理的失敗。

（2）管理的藝術性。管理的藝術性，即強調管理的實踐性。管理雖然可以遵循一定的原理或規範辦事，但它絕不是「按圖索驥」的照章操作行為。管理理論作為普遍適用的原理、原則，必須結合實際應用才能奏效。管理者在實際工作中面對千變萬化的管理對象，要因人、因事、因時、因地制宜，靈活多變地、創造性地運用管理技術與方法解決實際問題，從而在實踐和經驗的基礎上創造了管理的藝術與技巧，這就是管理的藝術性。強調管理的藝術性，目的在於讓管理者意識到，管理科學並不能為人們提供解決一切問題的標準答案，掌握了管理理論也並不意味著管理活動就一定能夠成功。管理者要想實施有效的管理，更好地實現組織目標，必須以管理科學提供的一般理論和基本方法為指導，根據所處的組織內外環境，充分發揮積極性、主動性和創造性，因地制宜地將抽象的管理理論與具體的管理實踐緊密結合起來，採用適當的方法靈活地、創造性地解決所遇到的問題。如果管理者掌握了嫻熟的管理技巧，而不是單純依靠書本上的知識進行僵化的管理，則可能取得較好的管理效果。

真正掌握了管理知識的人，應該能夠熟練地、靈活地把這些知識應用於實踐，並能根據自己的體會不斷創新。這一點同其他學科不同，學會了數學分析，就能求解微分方程；背熟了制圖的所有規則，就能畫出機器的圖紙。管理則不然，背會了所有管理原則，不一定能夠有效地進行管理。重要的是培養靈活運用管理知識的技能，這種技能在課堂上是很難培養的，需要在實際管理工作中去掌握。

管理是科學與藝術的結合。管理既是科學，又是藝術，這種科學與藝術的劃分是大致的，其間並沒有明確的界限。說它是科學，是強調其客觀規律性；說它是藝術，則是強調其靈活性與創造性。而且，這種科學性與藝術性在管理實踐中並非是截然分開的，而是相互作用、共同發揮管理的功能，共同促進目標的實現。管理需要科學的理論指導，沒有理論指導的實踐是盲目的實踐，盲目的實踐必然導致失敗。但是，管理理論是管理實踐的概括與抽象，具有較強的原則性，而每一項具體的管理活動都是在特定條件下展開的，

因此，要結合實際進行創造性的管理。

五、管理的職能

　　管理的職能在社會發展過程中不斷地得到豐富和發展。20世紀初，法國工業家法約爾（1916）在其著作《工業管理與一般管理》中寫道，所有管理者都行使著五種管理職能：計劃、組織、指揮、協調和控制。在法約爾之後，許多學者對管理職能做了進一步的探討，並出現了許多不同的學派。如戴維斯（1934）認為管理有三項職能，即計劃、組織和控制。古利克（1937）認為管理有七項職能，即計劃、組織、人事、指揮、協調、報告和預算。孔茨和奧唐奈（1955）認為管理有四項職能，即計劃、組織、人事和控制。特里（1972）認為管理有四項職能，即計劃、組織、激勵和控制。儘管學者們的劃分不盡相同，但計劃、組織、領導和控制是各學派公認的職能。本書將管理的職能劃分為計劃、組織、領導和控制，在章節編排上的順序是預測與決策、計劃、組織、領導、激勵、溝通與協調、控制等。其中，預測與決策、溝通與協調在管理的各種職能中都要用到，有學者也將其稱為管理的職能。

　　1. 預測與決策

　　預測就是通過調查分析，根據過去和現在的經驗對未來形勢進行主觀判斷的過程。決策是決策者在佔有大量信息和豐富經驗的基礎上，對未來的行為確定目標，並借助一定的手段、方法和技巧，對影響決策的諸因素進行分析研究，從兩個以上備選的可行方案中確定一個滿意方案的分析判斷過程。未來形勢的發展變化受到多種因素影響，這些影響因素是不確定和不斷發展變化的，對未來形勢的發展變化很難十分準確地進行預測，因而決策就存在一定的風險。要做出正確的決策，就必須進行系統的調查研究，全面收集信息和資料，進行科學預測，擬訂各種可行方案並進行比較，對選定的滿意方案付諸實施，並在實施過程中不斷進行檢查和信息反饋，以保證政策得以層層落實，並在實踐中評價決策是否正確。管理的過程是不斷發現和解決問題的過程，從某種意義上說，決策就是為了解決問題而採取的對策。預測是決策的前提，預測為決策提供依據，預測的質量直接決定著決策的質量。決策貫穿於管理的各個方面和層次，是管理過程的核心，是實施其他管理職能的前提和基礎。

　　2. 計劃

　　計劃是管理的首要職能，其他管理工作都只有在計劃工作明確後才能有目的地進行。計劃是對既定目標進行具體安排，制定組織成員在一定時期內的行動綱領，以及實現目標的途徑、方法和對實施效果進行評價的管理活動。

在執行計劃職能時，要對組織的人、財、物等各種要素進行合理分配和使用，要對各個環節進行協調和很好的銜接，要將計劃指標加以分解，具體落實到各個部門和單位，明確目標和責任，並進行控制和考核。因此，計劃是行動綱領，是聯繫組織諸多條件與目標之間的橋樑。科學地制訂計劃，必須對組織的內外部環境進行系統的科學分析，並將計劃指標層層分解落實，通過計劃把各方面的工作有機地組織起來，充分發揮計劃的指導作用，實現既定目標。正確發揮計劃職能的作用，不僅有利於組織主動適應環境變化，統籌安排各項活動，而且有利於正確把握未來，保證組織在變動的環境中穩定發展，還有利於組織對有限的資源進行合理的分配和使用，以取得良好的社會經濟效益。

3. 組織

為了實現決策目標和計劃部署，需要對各種實踐活動所要求的人、財、物等要素以及活動過程本身各環節、各部門在時間和空間上進行有效的組合。組織是指依據既定目標，對成員的活動進行合理的分工和合作，對有限資源進行合理配置和使用以及正確處理人們相互關係的活動。組織的目的就是保證決策和計劃的實施，去實現既定的目標。通過組織可以形成比個體大得多的力量，進行分工協作去完成任務。這就要求依據任務的多少建立卓有成效的組織機構，擬定上下左右聯繫的方式，制定一系列組織制度，使各種要素在總的目標下被充分利用，高效率、保質保量地完成任務。組織職能的具體內容主要包括：設置管理機構、劃分管理層次、確立管理體制；確定各機構的職權範圍、明確相互合作關係；建立信息溝通渠道；人員的配備選拔、考核與獎懲；培育組織發展所需要的組織文化。組織是管理的載體，是其他管理職能活動的組織保證。

4. 領導

一個組織要生存下去並取得成功，就需要有效的領導。而一個領導者是否有效，取決於其所領導的組織目標完成得如何。為了有效地實現組織的目標，不僅要做好計劃，設計合理的組織結構，將組織成員安排在合適的崗位上，而且要使每個成員能以高昂的士氣、飽滿的熱情投入到組織的活動中去。在組織的各種要素和資源中，人的因素對組織目標的實現及實現的程度起著決定性作用，如何調動組織成員的積極性就成了領導工作的重要任務。領導是指領導者利用組織賦予的權力和自身的能力去指揮與影響下屬為實現組織目標而努力工作的過程。領導者通過指揮、指導、協調等去影響個人和集體活動，包括對組織成員進行指導和督促，使他們履行自己的職責，消除無人負責的現象；協調組織活動中各方面的相互關係，解決活動中出現的各種矛

盾和分歧，以保證各個部門和各級人員密切配合、協調一致；合理選拔和使用人才，以實現量才使用、各盡所能、人盡其才，有效地實現組織目標。

5. 激勵

在一個組織中，各個成員的需要和願望既有相同之處又有差異之處，激勵就是通過一定的手段使組織成員的需要和願望得到滿足，以調動他們的工作積極性並充分發揮其個人潛能去實現組織目標的過程。人的需要是多種多樣的，因而激勵的方法也應是多種多樣的，可以通過創造和提供滿足員工個體需求的各種外部條件，誘導和激發其符合組織目標所要求的行為動機，調動其工作的積極性、主動性和創造性。

6. 溝通與協調

溝通就是通過信息的傳遞和思想、觀點、意見的交流，統一人們的意志，協調和改善人際關係，提高組織的凝聚力，促進決策和計劃的有效執行。協調就是對組織的各個環節、各個部門的活動進行統一安排和調度，使之互相配合、緊密銜接，減少矛盾和衝突，有效地實現組織目標。溝通與協調是管理的一項綜合職能，在發揮決策、計劃、組織、激勵和控制職能的過程中都存在著溝通與協調問題，只有通過良好的溝通與協調，才可能充分發揮其他各項管理職能的作用。

7. 控制

由於環境的不確定性、組織活動的複雜性和管理失誤的不可避免性，為了保證有效地實現目標，就必須對環境、組織成員和組織活動等加以控制。控制就是按照既定目標、計劃和標準，對組織活動各方面的實際情況進行檢查，發現偏差並採取措施予以糾正，以保證各項活動按原定計劃進行，或根據客觀情況的變化對計劃進行適當的調整，使其更符合實際的組織活動過程。控制工作具體包括確立控制標準、衡量實際業績、進行差異分析、採取糾偏措施等內容。控制是管理的一項基本職能，也是較易出現問題的一項工作。在許多情況下，人們制訂了良好的計劃，也進行了很好的組織，但由於沒有把握好控制這一環節，最後還是不能達到預期的目的。在組織的整個活動過程中，對各個環節、各項活動都應加強控制，以保證計劃和組織目標的實現。

第二節　管理的原理與方法

一、管理的基本原理

原理是指帶有普遍性的、最基本的、可以作為其他規律的基礎的規律，

是具有普遍意義的道理。管理的基本規律即管理原理，指的是管理領域內具有普遍意義的基本規律，它以大量的管理實踐為基礎，其正確性已經過實踐檢驗和確定，能夠指導管理的理論研究和實踐。管理原理是對現實管理現象的一種抽象和對管理實踐經驗的一種昇華，是對管理實踐的客觀規律進行分析和總結而得出的具有普遍意義的道理。它反應了管理行為具有的規律性、實質性的內容。因此，管理原理可以運用在任何場合和條件下，對一切管理行為和管理方法都具有普遍的指導意義。

1. 系統管理原理

任何組織都是一個只有特定功能的相對獨立的系統，都由若干個相互聯繫、相互制約的要素按一定的結構關係構成，都與外部環境不斷地進行著物質、能量和信息的交換，都是更大系統的一個子系統，在系統內部都存在一定的縱向和橫向分工。要實現組織的宗旨和目標，一個重要的方面就是根據環境條件對組織進行科學設計，使組織的社會職能、結構體制、權責配置、運行機制等與外部環境保持動態的平衡；另一個重要的方面就是對組織發展過程中遇到的各種問題進行系統分析，從整體的、開放的、關聯的角度觀察和處理問題。這就是系統原則的思想。

2. 人本管理原理

人本原理，顧名思義，就是以人為本的原理。它要求人們在管理活動中堅持一切以人為中心、以人的權利為根本，強調人的主觀能動性，力求實現人的全面、自由發展。其實質就是肯定人在管理活動中的主體地位和作用。然而，任何管理理論的提出都有其階級和時代背景，人本原理也不例外。隨著科學技術的日新月異和經濟全球化的到來，各個領域的管理哲學和管理實踐都發生了翻天覆地的變化，人本原理也被賦予了新的時代意義。人本原理主要包括以下觀點：員工是企業的主體；員工參與是有效管理的關鍵；使人性得到最完美的發展是現代管理的核心；服務於人是管理的根本目的。

3. 責任管理原理

管理者為了完成既定的生產或經營任務，就需要為每位員工分配工作任務，在合理分工的基礎上確定每個人的職位，明確規定各職位應擔負的任務，即職責。所以，職責是整體賦予個體的任務，也是維護整體正常秩序的一種約束力。它是以行政規定來體現的客觀規律的要習，而不是隨心所欲的產物。一般來說，分工明確，職責也會明確。但是，實際上的相應關係並不簡單。這是因為，分工一般只是對工作範圍作了形式上的劃分，至於工作的數量、質量、完成時間、效益等要求，分工本身還不能完全體現出來。所以，必須在分工的基礎上通過適當方式把每個人的職責做出明確的規定：首先，職責

界限要清楚，在實際工作中，工作職位距離實體成果越近，職責越容易明確；工作職位距離實體成果越遠，職責就越容易模糊。按照與實體成果聯繫的密切程度，可劃分出直接職責與間接職責、即時責任和事後責任。其次，職責內容要具體，並要做出明文規定。這樣便於執行與檢查、考核。再次，職責中要包括橫向聯繫的內容。在規定某個崗位工作職責的同時，必須規定該崗位同其他單位、個人協同配合的要求，只有這樣，才能提高組織整體的效率。最後，職責一定要落實到每個人，只有這樣，才能做到事事有人負責。

4. 效益管理原理

效益是管理的永恆主題，影響著組織的生存和發展。效益是有效產出與其投入之間的一種比例關係，可以從社會和經濟這兩個不同的角度來考察，即社會效益和經濟效益。經濟效益是講求社會效益的基礎，而講求社會效益又是促進經濟效益提高的重要條件。二者的區別主要表現在：經濟效益較社會效益更直接、顯見，經濟效益可以運用若干種其他形式來間接考核。管理應把經濟效益和社會效益有機地結合起來。

5. 權變管理原理

權變是指相機而變、隨機制宜、隨機應變。具體的權變管理理論的主要觀點有：①把環境對管理的影響作用具體化，把管理理論與管理實踐緊密地聯繫起來。②描述環境變化與管理對策之間的關係。權變關係理論認為，環境（包括組織的內部因素和外部因素）變化是自變量，管理對策（包括管理模式、方案、原則、方法、措施等）與管理變量之間的函數關係即是權變關係，這是權變管理的核心內容。環境可以分為外部環境和內部環境。外部環境又可以分為兩種：一種是由社會、技術、經濟、法律、政治等因素組成；另一種是由供應者、顧客、競爭者、雇員和股東等因素組成。內部環境基本上是正式組織系統，它的各個變量之間是相互聯繫的。總之，權變原理理論的最大特點是：它強調根據不同的具體條件採取相應的組織結構、領導方式、管理機制；把一個組織看成是社會系統中的分系統，要求組織各方面的活動都要適應外部環境的要求。

二、管理方法

管理方法是指各種旨在保證實現組織目標和維護管理活動順利進行的手段與方式的總和。管理活動常用的方法主要有行政方法、經濟方法、法律方法和教育方法等。

1. 行政方法

行政方法就是依靠行政組織的權威，運用命令、規定、指標、條例等行

政手段，以權威性和服從為前提來組織指揮管理活動的方法。它的實質是通過組織以及組織所賦予管理者的職位、職權來行使管理。這種管理方法具有以下特徵：

（1）權威性。行政方法依託於行政組織和領導者的權威。領導者的權威越高，被領導者對信息的接受率就越高。

（2）強制性。行政方法通過發布命令、規定指標、下達指令等，以鮮明的服從為前提來實施強制性的管理。

（3）層次性。行政方法是通過行政層次自上而下、逐級指揮來實施管理活動的，具有鮮明的層次性。橫向同行政級別的指令、指揮往往無效，多頭指揮和越級指揮也違反管理原則。行政方法有它的優點，如有利於集中統一，便於職能的發揮，也是運用其他方法的重要手段；其缺點是橫向聯繫難，不利於子系統發揮其積極性和創造性。因此，行政方法要與其他方法結合起來使用，取其優點，避其缺點，使它更好地發揮作用。

2. 經濟方法

經濟方法是指根據客觀經濟規律，運用各種經濟手段，調節各種不同的經濟利益之間的關係，以獲得較高的經濟效益與社會效益的管理方法。這裡所說的各種經濟手段，主要包括稅收、價格、信貸、利潤、工資、獎勵、罰款以及經濟合同等經濟手段來實施管理的方法。這種方法的實質就是運用經濟規律和物質利益原則來引導人們的行為，正確地處理好國家、集體與勞動者個人三者之間的經濟關係，最大限度地調動各方面的積極性、主動性、創造性和責任感，促進經濟的發展與社會的進步，達到實現管理目標的目的。不同的經濟手段在不同的領域中可發揮不同的作用。

人們除了物質需要以外，還有更多的精神和社會方面的需要。在社會生產力迅速發展的條件下，物質利益的刺激作用將逐步減小，人們更需要接受教育以提高知識水準和思想修養。再者，如果單純運用經濟方法，易導致討價還價、一切向錢看的不良傾向，易助長本位主義、個人主義思想。因此，要注意將經濟方法和教育方法等有機地結合起來。另外，既要發揮各種經濟槓桿各自的作用，更要重視整體上的協調配合。如果忽視綜合運用，孤立地運用單一經濟槓桿，往往不能取得預期的效果。此外，隨著改革開放的深入，要不斷完善各種經濟手段和經濟槓桿，使之趨於合理，以適應經濟發展的需要。經濟方法的主要特點是，對管理對象的作用是間接的。

3. 法律方法

法律方法就是運用法律來實施管理的一種方法，是指國家根據廣大人民群眾的根本利益，通過各種法律、法令、條例和司法、仲裁工作，調整社會

經濟的總體活動和各企業、單位在微觀活動中所發生的各種關係，以保證和促進社會經濟發展的管理方法。

法律方法的內容，不僅包括建立和健全各種法規，而且包括相應的司法工作和仲裁工作。這兩個環節是相輔相成、缺一不可的。只有法規而缺乏司法和仲裁工作，就會使法規流於形式，無法發揮效力；法規不健全，司法和仲裁工作則無所依從，將造成混亂。法律方法的實質是實現全體人民的意志，並維護他們的根本利益，代表他們對社會經濟、政治、文化活動實行強制性的統一的管理。法律方法既要反應廣大人民的利益，又要反應事物的客觀規律，調動和促進各個企業、單位和群眾的積極性、創造性。這種方法具有鮮明的強制性、規範性、權威性和穩定性。使用法律方法對管理的規範化、制度化具有重要作用：首先，它能保證管理必要的秩序，使整個管理系統正常有效地運轉；其次，它能保證管理系統的穩定性；最後，它能有效地調節管理系統之間各種因素的關係。

4. 教育方法

教育方法是指通過傳授、宣傳、啟發、誘導等方式，提高人們的思想政治素質和業務水準，以發揮人的主觀能動作用，是執行管理職能的一種方法。通過教育來提高人的素質，是充分發揮人的作用所必不可少的途徑之一。教育方法是其他方法的前提。不僅其他方法離不開宣傳教育，而且教育方法可以解決其他方法不能解決的問題，如思想認識、理想前途、業務水準的提高等。教育方法也是提高人的素質的重要手段。人的素質在管理中起著十分重要的作用。管理必須通過教育方法大力提高人的素質，使人在組織中發揮更大的作用。

除了以上方法以外，還有其他方法。比如，數學方法就是運用數學來分析經濟現象之間的關係，建立數學模型來揭示資源分配、利用效果及數量界限的一種定量管理方法。數學方法的優點是使管理定量化。但用數學方法必須具備一定的數學知識，如線性規劃方法、生產函數法等。

三、衡量管理的標準

從管理的角度來看，管理是一個投入收益的過程。管理者依據決策與計劃，將人、財、物等資源條件投入生產或服務運轉之中，經過管理主體和管理客體的相互作用與創造，產生出一定的收益。任何一種管理理論或技術革命，無一例外都是為了達到相對投入的降低。相對投入的降低可以通過兩條途徑：一是在一定的投入下收益的增加；二是在一定收益上投入的減少。而收益的增加歸根到底就是為了減少相對投入，或者說降低成本。組織系統是

由組織目的、組織環境、管理主體、管理客體四要素構成的，對於組織而言，減少投入或者降低成本就是在產出一定的情況下減少管理客體的投入。彼得·德魯克在《管理實踐》一書中寫道：「管理人員在做出每一個決定、採取每一個行動時，都必須永遠把經濟績效擺在第一位。只有通過它產生了經濟效果，它才有存在的價值，才有權威；也需要有一些很重大的非經濟的效果，如企業成員的幸福、對一個群體的福利或文化的貢獻，等等。然而，管理如果不能生產出經濟效果，它也就失敗了。它如果不能以消費者願意支付的價格供應消費者想要的貨物和服務，它就失敗了。它如果不能改善或者至少是維持用交換給它的經濟資源製造財富的能力，它就是失敗的。」

　　人們之所以需要管理，是因為管理得好有助於人們更好地實現目標。在現代社會，由於資源相對於人的慾望的普遍缺乏，人們自覺或不自覺地都會運用一些管理的方法來協調資源有限與慾望無限之間的矛盾。那麼，怎樣才能說管理達到了預定的目的，或者說，衡量管理好壞的標準是什麼呢？管理目標的實現程度就是衡量管理工作好壞的標準。那麼，管理的目的是什麼呢？兩個字：效益，即管理者對組織進行管理的目的是使組織產生一定的經濟效益和社會效益。效益高低就是衡量管理水準的標準。任何組織的管理都是為了獲得某種效益。效益的高低直接影響著組織的生存和發展。

　　效益是有效產出與其投入之間的一種比例關係，是指某一特定系統運轉後所產生的實際效果和利益，可從社會和經濟這兩個不同的角度去考察。具體地說，它反應了人們的投入與所帶來的利益之間的關係，即目標的達成度，也就是產出滿足需求的程度。如果我們通過管理所獲得的產出並不是我們所需要的，那麼這種產出再多對我們也毫無意義，相應地，這種管理就是無效的管理。只有當我們通過管理實現了既定的目標，我們的管理工作才是有效的。

　　與組織效益緊密相關的還有組織的效率和效果。

　　效率的含義是隨著生產力的發展而發展的。最初的效率概念就是傳統意義上的勞動生產率，因為在勞動力作為主要生產力的時候，勞動生產率基本上決定了整體的生產力。隨著工業革命的深入，生產者的體力勞動逐步被機器設備所代替，而要購買機器設備就需要大量的資金，因此，資金也被作為生產力要素之一來看待。之後，人們逐漸開始把資金的投入和產出的大小作為衡量企業效率高低的標誌。效率的含義也有了擴展。

　　效率是指投入與產出之比，或成本與收益的對比關係。投入或成本從一般意義上來說就是利用一定的技術生產一定產品或提供一定服務所需要的資源，既包括物質資源，也包括人力資源；既包括有形資源，也包括無形資源。

產出或收益指的是人們利用一定的技術、投入一定的資源生產出來的能夠滿足人們需要或具有一定使用價值的物品或服務，既包括有形產品，也包括無形產品。

一定的投入能取得多大的產出，主要取決於我們所採取的工作方式和方法。因此，我們要用比較經濟的方法來達到預定的目的。如果一定的投入取得了更多的產出，那麼就是提高了效率；同樣，如果產出一定而減少了投入，那就是提高了效率。由於人們所擁有的資源常常是短缺的，因此，就必然關心資源的利用效率，因而有效的管理也就必然與資源成本的最小化有關。管理的目的是通過提高資源利用率以實現更多（或更高）的目標，因此，僅僅效率高是不夠的，管理還要講求效益。

我們可以用公式來表達效率的概念，即

效率＝收益／投入

從該公式不難看出，提高效率所要考慮的內容只有兩個：收益與投入。對組織而言，由於總的投入水準一定，收益越多就是效率越高，反之亦然。而組織中收益的增加是以某些投入（如勞動、原料、管理費用等）為前提的，相對投入越少，說明生產成本越低，因而利潤額就越大。如果沒有這部分投入的相對減少，那麼增產就只是生產規模的擴大，並沒有效率可言。效率的提高，實際上就是相對投入的降低。因此，相對投入的降低也就成了組織最為關心的問題。

在組織系統中，管理客體是人、財、物。管理學一般把人、財、物作為三個平行的要素加以探討，認為管理就在於通過組織、計劃、協調、控制等手段，對人、財、物進行合理的配置，使人盡其才、物盡其用。其實，人是一類因素，財和物則是另一類因素。因為人是有感情的，人在多大程度上接受管理，完全取決於管理者在多大程度上調動了人的積極性、主動性和能動性。管理者越是能夠調動起被管理者的積極性、主動性和能動性，被管理者也就越願意接受管理。在人的管理中，管理和被管理、主動和被動是統一的。對財和物的管理與對人的管理則不同，因為財和物都是一種客觀的、完全由人支配的物質因素。所以，在組織系統中，被控制對象分為兩類：一類是對資金、物資的控制；另一類是對人員、組織的控制。前者主要表現在物資的籌措、供應、使用、保管方面的合理安排，以提高物資、裝備的使用效率；後者多表現為計劃、組織、制度、體制的科學制定，以提高人員的工作效率。

效率與效益是相互聯繫的。如果說效率意味著如何把事情做好，那麼效益則意味著要做對的事。由此可見，效益是解決做什麼的問題，它要求我們確定正確的目標，做有助於目標實現的事；效率是解決怎麼做的問題，它要

求我們選擇合適的行動方法和途徑，以求比較經濟地達成既定的目標。什麼事情該做，取決於我們的目標定位；怎樣才能把事情做好，取決於我們做事的方式方法。效率與效益相比較，效益是第一位的。一件有害於目標實現的事，我們做得越好，損失就越大；而把一件可做可不做的事情做得很好，也無多大價值。因此，有效的管理，首先要求我們要做對的事，其次才是把事情做好。

效果是一項活動的成效與結果，是人們通過某種行為、力量、方式或因素而產生的合乎目的性的結果。即使企業生產的產品質量合格，但居不符合社會需要，在市場上賣不出去而積壓在倉庫裡，最後也會變成廢棄物資。這些產品的生產活動就是沒有效果的，因為它既不符合企業的目標也不符合市場的需求。

效益與效果和效率是既相互區別又相互聯繫的概念，它們之間的關係是：

效益＝效果×效率

要使效果好就要有正確的戰略，要使效率高就要有正確的方法。要提升組織效益就要用正確的方法（策略）做正確的事（戰略）。管理的目的就是既要做對工作又要做好工作。

有效的管理，要求既講求效益又講求效率。僅注重效率而不注重效益，是碌碌無為；僅注重效益而不注重效率，則會得不償失。在日常生活中，人們之所以不能取得良好的管理效果，其中的一個重要原因就是人們常常只注重某一方面而忽視了另一方面。例如，某些政府部門通常只注意如何用各種規章制度、政策法規規範人們的行動，使其保持正確的方向，卻不注重提高辦事效率，不講究方式方法，以致常常錯失時機或不能取得預期的結果；某些企業則只注重效率而忽視了效益，如通過實施計件工資制提高了工人的生產效率，大量生產出來的卻是市場並不需要的商品，以致庫存積壓、負債累累。

第三節　管理者

一、管理者的概念

在任何組織中都有一些人通過執行計劃、組織、領導、控制等職能帶領其他人為實現組織目標而共同努力，即從事管理活動，這些人就是管理者。

一般而言，不管組織的性質如何、規模大小，所有管理者執行的基本職能都大致相同，即構建並維持一種體系，使在這一體系中共同工作的人能夠

用盡可能少的資源消耗完成既定的工作任務，或在資源消耗一定的情況下創造出更多的產品或服務。儘管如此，管理者總是因其各自所在的組織類型和所做的具體工作不同而處於不同的地位和層級，擔任不同的管理職務，掌握不同的權力，承擔不同的管理責任。據此，可以將管理者簡單地劃分為三個層次：高層管理者，例如處於組織最高領導位置的公司總裁、副總裁、總監、總經理等，他們主要負責戰略的制定與組織實施；中層管理者，例如項目經理、地區經理、部門經理等，他們直接負責或協助管理基層管理人員及其工作，在組織中發揮承上啓下的作用；基層管理者，主要是指監工、領班、班組長等，他們處於作業人員之上的組織層次中，主要負責管理作業人員及其工作。

二、管理者的類型

管理者是指在組織中從事管理活動的全體人員，即在組織中擔負計劃、組織、領導、控制和協調等工作以期實現組織目標的人，是組織中最為重要的一個因素。

管理者在組織中工作，但並非組織中的每一個人都是管理者。一個組織的成員可以分為兩類：操作者和管理者。

在組織中，操作者是指直接從事具體實施和操作工作的人。例如，汽車裝配線上的裝配工人、飯店裡的廚師、商場的營業員、醫院裡的醫生、學校裡的教師等，這些人處於組織中的最底層，不具有監督他人工作的職責。

組織中有不同類型的管理者。比如，在學校裡有校長、副校長、系主任以及其他各類管理人員；如果你參加了工作，在工作的地方你可能看到主管人員、財會審計人員、銷售管理人員、車間主任以及總裁、副總裁。這些人都是管理者，他們都在為了實現組織的目標而對人或事進行計劃、組織、領導和控制。

管理者有許多分類方法，最常見的是按照在組織中的級別、職位和職能頭銜將其區分為高層管理者、中層管理者和基層管理者三個層次。

高層管理者是一個組織的高級執行者並負責全面的管理，他們的主要任務是制定組織的總目標、總戰略，把握組織的發展方向，如「在未來兩年中銷售額翻一番」。不過，現在的高層管理者更多地被叫作組織的領導者，他們必須創造和闡述一個為人們所認知且積極認同的公司目的。

中層管理者位於組織高層管理者和基層管理者之間，有時被叫作戰術管理者，他們的主要職責是貫徹執行高層管理人員的重大決策和管理意圖，監督和協調基層管理人員的工作活動，或對某一方面的工作進行具體的規劃和

參謀，如「招聘兩名銷售員」「推出三種新產品」等。中層管理者角色的變化需要他們不僅是管理的控制者，而且還是其下屬的成長教練。他們必須支持下屬並訓導他們，使其更具創新精神。

基層管理者即最直接的一線管理人員，這個角色在組織內是非常關鍵的，因為基層管理者是管理者與非管理性員工之間的紐帶，他們的主要職責是直接給下屬作業人員分派具體工作任務，直接指揮和監督現場作業活動。基層管理者傳統上受上層的指導和控制，以確保其成功地實施支持公司的戰略行動。但在一些優秀的企業內，其作用擴大了。在優秀的公司中，基層管理者執行的作用變弱了，而對其創新和創造性的需要在增加，以實現成長和新業務的開發。

三、管理者的角色

在一個組織中，管理者的角色是一個社會角色。1955 年，美國著名管理大師彼得·德魯克率先提出了「管理者角色」概念。他認為，管理是一種無形的力量，這種力量是通過各級管理者體現出來的，所以管理者扮演著三種角色：管理一個組織、管理管理者、管理工人和工作。20 世紀 60 年代末期，管理學家亨利·明茨伯格進一步提出，管理者扮演著 10 種不同的但卻是高度相關的角色，這些角色可以歸納為三種類型，即人際角色、信息角色和決策角色。

1. 人際角色

人際角色產生的根源在於管理者的正式權力基礎。管理者只要在組織中處於一定的管理層級，擁有組織所賦予的權力，在處理與組織內部成員和其他利益相關者的關係時就要扮演人際角色，包括代表人角色、聯絡者角色和領導者角色。所有管理者都要履行禮儀性和象徵性的義務，在正式場合，代表著一個企業的領導人，扮演代表人角色；當管理者與組織成員一起工作，或在企業內部各部門之間以及與外部利益相關者建立良好關係時，就在扮演聯絡者角色；當管理者出於促使員工努力工作以確保組織目標實現的動機而對組織成員進行教育與培訓、激勵或懲罰時，就在扮演領導者角色。

2. 信息角色

在信息社會中，準確、快捷、全面地傳遞信息，對任何組織都非常重要。從某種意義上講，任何組織的管理者都要有意識地從組織內部或外部接受和收集信息，以便及時瞭解市場變化、競爭者動態以及員工需求等，這時管理者扮演的是監聽者角色；當管理者將自己掌握的重要信息向組織成員進行傳遞時，他便在扮演傳播者角色；當管理者代表組織向外界發布信息或表態時，

他扮演的則是發言人角色。

3. 決策角色

決策是管理者的一項重要職能。當管理者密切關注組織內外環境的變化及事態的發展，隨時準備發現有利機會並利用機會進行投資時，扮演的是企業家角色；當管理者採取措施全力應對出乎意料的突發事件時，扮演的是處理混亂的角色；管理者是資源分配者，因為他負有對組織所掌握的各種資源，包括人力、物力、財力、時間、信息等資源，進行合理配置的責任；管理者還要扮演談判者角色，因為他必須為了組織的利益與其他團體討價還價、商定成交條件。

四、管理者的技能

每位管理者都在自己的組織中從事某一方面的管理工作，都要力爭使自己主管的工作達到一定的標準和要求。管理是否有效，在很大程度上取決於管理者是否真正具備了作為一個管理者應該具備的管理技能。通常而言，作為一名管理人員應該具備管理的技能包括概念技能、人際技能、技術技能三大方面。那些處於較低層次的基層管理人員，主要需要的是技術技能，其次是人際技能；處於較高層次的中層管理人員，更多地需要人際技能，其次才是技術技能與概念技能；而處於最高層次的管理人員，則尤其需要具備較強的概念技能，其次是人際技能與技術技能。

1. 概念技能

概念技能又稱觀念技能，是指管理者對事物的洞察、分析、判斷、抽象和概括的能力，包括理解事物的相互關係從而找出關鍵影響因素的能力、確定和協調各方面關係的能力以及權衡不同方案優劣和內在風險的能力等。管理者不但應看到組織的全貌和整體；瞭解組織與外部環境是怎樣互動的，瞭解組織內部各部分是怎樣相互作用的，能預見組織在社區中所起的社會的、政治的、經濟的作用，知道自己所管部門在組織中的地位和作用，而且還要能夠快速、敏捷地從混亂複雜的情況中辨別出各種因素的相互作用，抓住問題的起因和實質，預測問題發展下去會產生什麼影響，需要採取什麼措施解決問題，這種措施的實施以後會出現什麼後果。顯然，在組織的動態活動中任何管理者都會面臨一些混亂而複雜的環境，需要認清各種因素之間的相互聯繫，以便抓住問題的實質，根據形勢和問題果斷地做出正確的決策。當今社會，決策對於組織的生存與發展至關重要，而概念技能又是影響決策能力與水準的重要因素，擁有出色的概念技能，可以使管理者做出更科學、更合理的決策，所以，管理者必須具備並不斷提升自身的概念技能。在一個組織

中，管理者所處的層次越高，其面臨的問題就越複雜、越無先例可循、越具有多變性，因而越需要概念技能。

2. 人際技能

管理者大多數時間都在與人打交道，他們必須開發領導、激勵和有效溝通的能力。人際技能又稱人際交往技能，是指處理與人事關係有關的技能，即理解、激勵他人並與他人溝通、與人共事、與人打交道的能力。具體來說，包括：聯絡、處理、協調組織內外人際關係的能力；創造一種使人感到安全並能自由發表意見的氛圍，從而激勵和誘導組織成員充分發揮積極性、創造性的能力；正確地指揮和指導組織成員有效開展工作的能力。比如，管理者必須學會同下屬人員溝通並影響下屬人員，還要與上級領導和同級同事打交道，還要學會說服上級領導，領會領導意圖，學會同其他部門同事的緊密合作，還要與相關的外界人員或組織發生相應的聯繫和交往。要想成為一個成功的管理者，與不同類型的人愉快相處並交換信息的能力是不可缺少的。

人際技能是所有管理者都必須具備的重要技能，這種技能對處於不同管理層次的管理者具有同等重要的意義，也是影響管理成效的重要因素。管理者的人際技能越強，越容易取得人們的信任與支持，越可能有效地實施管理，從而收到滿意的管理效果。這是因為，具有高超人際技能的人，既會注意到自己對別人、對工作、對群體的態度，也會關注別人對自己、對工作、對群體的態度；不但虛心接受與自己不同的觀點和信念，而且善解人意，能夠敏銳地觀察別人的需求與動機；善於靈活地與不同的人交往，並在此期間恰如其分地表達自己的誠意，其領導意圖易於得到下屬的認同和理解。

3. 技術技能

技術技能指管理者從事自己管理範圍內的工作時需要運用的技術、方法和程序的知識及經驗。技術技能與管理者所從事的具體業務密切相關，在管理者技能層次結構中，屬於最具體、最基本的技能。例如，車間主任要熟悉各種機械的性能、使用方法、操作程序以及各種材料的用途、加工工序等，辦公室管理人員要熟悉組織中有關的規章、制度以及相關法規，熟悉公文收發程序、公文種類及寫作要求等。對於管理者來說，雖然沒有必要使自己成為精通某一領域技能的專家（因為他可以依靠有關專業技術人員來解決專門的技術問題），但也必須瞭解相當的專業知識，掌握最基本的專業技能。管理者越是熟練掌握技術技能，越能夠有效地指導下屬工作，也就越能得到下屬的尊重和信任。否則，就很難與他所主管的組織內的專業技術人員進行有效的溝通，從而也就無法對他所管轄的業務範圍內的各項管理工作進行具體的指導。毋庸置疑，醫院的院長不應該是對醫療過程一竅不通的人，學校的校

長也不應該是對教學科研工作一無所知的人，軍事首長更不能對軍事指揮一無所知。當然，不同層次的管理者對專業技能要求的程度也是不相同的。相對而言，基層管理者需要的專業技能的程度較深，而高層管理者則只需要有些粗淺瞭解即可。所以，管理者都應當掌握技術技能，但是，一般情況下，管理層次越低，越需要具有較強的技術技能，因為他的大部分時間都用於訓練下屬人員或回答下屬人員提出的有關具體業務方面的問題。另外，從學生學習的角度來看，技術技能的獲取也十分必要。當你離開學校時，如果你擁有一套技術技能就會比較輕鬆地獲得一個入職的機會。如會計專業的人要有一些關於做帳和審計方面的基本技能，行銷專業的人則要知道定價、市場調查和銷售技術等，在某些時候這些技術技能可能會幫助你成為管理者。例如，你所掌握的基本的會計和財務課程可以幫助你擁有管理與理解組織財務資源所需的技術技能，你就可以進入一個可能的管理崗位。

綜上所述，各種技能在組織的不同管理層次之間的相對重要性是不同的。越是高層管理者越要有較強的概念技能，因為他們是影響決策的主體，他們的戰略眼光、戰略思想和戰略決策關係著組織的生存與發展及事業的成敗；人際技能對於所有管理者而言都很重要，因為任何管理者所實施的管理及其任務的完成，都離不開他人的積極配合與協作；越是基層管理者越要有較強的技術技能，否則，他就很難隨時隨地給予下屬人員具體的指導和幫助，但對高層管理者而言，技術技能則處於次要地位，因為高層管理者完全可以有效地利用下屬的業務技術能力實施管理。

第四節　　管理學

一、管理學的研究對象

管理學的研究對象是適用於各種組織的普遍的管理原理和管理方法，包括：研究合理組織社會生產的有效途徑，有效進行資源配置、發展生產的方案與措施；研究各種管理職能、各項管理制度、各種組織文化和多種教育方式；研究組織微觀管理、社會宏觀調控；研究管理方式、管理手段和管理方法。管理學是以各種管理工作中普遍適用的原理和方法作為研究對象的。

二、管理學的研究方法

管理學是一門綜合性科學，不僅研究範圍十分寬廣，而且研究方法也多種多樣，主要包括以下六種：

1. 系統研究方法

系統是由各個部分組成的、具有特定功能的有機整體。按照系統理論，世界是由大大小小的系統構成的，系統具有整體性、相關性、動態性、有序性等特點。研究管理對象就應把管理對象作為一個系統來研究，研究該系統的內部構成、運行以及發展變化的規律，研究該系統與其他系統之間的關係等。

2. 比較研究方法

沒有比較就沒有鑑別。比較研究方法是通過縱向、橫向比較，發現異同，探索規律，找出事物結果所產生的原因，為指導管理活動提供依據。

3. 矛盾研究方法

管理工作是為了解決一定問題而存在的。矛盾研究方法是把事物矛盾的雙方看成一個統一體，通過對矛盾的正面與反面、內因與外因以及矛盾雙方的辯證關係、矛盾的成因和發展趨勢等進行分析，從而實現找出問題、分析問題、解決問題的目的。

4. 案例研究方法

在管理學中廣泛地使用案例研究方法，即通過選取典型案例進行分析研究，歸納出經驗、理論和規律，再用這些經驗、理論和規律去指導實踐。在運用案例研究方法時，要注意案例的代表性，搞清楚事物發生結果的前提、背景和條件。

5. 試驗研究方法

試驗研究方法是使研究對象處於特定的環境條件下，觀察其實際發展結果，以尋求事物發展的因果關係的一種研究方法，往往可採取改變研究對象的條件來觀察其結果如何變化，這種試驗稱為比較試驗。試驗的時機、地點、範圍、規模不同，對試驗的結果也會產生一定的影響。試驗研究方法是一種用實踐來檢驗理論、總結經驗、發現規律的好方法，但在實際運用中應進行科學的組織和系統的觀察。

6. 演繹研究方法

演繹研究方法是根據已經證明了的公理、定理、規律來進行推理的一種研究方法。它是由一般到個別、由一般原理得出關於個別事實的結論的一種推理方法。演繹推理一般採用三段論式的形式，如「所有的金屬都導電，鐵是金屬，因此鐵導電」就是三段論式。在演繹推理中，結論中所提的概念只能含有前提中已經有的概念，而不能改換概念；如果它的前提是正確的，在推理過程中又遵循推理的規則，那麼結論也一樣是正確的。

三、管理學的特點

管理學作為一門學科與其他許多學科不同，它具有許多特點。例如，管理學是一門不精確的學科，是一門綜合性學科，是一門應用性很強的學科，是一門發展中的學科，要用系統的觀點來學習管理。瞭解管理學的這些特點，將有助於加深對本教材內容的理解。

1. 管理學是一門不精確的學科

人們通常把給定條件下能夠得到確定結果的學科稱為精確的學科。如數學就是一門精確的學科，只要給出足夠的條件或函數關係，按一定的法則進行演算就能得到確定的結果。管理則不然，在已知條件完全一致的情況下，有可能產生截然相反的結果。用管理學術語來解釋這種現象，就是在投入的資源完全相同的情況下，其產出卻可能不同。比如，已知兩個企業的生產條件、人員素質和領導方式完全相同，他們的經營效果可能相差甚遠。為什麼會有這種現象出現呢？這主要是因為影響管理的因素眾多，許多因素是無法完全被預知的，如國家的方針、政策和法令，自然環境的突然變化，其他企業的經營決策等。而管理主要是與人打交道，同人發生關係，對人進行管理，那麼，人的心理因素就必然是一種不可忽略的因素。而人的心理因素是難以精確測量的，它是一種模糊量。諸如人的思想、感情、個性、作風、士氣以及人際關係、領導方式、組織文化等，都是管理學的研究對象，又都是模糊量。在這樣複雜的情況下，我們還沒有找出更有效的定量方法，使管理本身精確化，而只能借助於定性的辦法，或者利用統計學的原理來研究管理。因此，我們說管理是一門不精確的學科，人們只能借助於假定或人為的分析，進行定性和定量相結合的研究。實際上所謂「兩個企業的投入完全相同」這句話本身就是不精確的，因為「投入」不可能資金相同，即使表面上在數量、質量、種類方面完全相同，人的心理因素也不可能完全相同。但儘管如此，從科學是正確反應客觀事物本質和規律的知識體系，是建立在實踐基礎上並經過驗證或嚴密的邏輯論證的關於客觀世界各個領域中事物的本質特徵、必然聯繫與運動規律的理性認識這一概念來說，管理是一門科學，雖然不像自然科學那麼精確。經過幾十年的探索、總結，管理學已形成了反應管理過程客觀規律的理論體系，據此可以解釋管理工作中過去的和現有的變化，並預測未來的變化。我們可以用許多精確科學中所用的方法、定義來分析和度量各種現象，管理學也可以通過科學的方法被學習和研究，不同的只是其控制和解釋干擾變量的能力較弱，不能像精確科學那樣進行嚴格的實驗。

正因為管理學是一門科學，所以我們能通過學習掌握其基本原理來指導

實踐；而正因為它是不精確的科學，所以在實際運用時要具體問題具體分析，不能生搬硬套。

2. 管理學是一門綜合性的學科

管理學的主要目的是指導管理實踐活動。而當代的管理活動異常複雜，作為實現目標的一種有效手段，管理不僅在各種組織中普遍存在，而且涉及人、財、物、信息、技術、環境的動態平衡。管理過程的複雜性、動態性和管理對象的多樣化決定了管理所要借助的知識、方法和手段的多樣化。作為管理者，僅掌握一方面的知識是遠遠不夠的，只有具備廣博的知識面才能對各種管理問題應付自如。以企業為例，廠長要處理有關生產、銷售、計劃和組織等問題，就要熟悉工藝、預測方法、計劃方法和授權的影響因素等。這裡包括了工藝學、統計學、數學、政治學、經濟學等內容。而最主要的是，廠長要處理企業中與人有關的各種問題，像勞動力的配置、工資、獎勵、調動人的積極性和協調各部門中人員之間的關係等，這些問題的解決又有賴於心理學、人類學、社會學、生理學、倫理學等學科的一些知識和方法。機關、醫院、學校的管理活動也存在類似的情況。管理活動的複雜性、多樣性決定了管理學內容的綜合性。管理學就是這樣一門綜合性學科，它不分門類，針對管理實踐中所存在的各種活動，在人類已有的知識寶庫中廣泛收集對自己有用的東西，並加以拓展，以便更好地指導人們的管理實踐，這是管理學的一大特點。

管理學的綜合性，決定了我們可以從各種角度出發研究管理問題；管理的複雜性和對象的多樣化，則要求管理者具有廣博的知識，這樣才能對各種各樣的管理問題應付自如。

3. 管理學是一門實踐性很強的學科

理論的作用在於指導實踐。管理學的理論與方法是人們通過對各種管理實踐活動的深入分析、概括、總結、昇華而得到的，反過來它又可以指導人們的管理實踐活動。由於管理過程的複雜性和管理環境的多變性，管理知識在運用時具有較大的技巧性、創造性和靈活性，很難用陳規、原理、定義固定下來。因此，管理具有很強的實踐性，它是以人類某一領域的社會實踐作為研究對象，並運用某些基礎學科的知識來研究其實踐的規律性，進而改造客觀世界。

管理學科的實踐性，決定了學校是培養不出「成品」管理者的。要成為一名合格的管理者，除了掌握管理學基本理論知識以外，更重要的是，要在管理實踐中不斷地磨煉，累積管理經驗，通過大量的管理實踐活動去體會，理論聯繫實際，真正領悟管理的真諦。

4. 管理學是一門發展中的學科

管理學的建立和發展有其深刻的歷史淵源。管理學發展到今天已經歷了許多不同的歷史發展階段，在每一個歷史發展階段，因歷史背景不同而產生了各種管理理論。這些理論，有的已經過時，有的仍在發揮作用，但總的來說，把管理作為一門科學來研究還不到百年，因此，它還是一門非常年輕的學科，還處於不斷更新、完善的大發展之中。同時，作為一門與社會經濟發展緊密相連的學科，管理學也必將隨著經濟的發展和科技的進步而進一步發展。

綜上所述，管理學既是一門科學又是一項藝術。管理學研究管理過程中的客觀規律，由一整套的原則、主張和基本概念組成，使得我們能夠對具體的管理問題進行具體的分析，並進而獲得科學的結論，從這個意義上說，它是一門科學，可以學習和傳授。例如，通過對本教材的學習，我們將懂得應如何決策、如何進行計劃、如何設計組織結構，掌握激勵下屬的方法和各種控制技術，本書還將介紹許多作為管理者要用到的管理知識和具體分析管理問題的思維方法。但管理又具有很強的實踐性，由於管理工作的對象包括組織中的人，同時管理問題和管理環境千變萬化，管理學所能提供的專業手段和方法極其有限，因而其實踐和管理知識的運用需要有豐富的根據實際情況行事的技藝。懂得管理學基本知識並不意味著在實踐中能正確地運用它，如果只憑書本知識來診斷，僅僅借助原則來設計，靠背誦原理來管理，是注定要失敗的。從這個角度而言，管理又是一門藝術。

根據管理學科的特點，認真學習管理理論知識，學習分析管理問題的思維和方法，有助於在實踐中認清管理問題，並提出正確的解決方案；隨時將學到的知識應用於實際管理問題的分析和解決，則可進一步加深對管理知識的理解和掌握，這是能夠真正領悟管理的必由之路；而廣泛地學習各種學科知識，則有助於更好地從各種角度加深對管理學的理解，提高解決實際管理問題的能力。

練習題

一、選擇題

1. 管理的層次一般來說可分為（　　）。

   A. 二個　　　　　　　　B. 三個

   C. 四個　　　　　　　　D. 五個

2. 下列哪一項不是管理的職能？（　　）。
   A. 領導　　　　　　　　B. 計劃
   C. 執行　　　　　　　　D. 組織
3. 亨利·明茨伯格認為管理者扮演著三大角色，以下不屬於這三大角色的是（　　）。
   A. 人際角色　　　　　　B. 信息角色
   C. 決策角色　　　　　　D. 服務角色
4. 管理學的學科性質是（　　）。
   A. 自然科學　　　　　　B. 社會科學
   C. 經濟科學　　　　　　D. 邊緣科學
5. 對於管理，下列說法中正確的是（　　）。
   A. 管理適用於營利性組織
   B. 管理適用於任何類型組織
   C. 管理只適用於工業企業
   D. 只適用於行政性組織

二、名詞解釋

管理　管理者　管理學　管理者技能

三、簡答題

1. 管理的定義和內涵分別是什麼？
2. 管理有哪些職能？各職能之間有什麼樣的關係？
3. 管理者的技能包括哪些？
4. 管理者的角色包括哪些？
5. 領導與管理的區別和聯繫分別是怎樣的？

四、案例分析題

為何要學習管理學

一、普遍的需要

我們生活中的每一天都在與不同的組織打交道。不知你是否有過以下的經歷：當你為了更新駕駛執照，在車管所花費了3個小時，你不感到沮喪嗎？當你3次打電話給航空公司訂票，它的銷售代表就同樣的航線3次向你報出不同的價格，你不感到煩惱嗎？當百貨公司沒有哪個營業員願意為你提供幫助，你

不感到氣憤嗎？這些都是由不良管理所導致的問題。良好管理的組織——它們會有忠誠的顧客基礎，它們不斷成長和繁榮。管理不善的組織，其顧客基礎會萎縮，營業收入也會相應地下降。通過學習管理，我們能夠認識到不良的管理，並且採取措施糾正它。此外，你也能夠認識到哪些是優秀的管理方法並且學會運用它。

二、工作的現實

學習管理的另一個原因是我們所處的現實環境。一旦你從學校畢業，開始你的職業生涯，你將要麼是管理者要麼是被管理者。對於那些計劃進入管理行列的人來說，瞭解管理過程將構成自己的管理技能基礎；對於那些不想成為管理者的人來說，仍然要和管理者打交道。經驗表明，通過學習管理學，你能夠對你的上司的行為有更多的認識，對你的組織的工作有更深入的理解。本文的觀點是，你可以不必渴望成為管理者，但你仍然可以從管理的課程中獲取許多有價值的知識。

問題：

你準備如何學習管理學？

第二章　管理理論的發展

導入案例

如何進行管理

在一個管理經驗交流會上，有兩個廠的廠長分別論述了他們各自對如何進行有效管理的看法。

A 廠長認為，企業首要的資產是員工，只有員工們都把企業當成自己的家，都把個人的命運與企業的命運緊密聯繫在一起，才能充分發揮他們的智慧和力量為企業服務。因此，管理者有什麼問題，都應該與員工們商量解決；平時要十分注重對員工需求的分析，有針對性地給員工提供學習、娛樂的機會和條件；每月的黑板報上應公布出當月過生日的員工的姓名，並祝他們生日快樂；如果哪位員工生兒育女了，廠裡應派車接送，廠長應親自送上賀禮。在 A 廠長的廠裡，員工們都普遍地把企業當作自己的家，全心全意地為企業服務，工廠日益興旺發達。

B 廠長則認為，只有實行嚴格的管理才能保證實現企業目標所必須開展的各項活動的順利進行。因此，企業要制定嚴格的規章制度和崗位責任制，建立嚴格的控制體系；注重上崗培訓；實行計件工資制等。在 B 廠長的廠裡，員工們都非常注意遵守規章制度，努力工作以完成任務，工廠也因此發展迅速。

問題：

這兩個廠長誰的觀點正確，為什麼？

第一節　古典管理理論

古典管理理論形成於 19 世紀末 20 世紀初。經過產業革命後，隨著資本主義自由競爭向壟斷過渡，傳統的經驗管理越來越不適合管理實踐的需要，

企業管理落後於經濟發展和企業發展。為了適應生產力的發展的需要，改善管理粗放化和低水準的狀況，在美國出現了以泰勒為代表的科學管理理論，在法國出現了以法約爾為代表的一般管理理論，在德國出現了以韋伯為代表的行政組織理論等。儘管這些管理理論的表現形式各不相同，但其實質都是採用當時所掌握的科學方法和科學手段對管理過程、管理職能和管理方法進行探討和試驗，奠定了古典管理理論的基礎，形成了一些以科學手段為依據的原理和方法。

一、泰勒的科學管理

泰勒被稱為「科學管理之父」。他出生於美國費城的一個富有的律師家庭，曾在哈佛大學學習，後因眼疾而被迫輟學。1875 年，泰勒進入費城機械廠當學徒，四年後轉入費城的米德維爾鋼鐵公司當技工。由於他工作努力，表現突出，很快就升任工長、總技師，1884 年任總工程師。他通過函授及自學，於 1883 年獲得了機械工程學士學位。1898—1901 年受雇於賓夕法尼亞的伯利恒鋼鐵公司。1901 年後，他把大部分時間用在寫作和演講上。1906 年擔任美國機械工程師協會主席。

泰勒在工作中發現，在企業中，一方面是許多工人在做工時往往表現出不願多做工作，故意偷懶、磨洋工、工作效率低；另一方面是即使實行了計件工資制，雇主也往往在工人提高產量後就降低計件單價，更造成工人有意識、有組織地偷懶，生產效率很難得到進一步提高。根據自己的管理經驗，泰勒認為，企業要謀求提高生產率，生產出較多的產品是完全可能實現的，關鍵在於要確定一個工作日的合理工作量。為探求一個工作日的合理工作量，泰勒於 1880 年在米德維爾鋼鐵公司的一個車間進行了時間研究和金屬切削的實驗，通過研究和實驗及長期的管理實踐的總結，他在其代表作《計件工資制》《車間管理》《科學管理原理》等書中，系統地提出了科學管理思想。泰勒的科學管理理論的主要觀點有以下幾方面。

1. 工作定額

通過實驗和研究，泰勒把每個工作都分成盡可能多的簡單的基本動作，把其中沒有用的動作去掉，同時，選擇最適用的工具、機械，然後通過對最熟練的工人的每一個操作動作的觀察，選擇出每一個基本動作的最快和最好的方法，並把時間記錄下來，然後再加上必要的休息時間和其他延誤的時間，得到完成這些操作的標準時間。這就是「合理的日工作量」，它構成了每個工作日標準定額的基礎。標準額定是對工作進行管理的依據。

2. 差別計件工資制

泰勒認為，工人磨洋工的一個主要原因是報酬制度不合理，所以提出了一種新的報酬制度——差別計件工資制。其內容包括：①通過時間和動作研究來制定有科學依據的工作定額。②實行差別計件工資制來鼓勵工人完成或超額完成工作定額。所謂「差別計件工資制」是指計件工資隨完成定額的程度而上下浮動。如果工人完成或超額完成定額，則定額內的部分連同超額部分都按比正常單價高 25% 計酬；如果工人完不成定額，則按比正常單價低 20% 計酬。③工資支付的對象是工人而不是職位，即根據工人的實際工作表現而不是根據工資類別來支付工資。它意味著同一崗位甚至同一級別的工人，都將得到不同的工資。泰勒認為，實行差別計件工資制會大大提高工人的積極性，從而大大提高勞動生產率。

3. 職能工長制

泰勒認為，為了提高勞動生產率，每一個職位都要安排第一流的工人。其標準是：在不損害健康的情況下，他完全勝任該職務的工作；他有工作積極性並願意從事該項工作；具有堅強的意志力。管理部門的任務就是要為每個僱員尋找最合適的工作，使之成為第一流的工人。

4. 計劃職能與執行職能相分離

泰勒主張改變原來的經驗工作方法，代之以科學的方法。所謂經驗工作方法，是指每個工人採用什麼操作方法、使用什麼工具等，都根據個人經驗來決定。所以，工人工作效率的高低取決於他們的操作方法和使用的工具是否合理，以及個人的熟練程度和努力程度。所謂科學工作方法，是指每個工人採用什麼操作方法、使用什麼工具等，都根據實驗和研究來決定。他認為應把計劃職能和執行職能分開，提出管理部門要按科學的規律來制訂計劃，讓從事計劃職能的人成為管理者、負責執行計劃職能的人成為勞動者。

5. 例外原則

泰勒認為，規模較大的企業還需要運用例外原則。所謂例外原則，就是指高級管理人員為了減輕處理紛亂繁瑣事務的負擔，把處理各項文書、報告等一般日常事務的權力下放給下級管理人員，高級管理人員只保留對例外事項決策權和監督權。

6. 心理革命

泰勒的這種以例外原則為依據的管理控制原則，後來發展成了管理上的分權化和實行事業部的管理體制。這是工人和僱主之間一次徹底的「精神革命」和「思想變革」，雙方只有不斷地提高勞動生產率，才有利可圖。因此，需要增強責任觀念，用互相協助代替對抗與鬥爭，共同把蛋糕做大，每個人

才能分到更多的蛋糕。

二、法約爾的一般管理

　　法約爾，法國人，與泰勒是同一時代的人，是古典管理理論在法國的最傑出代表。他長期擔任公司的總經理。由於所處地位的關係，他研究的對象與泰勒有所不同，泰勒著重於車間、工場的生產管理研究，而法約爾著重於企業全面經營的研究。法約爾認為經營和管理是兩個不同的概念，經營並不等於管理。經營是引導一個組織趨向某一既定目標，它的內涵中包括了管理。他的代表作是《工業管理和一般管理》。法約爾一般管理理論的主要思想包括以下內容：

　　1. 企業經營活動的類別

　　法約爾認為，企業經營活動可以包括六大類：
　　①技術活動，指生產、製造、加工等；
　　②商業活動，指購買、銷售、交換等；
　　③財務活動，指資金的籌集、運用和控制等；
　　④會計活動，指貨物盤存、成本統計、核算等；
　　⑤安全活動，指設備維護和職工安全等；
　　⑥管理活動，指計劃、組織、指揮、協調和控制五項職能。

　　企業內無論是高層領導，還是普通工人，每個人或多或少都要從事這六項活動，只不過是隨著職務的高低和企業的大小不同而各有側重。高層人員工作中管理活動所占比重較大，其他在直接的生產一線工作的人員和從事事務性活動中的人員管理活動所占比重較少。法約爾認為「人的管理能力能通過教育來獲得」，所以他很強調管理教育的必要性和可能性。

　　2. 管理的五個基本職能

　　法約爾首次把管理活動劃分為計劃、組織、指揮、協調和控制五項職能，揭示了管理的本質，並對這五大職能進行了詳細分析。他認為，計劃就是探索未來和制定行動的方案；組織就是建立企業的物質和社會雙重結構；指揮就是在組織內的每一個人只能服從一個上級並接受他的命令；協調就是連接、聯繫、調和所有的活動及力量；控制就是注意一切是否在按已制定的規章和下達的命令進行。

　　3. 管理的 14 條原則

　　法約爾十分重視管理原則的系統化，他根據長期的管理經驗，總結出管理的 14 條原則。

(1) 分工

任何組織的工作都應分工，分工可以提高勞動效率。它不僅適用於技術工作，也適用於管理工作。但分工也要有一定的限度，不能分得過粗或過細，否則效果不好。

(2) 職權和職責

職權是發號施令的權力和要求服從的威望。職權和職責是互相聯繫的，在行使職權的同時，必須承擔相應責任，權力和責任應相一致，不能出現有權無責或有責無權的現象。

(3) 紀律

紀律是管理所必需的，紀律的實質是公司各方達成的協議，是各方都要遵守的。這些協定以達到服從、專心、幹勁以及尊重人的儀表為目的 。沒有紀律，企業就難以發展。而建立和維持紀律的最好方法有：①要有個好領導。②紀律要盡可能明確和公正。③執行制裁要嚴明、公正。違背這個原則，就會使權力和紀律受到嚴重的破壞。

(4) 統一指揮

組織內的每一個成員只能接受一個上級的命令。違背這個原則，就會使權力和紀律受到嚴重的破壞。

(5) 統一領導

凡是具有同一目標的活動，只能有一個領導人和一套計劃。不要把統一指揮和統一領導相混淆。人們應建立完善的組織來實現一個組織的統一領導，而統一指揮則取決於人員如何發揮作用。

(6) 個人利益服從集體利益

因為集體利益是個人利益的有機結合，集體利益大於個人利益的簡單相加之和。集體目標應包含員工個人的目標，使集體目標實現的同時滿足個人合理的需求，當個人利益和集體利益發生衝突時，應優先考慮集體利益。

(7) 個人報酬

個人報酬必須公平合理，盡可能使員工和公司雙方滿意。對貢獻大、活動方向正確的員工要給予獎勵，但獎勵應以能激起員工的工作熱情為限，否則將會引起副作用。

(8) 集權

集權就是降低下級的作用，本身無所謂好壞。企業集權的程度應視管理人員的個性、道德品質、下級人員的可靠性、下級的規模、條件等情況而定。

(9) 等級鏈與跳板

等級鏈是由企業最高一級領導到最低一級人員之間各級領導人所組成的

等級系列，它是一條權力線，信息傳遞線，用以貫徹執行統一的命令和保證信息傳遞的秩序。但是為了克服因指揮的統一性原則而產生的信息傳遞的延誤，法約爾設計了一種跳板。利用這種跳板可以進行橫向的信息交流，但只有在各方面都同意而上級又知情的情況下才能這樣做。

如圖 2-1 所示的跳板，這一個等級制度表現為 E-A-I 雙梯結構的企業裡，假設 E 部門與 I 部門發生聯繫，以常規的方法就需要等級路線攀登從 E 到 A 的階梯，然後再從 A 降到 I，這個過程中每一級都要停頓。然後再反向從 I 經過 A 回到原出發點 E。顯然，通過 E-I 這一「跳板」直接從 E 到 I，問題就簡單多了。當領導人 D 與 H 允許他們各自的下屬 E 與 I 直接聯繫，E 與 I 又能及時地向他們各自的領導人匯報他們所共同商定的事情，溝通就既快速又便捷，而且維持了等級制度的原則。

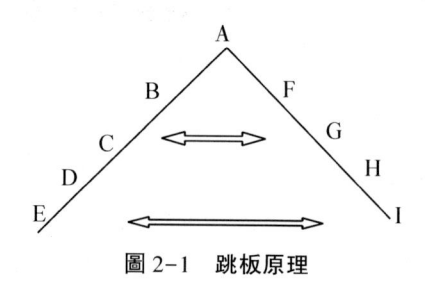

圖 2-1 跳板原理

(10) 秩序

秩序即人和物必須各盡所能。管理人員首先要瞭解每一工作崗位的性質和內容，使每個工作崗位都有稱職的職工，每個職工都有合適的崗位。同時還要有條不紊地精心將物安排在適合的位置。

(11) 公正

主管人員對其下屬仁慈、公平，即以親切、友好、公正的態度，使員工們受到平等的對待後會表現出忠誠和獻身的精神去完成他們的任務。

(12) 保持人員穩定

把一個人培養成熟練、有效的員工往往需要很長一段時間，員工的頻繁調動將會使工作不能很好地進行。任何組織都要保持穩定的員工隊伍，鼓勵員工長期為組織服務。

(13) 首創精神

發揮員工個人的聰明才智，提出具有創造性的想法，既會給員工帶來極大的快樂，也是刺激員工努力工作的最大動力之一。企業的領導者不僅自己要有首創精神，而且要鼓勵員工發揮首創精神。

（14）團結精神

職工的團結和融洽可以使企業產生巨大的力量，可以實現集體精神。實現集體精神的最有效的手段是統一命令。在安排工作、實行獎勵時不要引起嫉妒，以避免破壞融洽的關係。此外，還應加強組織內部的交流。

法約爾提出的這些原則，經過歷史的檢驗，總的來說是正確的。它們過去曾經給管理人員以巨大的幫助，現在也仍然為人們所推崇。但這些原則是靈活的，要真正用好，還需要在實踐中累積經驗，掌握好尺度。

三、韋伯的行政組織理論

韋伯與泰勒、法約爾是同一時代的人，是德國的古典管理理論的代表人物之一。他在管理思想方面的貢獻是提出了理想行政組織體系理論，由此被人們稱為「行政組織理論之父」。韋伯管理思想的主要內容有以下幾個方面：

1. 明確的分工

對每個職位的權利和義務都有明確的規定，人員按職業專業進行分工。

2. 自上而下的等級系統

組織內的各個職位，按照等級原則進行法定安排，形成一個自上而下的等級嚴密的指揮體系，每一職務均有明確的職權範圍。

3. 人員的任用

人員任用完全根據職務的要求，通過正式的考試和教育訓練來實行。每個職務上的人員必須稱職。同時，不能隨意免職。

4. 管理職業化

管理人員有固定的薪水和明文規定的晉升制度，是一種職業管理人員，而不是組織的所有者。

5. 遵守規則和紀律

管理人員必須嚴格遵守組織中規定的規則和紀律以及辦事程序，以確保組織的統一性。

6. 組織中人員之間的關係

組織中人員之間的關係完全以理性準則為指導，只有職位關係而不受個人情感的影響。這種公正不倚的態度，不僅適用於組織內部，也適用於組織與外界的關係。

韋伯認為，這種高度結構的、正式的、非人格化的理想行政組織體系是人們進行強制控制的合理手段，是達到目標、提高效率的最有效形式。這種組織形式在精確性、穩定性、紀律性和可靠性等方面都優於其他組織形式，能適用於所有的各種管理工作及各種大型組織，如教會、國家機構、軍隊、

政黨、經濟企業和各種團體。韋伯的這一理論，對泰勒和法約爾的理論是一種補充，對後來的管理學家，尤其是組織理論學家有很大的影響，因此他被稱為「行政組織理論之父」。

第二節　行為科學理論

　　20世紀初，西方世界主要經濟體的經濟進入了一個新的時期，生產規模不斷擴大，社會化大生產程度的不斷提高，新技術成就被廣泛應用於生產部門，新興工廠不斷出現。同時，經濟活動中勞資矛盾進一步加劇，特別是企業中工人不滿和對抗的情緒日益嚴重，在這種情況下，古典管理理論重物輕人、強調嚴格的管理思想，已不能適應新的形勢要求。一些管理者從進一步提高勞動生產率的角度，把人類學、社會學、心理學等運用到企業管理中去，從20世紀30年代開始逐漸形成了行為科學理論。所謂行為科學，就是對工人在生產中的行為及行為產生的動機進行分析，以調節人際關係，提高勞動生產率。行為管理理論研究的內容，早期被稱為人際關係學說，並發展成行為科學，即組織行為理論。行為科學理論研究的內容主要包括人的本性和需要、行為動機、生產中的人際關係等。

　　梅奧，原籍澳大利亞，後移居美國。1926年被哈佛大學聘為教授，是人際關係理論及行為科學的代表人物，從事心理學和行為科學研究，他的代表作是《工業文明中人的問題》，本書總結了他親身參與和指導的霍桑試驗及其他幾個實驗的研究成果，詳細地論述了人際關係理論的主要思想，梅奧是繼泰勒和法約爾之後，對近代管理思想和理論的發展做出重大貢獻的學者之一。

一、霍桑試驗

　　霍桑試驗是從1924—1933年在美國芝加哥郊外的西方電氣公司的霍桑工廠進行的。霍桑工廠當時有25,000名工人，有較完善的娛樂設施、醫療制度和養老金制度，但是工人們仍有很強的不滿情緒，生產效率很低。為了探明原因，1924年11月，美國國家研究委員會組織了一個包括多方面專家的研究小組進駐霍桑工廠，開始進行試驗。當時，許多管理者和學者認為，工作環境的物質條件同工人的健康及生產率之間有明確的因果關係。因此霍桑試驗根據工人對給予的工作條件可能做出相應反應的假設來進行的，其目的是想研究工作環境的物質條件與產量的關係，以發現提高勞動生產率的途徑。試驗分為四個階段：工作場所照明試驗、繼電器裝配測試室試驗、大規模訪談

和接線板接線工作室觀察。

　　第一階段：工作場所照明試驗（1924—1927 年）。該試驗從變換車間的照明開始，打算研究工作條件與生產效率之間的關係。研究人員希望通過試驗得出照明強度對生產率的影響，但試驗結果卻發現，照明強度的變化對生產率幾乎沒什麼影響。該試驗以失敗告終，但從中可以得出兩個結論：①工作場所的照明只是影響工人生產率的微不足道的因素。②由於牽涉因素較多，難以控制，且其中任何一個因素都足以影響試驗結果，所以照明對生產的影響無法準確衡量。

　　第二階段：繼電器裝配測試室試驗（1927—1928 年）。從這一階段起，梅奧參加了試驗。研究人員選擇了 5 名女裝配工和 1 名畫線工在單獨的一間工作室內工作（1 名觀察員被指派加入這個工人小組，以記錄室內發生的一切），以便對影響工作的效果因素進行探求。在試驗中分期改善工作條件，如改進材料供應方式、增加工間休息時間、供應午餐和茶點、縮短工作時間、實行集體計件工資制等。這些女工們在工作時間可以自由交談，觀察員對他們的態度也和氣。這些條件變化使產量上升，但一年半後，在取消了工間休息和供應的午餐和茶點並恢復每週工作六天後，生產仍維持在高水準。經研究發現，其他因素對產量並無多大影響，而監督和指導方式的改善則能促使工人改變工作態度、增加產量。這成為霍桑試驗的一個轉折點。由於決定進一步研究工人的工作態度和可能影響工人工作態度的其他因素，為了掌握更多的信息，管理部門決定通過一個訪談計劃，來調查職工的態度。

　　第三階段：大規模訪談（1928—1931 年）。研究人員在上述試驗的基礎上，進一步在全公司範圍內進行訪問和調查，達 2 萬多人次。剛開始，調查人員提出了有關督導管理和工作環境方面的問題，但是他們發現職工的回答往往是帶有防衛性的或是千篇一律的陳詞濫調。因此，他們決定改變直接提問的方式，允許職工自由選擇他們自己的話題，結果卻得到了大量有關職工態度的第一手資料。他們發現，影響生產力的最重要因素是工作中發展起來的人際關係，而不是待遇和工作環境。每個工人工作效率的高低，不僅取決於他們自身的情況，還與其所在小組中的同事有關，任何一個人的工作效率都受其同事們的影響，這一看法又促進了對職工在工作中群體行為的進一步系統研究。

　　第四階段：接線板接線工作室觀察（1931—1932 年）。該室有 9 名接線工、3 名焊接工和 2 名檢查員。在這一階段有許多重要發現：①大部分成員都自行限制產量。公司規定的工作定額為每天焊接 7,312 個接點，但工人們只完成 6,000~6,600 個接點，原因是怕公司再提高工作定額，怕因此造成一部

39

分人失業，要保護工作速度較慢的同事。②工人對不同級別的上級持不同的態度。把小組長看作小組的成員，對於小組長以上的上級，級別越高，越受工人的尊敬，工人對其顧及心理也越強。③成員中存在小派系，工作室存在派系，每個派系都有自己的一套行為規範。誰要加入這個派系，就必須遵守這些規範。派系中的成員如果違反這些規範，就要受到懲罰。

霍桑工廠進行的試驗歷時 8 年，獲得了大量的第一手資料，為人際關係理論的形成以及後來行為科學的發展打下了基礎。梅奧在霍桑試驗後，利用獲得的大量的寶貴資料繼續進行研究，並最終提出了人際關係理論。

二、人際關係學說的主要觀點

通過霍桑試驗，梅奧等人提出了人際關係學說，其主要論點如下：

1. 職工是「社會人」

以「科學管理」理論、管理過程理論和管理組織理論為代表的古典管理理論的廣泛流傳和實際運用，大大提高了生產效率，但古典管理理論把人看作「經濟人」的假設，認為人們只是為了追求高工資和良好的物質條件而工作。該論點較多地強調科學性、精密性、紀律性，因此，對職工只能用絕對的、集中的權力來管理，而對人的人際關係因素注意較少。為了進一步瞭解人際關係對提高勞動生產效率的影響程度，梅奧等人以霍桑試驗的成果為根據，提出了與「經濟人」觀點不同的「社會人」觀點。其要點是：人重要的是同別人合作，個人為保護集體利益而行動，人的思想行為更多的是由感情來引導的。因此，試驗表明，小組的合作和小組的感情超過生產效率，工作條件和工資報酬並不是影響勞動生產率高低的唯一原因。梅奧等人認為，人是獨特的社會動物，只有使自己完全投入集體中，才能實現徹底的「自由」。工廠中的工人不是單純地追求金錢收入的，還有社會、心理方面的需要，即對人與人之間的友情、安全感、歸屬感和受人尊重等的需要。因此，不能單純從技術和物質條件著眼，而必須首先從社會、心理方面來鼓勵工人提高生產率。他們尖銳地批評了當時的「工業社會」及其所產生的工業社會環境的某些方面，指出工業化破壞了促使社會團結的文化傳統，造成了「社會解體」和「不愉快的個人」的出現。他們認為，人是有情感的，希望感到自己的重要性，希望別人承認自己工作的重要性，工人們雖然也對自己工資袋的大小感興趣，但這不是他們唯一關心的事情，有時更為重要的是上司對待他們的態度。因此，對職工的新的激勵重點必須放在社會、心理方面，以使他們之間更好地合作並提高生產率。

2. 正式組織中存在著「非正式組織」

所謂正式組織，就是古典管理論所指出的，為了有效地實現組織的目標，規定組織各成員之間互相關係和職責範圍的一定的組織管理體系，包括組織機構、方針策略、規劃、章程等。古典管理理論所注意的只是人群組織的這一方面。但是，梅奧等人指出，人是社會的動物，在組織內共同工作的過程中，人們必然發現互相之間的關係，形成非正式團體。在這些團體裡，又形成了共同的感情，進而構成了一個體系，這就是所謂非正式組織。非正式組織對人起著兩種作用：①它保護工人免受內部成員的忽視，並減少因忽視而可能造成的損失，如生產得過多或過少。②它保護工人免受外部管理人員的干涉，並減少因干涉而可能造成的損失，如降低工資或提高產量標準。至於非正式組織形成的原因，並不完全取決於經濟發展情況，而是同更大的社會組織有關係。

梅奧等人認為，不能把這種在正式組織中形成的非正式組織看作一種壞事，而必須看到它是必需的。它同正式組織互相依存，並對生產率的提高有很大的影響。非正式組織同正式組織有很大的差別。在正式組織中，以效率邏輯作為重要標準。所謂效率邏輯就是為了提高效率，組織內部成員保持形式上的協作。非正式組織中則以感情邏輯為重要標準。感情邏輯是指人群組織中非正式的行為標準，如對非正式團體忠誠等。單位中的正式組織固然涉及每一個成員，非正式組織也涉及每一個成員，即不僅工人中有非正式組織，管理人員和技術人員中也有非正式組織。效率邏輯在管理人員和技術人員中比在工人中佔有更重要的地位，而感情邏輯則在工人中比在管理人員和技術人員中佔有更重要的地位，所以，效率邏輯可以認為是「管理人員的邏輯」，感情邏輯可以認為是「工人的邏輯」。假如管理人員和技術人員只根據效率邏輯來管理，而忽視了工人的感情邏輯，就會使「管理人員的邏輯」和「工人的邏輯」發生衝突，從而影響生產率的提高和組織目標的實現。在採用傳統的管理理論進行管理時，這種衝突是經常發生的。為解決這種衝突，梅奧認為，管理者要充分重視非正式組織的作用，注意在正式組織的效率邏輯同非正式組織的感情邏輯之間保持平衡，以便管理人員同工人之間、工人互相之間能互相協作，充分發揮每個人的作用，提高效率。非正式組織有助於這種協作，所以總的來講利多弊少。

3. 新的領導能力在於提高職工的滿意程度

梅奧等人從上述關於「社會人」和「非正式組織」的觀點出發，認為金錢或經濟刺激對促進工人提高勞動生產率只起第二位的作用，起重要作用的是工人的情緒和態度，即士氣。而士氣又同工人的滿足度有關，這個滿足度

在很大程度上是由社會地位決定的。「一個人是不是全心全意地為一個團體提供他的服務，在很大的程度上取決於他對他的工作、對他工作上的同伴和他的領導的感覺。」金錢只是工人需要滿足的一部分。此外，工人所需要的還有「被社會承認、在社會上的重要性和證明、安全的感覺，這種感覺更多地來自我是一個為團體所公認的成員，而不是來自銀行中存款的金額」。所以，所謂職工滿意度主要是指為獲取安全和歸屬的感覺等這些社會需求的滿意度。工人滿意度愈高，士氣愈高，勞動生產率也愈高，而工人的滿意度又依存於兩個因素：①工人的個人情況，即工人因社會歷史、家庭生活和社會生活而形成的個人態度。②工作場所情況，即工人相互之間或工人與上級之間的人際關係。

　　梅奧等人認為，管理人員的新的領導能力在於要同時具有技術的、經濟的和人際的技能。管理工作滿足效率的能力同滿足工人的情感能力是不同的。所以，要對各級管理人員進行訓練，使他們學會瞭解人們的思想行為，學會通過同工人交談來瞭解其感情的技能、技巧，並提高在正式組織的經濟需求和非正式組織的社會需求之間保持平衡的能力。平衡是取得高效率的關鍵，工人通過社會機構來取得別人的承認、安全感和滿足感，從而願意為達到組織的目的而合作並貢獻其力量。如果情況變化過於迅速而管理者又不瞭解工人的感情，就會產生不平衡，所謂新的領導能力，就是指能夠區分事實和感情，能夠在生產效率和職工們的感情之間取得平衡，這種新的領導能力可以彌補古典管理理論的不足，解決勞資之間以致工業社會的種種矛盾，提高勞動生產率。新的領導能力既然表現為能通過提高職工的滿意度來提高職工的士氣，最後達到提高生產率的目的，那就要轉變管理方式，重視「人的因素」，採用以「人」為中心的管理方式，改變古典管理理論以「物」為中心的管理方式。

三、其他相關理論

　　人的本性問題，從來都是倫理學家爭論的一個問題，也是管理學者研究的一個中心課題。早在「科學管理」時期，就有人探討過這個問題。梅奧等人關於「社會人」、非正式組織的論述也同這個問題有關。後期的行為科學對此做了更為深入的研究。

　　在人性理論研究方面最突出的是麥克雷戈的 X 理論和 Y 理論。麥克雷戈於 1935 年取得哈佛大學博士學位，1935—1937 年在哈佛大學教授社會心理學。

　　在他所著的《企業的人性方面》一書中，提出了有名的「X 理論-Y 理

論」的人性假定。

在麥克雷戈看來，每一位管理人員對職工的管理都基於一種對人性看法的哲學，或是有一套假定。他把傳統管理對人的觀點和管理方法叫作「X 理論」，其要點是：①一般人的天性都是好逸惡勞的，只要可能，就會設法逃避工作。②人幾乎沒有什麼進取心，不願承擔責任，而寧願被別人領導。③人天生就是反對變革，把安全看得高於一切。④真要人們幹活，那就必須採用嚴格的控制、威脅並經常不斷地對其施加壓力。

麥克雷戈認為，當時，涉及人的方面的管理工作以及傳統的組織結構、管理政策、實踐和規劃都是以這種 X 理論為依據的。所以，管理人員在完成其任務時，或者用「強硬的」管理方法，包括強迫和威脅、嚴密的監督以及對行為的嚴格控制；或者用「鬆弛的」管理方法，包括採取隨和態度、順應職工的要求以及一團和氣。麥克雷戈指出，從 20 世紀初以來，從最強硬的到最鬆弛的各種辦法都試用過了，但效果都不太理想。採用強硬的辦法引起了各種反抗行為，如磨洋工、敵對行動、組織好鬥工會以及對管理者的目標進行巧妙而有效的破壞等。採用鬆弛的方法也產生了許多問題，它經常導致管理的放棄，大家保持一團和氣，對工作卻滿不在乎。人們對這種溫和的辦法鑽空子，提出越來越多的要求，而做出的貢獻卻越來越少。於是，較為普遍的傾向是企圖吸取軟硬兩種辦法的優點，推行一種「嚴格而合理」的方法，正如有人說的：「溫和地講話，但手上拿著大棒。」但是，不論採用哪種方法，其指導思想都是 X 理論。比如：科學管理是「強硬的」X 理論，人際關係學說是「溫和的」X 理論，但從根本上說都是 X 理論。在人們的生活還不富裕的情況下，「胡蘿蔔加大棒」的管理方法是有效的。但是，當人們達到富裕的生活水準時，這種管理方法就失效了，因為那時人們的行為動機主要是追求更高級的需要，而不是「胡蘿蔔加大棒」（生理的需要、安全的需要）了。因而，用指導和控制來進行管理，無論是強硬的還是鬆弛的，都不足以激勵人們採取行動。

麥格雷戈提出了 Y 理論，並用它來代替 X 理論。Y 理論是建立在對人性和人的行為動機更為恰當的認識的基礎上的新理論。其要點如下：①人並不是天生就厭惡工作，工作對人們來講，正如娛樂和休息一樣自然。②控制和威脅並不是促使人們為實現組織目標而努力的唯一辦法。人對自己所參與的目標能實現自我指揮和自我控制。③對目標做出貢獻是同獲得成就的報酬直接相關的。這些報酬中最重要的是自尊和自我實現的需要的滿足，他們能促使人們為實現組織目標而努力。④在適當條件下，人們不但能接受甚至能主動承擔責任。⑤不是少數人，而是多數人在解決組織的問題上，都具有想像

力和創造力。但在現代工業社會的條件下，一般人的潛能只是部分地得到了發揮。⑥人們並非天生就對組織的要求採取消極的或抵制的態度，他們之所以如此，是由他們在組織內的遭遇所造成的。⑦管理的基本任務是安排好組織工作方面的條件和作業的方法，使人們的潛能充分發揮出來，更好地為實現組織的目標和自己個人的具體目標而努力。這個過程主要是一個創造機會、挖掘潛力、排除障礙、鼓勵發展和幫助引導的過程。

行為科學家認為 Y 理論給管理人員提供了一種對人的樂觀主義看法，而這種樂觀主義看法是爭取職工的協作和熱情支持所必需的。但是，奉行 X 理論的管理人員對此表示了不同的意見。有人指出，Y 理論有些過於理想化了。所謂自我指導和自我控制，並非人人能做到。人固然不能說是生來就懶惰而不願負責任的，但是，在實際生活中也的確有些人是這樣的，而且堅決不願改變。對於這一些人，採用 Y 理論進行管理，難免會失敗。

第三節　現當代管理理論

第二次世界大戰以來，隨著自然科學和技術的日新月異的發展，生產和組織規模的不斷擴大，生產力的迅速發展，生產社會化程度的不斷提高，管理理論引起了人們的普遍重視，許多學者和實際工作者在前人的理論與實踐經驗的基礎上，結合自己的專業知識，研究了現當代管理問題。由於研究條件、掌握材料、觀察角度以及研究方法等方面的不同，必然產生不同的看法和形成不同的思路，從而也就形成了多種管理學派。

一、現代管理理論的叢林

1. 管理過程學派

管理過程學派的主要代表人物為哈羅德・孔茨。該學派推崇法約爾的管理職能理論，認為應對管理的職能進行認真的分析，從管理的過程和職能入手，對企業的經營經驗加以理性的概括和總結，形成管理理論，指導和改進管理實踐，管理過程學派在西方很有影響，主要原因有以下兩點：

（1）該學派為管理理論和實踐的發展提供了一個廣闊的空間，認為管理的本質就是計劃、組織、指揮、協調和控制這樣一些職能和過程，其內涵既廣泛又易於理解，一些新的管理概念和管理技能均可容納在計劃、組織和控制等職能中。

（2）該學派認為，各個企業與組織所面臨的內部條件和管理環境都是不

同的，但管理職能都是相同的。在企業與組織的實踐活動中，可以通過對管理過程的研究分析，總結出一些基本的、有規律性的東西，這些東西就是管理的基本理論與原理，反過來又可以指導管理實踐。該學派強調管理的基本職能，即管理的共性，從而使人們在處理複雜的管理問題時得到啓發和指導。

2. 社會系統學派

社會系統學派最早的代表人物是美國的巴納德。該學派認為，人的互相關係就是一個社會系統，它是人們的意見、力量、願望以及思想等方面的一種合作關係。管理人員的作用就是要圍繞著物質的、生物的和社會的因素去適應總的合作系統。

社會系統學派的基本觀點是：組織是一個複雜的社會系統，應採用社會學的觀點來分析和研究管理的問題。在巴納德看來，梅奧等人的人際關係學說研究的重點是組織中人與人之間的關係，並沒有研究行為個體與組織之間關係的協調問題。而如果將組織看成是一個複雜的社會系統，要使系統運轉有效，則必然涉及組織中個人與組織之間的協調問題。正是基於這樣的歷史背景，社會系統學派才得以產生，並將協調組織中個人與集體之間的關係作為其研究的主導方向。

3. 決策理論學派

決策理論學派的主要代表人物是美國的赫伯特・西蒙。該學派認為，由於決策是管理者的主要任務，因而應該集中研究決策問題，而管理又是以決策為特徵的，所以應該圍繞這個核心來形成管理理論。決策理論的主要論點有以下幾個方面：

（1）強調決策的重要性。認為管理就是決策，決策貫穿於管理的全過程。

（2）分析了決策過程中的組織影響。在各級都決策的情況下，為保證組織目標的統一，要發揮「組織影響」。上級不是代替下級決策，而是提供給下級決策的前提。

（3）提出了決策應遵循的準則。他們主張用「令人滿意的原則」去代替傳統的「最優化原則」。

（4）分析了決策的條件，管理決策時，必須利用並憑藉組織的作用，盡量創造條件，以解決知識的不全面性、價值體系的不穩定性及競爭中環境的變化性問題。

（5）歸納了決策的類型和過程。根據給定條件的不同，他們把決策分成程序化決策和非程序化決策兩類。程序化決策是指反覆出現和例行的決策，非程序化決策是指那種從未出現過的，或者其確切的性質和結構還不是很清楚或相當複雜的決策。

4. 系統管理理論學派

系統管理理論學派的代表人物是理查德·約翰遜、卡斯特和羅森茨韋克。該理論強調管理的系統觀點，要求管理人員樹立全局觀念、協作觀念和動態適應觀念，既不能局限於特定領域的專門職能，也不能忽視各自在系統中的地位和作用。基本要點有以下幾個方面：

（1）把企業等各種組織作為開放系統來看待。

（2）企業是由各種子系統組成的整體。企業這個開放的系統是由五種不同的子系統構成的，它們分別是目標與價值子系統、技術子系統、社會心理子系統、結構子系統、管理子系統。

（3）企業管理必須堅持系統觀點。要用系統觀點來考察企業及其管理活動。

5. 經驗主義學派

經驗主義學派又稱案例學派。主要代表人物有彼得·F.德魯克、歐內斯特·戴爾等。這個學派的基本觀點是：否認管理理論的普遍價值，主張從「實例研究」「比較研究」中導出通用規範，由經驗研究來分析管理。他們通過對大量管理的實例和案例的研究，分析了管理人員在個別情況下成功或失敗的管理經驗，並從中提煉和總結出帶有規律性的結論，這樣，可以使管理人員能夠學習到更多的管理知識和技能。該學派重點分析了許多組織管理人員的經驗，然後加以概括，找出他們成功經驗中共性的東西，然後使其系統化、理論化，並據此向管理人員提供實際的建議。很多學者認為，該學派的主張實質上是傳授管理學知識的一種方法，稱為「案例教學」。實踐證明，這是培養學生分析問題和解決問題的一種有效途徑。

6. 權變理論學派

權變理論是一種較新的管理思想。權變的意思，通俗地講，就是權宜應變。該學說認為，在企業管理中，由於企業內外部環境複雜多變，因此管理者必須根據企業環境的變化而隨機應變，沒有什麼一成不變、普遍使用的「最佳」管理理論和方法。為了使問題得到很好的解決，要進行大量調查和研究，然後把企業的情況進行分類，建立模式，據此選擇適當的管理方法。建立模式時應考慮下列因素：

（1）企業規模的大小

組織中人數越多，所需要協調的工作量就越大。當一個組織的規模發展了以後，就應發展更加正規的、高級的協調技術。

（2）工藝技術的模糊性和複雜性

為了達到組織的目標，就要採用一些技術，把資源投入轉換成用戶滿意

的產品或勞務。

（3）管理者職位的高低

管理者職位的高低直接影響著他所應該採用的管理方式。比如，所有的管理者都要制訂計劃，但高層和基層管理者制訂的計劃種類是不同的。

（4）管理者的職權大小

所有管理者都需要有職權，但不同的職權所需要的權力又有差別。

（5）下屬個人之間的差別

所受教育、家庭環境、個人態度和性格等方面的不同，造成了人們之間的差別。這些差別直接關係到管理者對他們的影響。

（6）環境的不確定程度

管理者要受到組織外部因素的影響，由政治、技術、社會、經濟、文化等方面變化所引起的不確定性將對管理者的管理方式有所衝擊，有的管理方法可能適用於具有穩定的外部環境的組織，而不適用於外部環境變化劇烈的組織。

總之，權變理論要求管理者根據組織的實際情況來選擇最好的管理方式。

7. 溝通（信息）中心學派

這一學派同決策理論學派關係密切，主張把管理人員看成一個信息中心，並圍繞這一概念來形成管理理論。這一學派認為，管理人員的作用就是接收信息、儲存信息、分析信息、運用信息以及傳布信息，每一位管理人員的崗位如同一臺電話交換臺。

這一學派強調計算機技術在管理活動和決策中的應用，強調計算機科學同管理思想和行為的結合。大多數計算機科學家和決策理論家都贊成這個學派的觀點。這個學派的代表人物有：美國的李維特，代表作是《溝通聯絡類型對群體績效的影響》；申農和韋弗，代表作是《溝通聯絡的數理統計理論》。

8. 數學（管理科學）學派

在第二次世界大戰期間，運籌學的方法在組織和管理大規模的軍隊活動，特別是軍事後勤活動中，取得了巨大成功。二戰後，1948年，英國成立「英國運籌學俱樂部」，隨後改名為「聯合王國運籌學學會」，並於1950年出版了第一個刊物《運籌學季刊》。20世紀50年代初，美國先後成立了兩家運籌學研究團體，即美國運籌學會和管理科學研究所，並分別出版刊物介紹運籌學在工業管理中的應用。運籌學家們認為，管理基本上是一種數學程序、概念、符號以及模型等的演算和推導。他們自稱為「管理科學家」。這樣，就出現了管理科學學派。贊成這一學派的學者多數是數學家、數理統計學家、物理學家、管理理論學家等。他們認為，管理工作中，如果制定決策是一個符合邏

輯的過程，那麼就可以利用數學符號或關係式來加以描述。

除上面介紹的八個學派外，還有一些學派，如經理角色學派、質量管理學派等，在管理理論叢林中也都是比較活躍和具有代表性的。這裡就不一一介紹了，總之，這些學派都是在已有的管理理論基礎上，力圖吸收和利用其他學科的成就，從不同的角度來探索管理的原理和方法，他們之間既有觀點相同、繼承發展的地方，也有許多觀點不一致之處。總體來看，這種「百花齊放，百家爭鳴」的現象對管理科學的發展是非常有益的。

二、當代管理理論的發展

1. 企業再造

企業再造概念來源於美國著名管理專家邁克爾·哈默和詹姆斯·錢皮合著，並於1993年出版的《再造公司——企業革命宣言》一書。所謂企業再造，是指為了獲取可以用諸如成本、質量、服務和速度等方面的績效進行衡量的顯著的成就，對企業的經營過程進行根本性的再思考和關鍵性的再設計。這一定義揭示了企業流程再造的核心。

（1）再造企業的基本類型

再造企業的大體可分為三種基本類型：①身陷困境，走投無路，試圖再造使企業獲得新生的企業；②當前情況尚可，但未雨綢繆，在走下坡路之前進行再造企業；③正處於巔峰時期，領導者不安於現狀，勇於進取的企業。由此可見，企業再造並不一定要等到企業走投無路的時候才做，處於不同境況下的企業都可以做，關鍵是企業要認清形勢，把握機會，下決心去做。

（2）企業再造基本原則和方法

企業再造的原則和方法很多，但重點有以下幾條。首先，緊密配合市場需求確定企業的業務流程；其次，要根據企業的業務流程確定企業的組織結構；再次，以新的、柔性的、扁平化的和以團隊為基礎的企業組織結構取代傳統的企業組織結構；最後，強調信息技術和信息的及時獲取，加強企業與顧客、企業內部經營部門與職能部門的溝通與聯繫。

企業再造是圍繞業務流程開展的。通俗地說，所有企業首先都應該問一句「我們做事情要達到什麼目的」和「我們怎樣做好我們所做的事情」，業務流程再造的關鍵是重新設計業務流程。再造的目的不是略有改善，稍有好轉，而是要使業績有顯著的長進和大的飛躍。再造不是修修補補，不是對現有的東西進行改良。再造就是要治本，要割捨舊的東西，重新做，從頭做，要脫胎換骨。要做到脫胎換骨，就要求從根本上改變思路。

2. 學習型組織

學習型組織是指通過營造整個學習氣氛，充分發揮員工的創造性思維能力而建立起來的一種有機的、高度柔性的、橫向網絡式的、符號人性的、能持續發展的組織。

美國管理學家彼得・聖吉於1990年出版的《第五項修煉——學習型組織的藝術與實踐》一書指出未來組織所應具備的最根本性的品質是學習。該書把研究帶出了純理論與概念性的探索，進入了可操作的實踐性領域，試圖推動人們刻苦修煉，學習和掌握新的系統思維方法。他認為，要是組織變成一個學習型組織，必須具有以下五項修煉的紮實基礎。

（1）系統思考

系統思考是五項修煉的核心，是整體、動態、本質地看待事物的修煉。這項修煉最為重要，員工個人、管理者自己或一個組織的事業成敗都與能否進行系統思考有關。管理者可在拓寬思維的廣度、挖掘思維的深度、掌握動態的思維方法方面加以努力，以提高系統的思考水準。

（2）自我超越

自我超越是五項修煉的基礎，強調要認識真實的世界並關注創造自我最理想的境界，並由這兩者之間的差距產生不斷學習的意願，不斷地自我創造和自我超越。在這個過程中，並非要通過降低理想來與現實相合，而是要通過提升自我以實現理想，由此培養出創意與能耐，並以開闊的胸襟來學習、成長和不斷超越自我。

（3）改善心智模式

員工和管理者都有根植於腦海的心智模式。心智模式即思維定式，以及有思維定式所決定的思想、心理和行為方式。人無完人，每個人的心智模式都有缺陷。改善心智模式的修煉主要落實在對自己心智模式的反思和對他人心智模式的探詢上，員工的心智模式也應劃入管理的對象之中。相同或相近的心智模式以及下面要談及的建立在個人願景基礎上的組織願景，會使組織產生更強的親和力、凝聚力，從而增強組織對內的活動效率和對外的適應、發展能力。人們要學習如何改變自己多年來養成的思維習慣，摒棄陋習，下力氣強制和約束自己進入新的心智模式，破舊立新。

（4）建立共同願景

共同願景是指能鼓舞組織成員共同努力的願望和遠景，或者說是共同的目標和理想。共同願景主要包括三個要素：共同的目標、價值觀與使命感。「願景」強調的是大家願意共同去做的遠景，這與只是告訴大家什麼是「遠景」不同。有了衷心渴望實現的共同目標，大家才會努力學習，才會追求卓

越。這不是因為他們被要求這樣做，而是由衷想要如此。因此組織需要建立共同的理想、共同的文化、共同的使命，能使員工看到組織近期、中期和遠期的發展目標和方向，從而使員工心往一處想、勁往一處使，使每個人的聰明才智得以發揮，使組織形成一種合力。

(5) 團隊學習

團隊學習就是通過開放式交流，集思廣益，互相學習，取長補短，以達到共同進步，使團隊的力量得以充分發揮的目的。團隊學習修煉包含深度會談和討論。在深度會談時，團隊成員可以自由交流想法，在一種無拘無束的氣氛中，把各自深藏的經驗與想法完全浮現出來。要達成成功的深度會談和討論，所有成員都必須在不本位、不自我防衛、不預設立場、不敬畏的情況下共同學習以發揮協同作用，這充分體現了集體智商大於個人智商。

學習型組織突破了原有方法論的模式，以系統思考代替機械思考，以整體思考代替片段思考，以動態思考代替靜態思考。該理論試圖通過一套修煉方法提升人類組織的整體運作的「群體智力」。現代企業和其他許多組織面臨著複雜多變的環境，只有增強學習能力，才能適應種種變化，未來真正出色的組織將是能夠設法使組織各階層人員全心投入，並有能力不斷學習的組織，也就是「學習型組織」。

3. 自我管理

自我管理有廣義和狹義之分，狹義的自我管理是指個人通過不斷的自我認識、自我設計、自我教育、自我激勵、自我控制、自我完善的動態過程，來實現個人理想和目標。而廣義的自我管理的對象則擴大到了組織，是指組織為實現目標、取得最大效益而進行的組織內部的不斷的自我認識、自我設計、自我教育、自我激勵、自我控制、自我完善的動態過程。在組織管理中，自主性和平等民主參與性是自我管理活動的兩大顯著特徵。因此，自我管理的原則包括自識、系統、統一、自願、效率等。

(1) 自我管理特點

①管理範圍的普遍性。自我管理雖然只是管自己，但是它卻幾乎適用於所有人。生活在社會上的每個人，除了精神障礙者以外，無人不在進行著自我管理，無論你是否意識到，是否承認它。②管理時間的全程性。自我管理不是權宜之計，它貫穿於人生的全過程，從兒童、少年、青年、壯年到老年，都要進行不同內容、不同方式的自我管理。③管理內容的複雜性。自我管理是多種指標的綜合效應，具有十分廣泛的內容，主要包括目標的確定、行為的控制、情感的調節、才智的發揮、時間的利用、信息的處理等許多內容。④管理方法的差異性。人的個性、素質、能力及經歷、處境是千差萬別的，

因此，人的自身管理方式也是各不相同、因人而異的。只有一般的規律可依，沒有萬能的靈藥可用。⑤管理理論的廣延性。人的生命運動是人的思維運動的物質基礎，而人的思維運動對人的生命運動有著強大的能動作用。此外，人生活在世界上，每天都要和自然界、社會接觸，收到大量的自然信息和社會信息，這些信息要靠人的心身自動調節功能來處理。這些，都給研究人的自我管理的理論帶來了廣延性。

（2）自我管理的形式

自我管理在現代組織中有兩種表現形式，這就是個人自我管理與團隊的自我管理。

所謂個人的自我管理，就是指個人可以在組織的共同願景或共同的價值觀指引下，在所授權的範圍內自我決定工作內容、工作方式，實施自我激勵，並不斷地用共同願景來修正自己的行為，以使個人能夠更出色地完成既定目標。也就是在這樣一個過程中，個人使自己得到了充分的發展，使自己在工作中得到了最大的享受。

所謂團體的自我管理，是指組織中的小工作團隊的成員在沒有特定的團隊領導人的條件下自我協調並管理團隊，共同決定團隊的工作方向，大家均盡自己所能為完成團隊任務而努力。團隊自我管理在某種條件下比個人自我管理更為困難一些，因為團隊中有許多人，如果有一兩個希望搭便車的人的話，就會在團隊中造成很大的衝突與麻煩。所以，成功的團體自我管理不僅需要每個團隊成員均有良好的素質和責任，還需要有一種團隊精神，以此凝聚眾人。

自我管理已成為現代組織廣泛採用的一種機制，它以重視人為基礎，通過民主參與管理，在成就人的同時推進組織的有效運行。相對於之前的組織管理，在知識社會的今天，自我管理把組織管理帶入了一種全新的高境界，它更加符合人性特徵。

4. 知識管理

知識管理就是對一個組織的知識與技能的捕獲，並把這些知識與技能分佈到能夠幫助組織實現最大產出的任何地方的過程。具體地說，就是通過組織的知識資源的開發和有效利用以提高組織創新能力，從而提高組織創造價值的能力的管理活動。可見，以知識為核心的知識管理包括兩個不可分割、緊密聯繫的方面：一是對知識進行管理，知識是管理的主要對象；二是運用知識進行管理，知識是管理的主要手段。

（1）知識管理的內容

知識管理可分為人力資源管理和信息管理兩個方面。人力資源管理是知

識管理的核心內容，人力資源管理就是一種以「人」為中心，將人看作最重要的資源的現代管理思想。農業經濟時代，土地是生產力的第一要素，勞動者等同於沒有思想的物體，是被另外一些掌握土地的人所利用的工具。工業經濟時代，資本成為生產力的第一要素，勞動者作為生產力的組成要素之一，受到資本擁有者的重視，但擁有資本的管理者希望勞動者像機器一樣聽話。後工業經濟時代，智力資本對經濟增長的貢獻不斷提高，管理者意識到人是一種重要資源，不僅要對其加以利用，更要通過合理配置、有效激勵、系統培養、激發潛能等手段使人力資源的價值得到最大限度的發揮。在這個階段，更多的還是強調對人的有效管理與控制。知識經濟時代，智力資本稱為促進生產力發展的第一要素。管理者需要充分認識到，人作為智力資本的擁有者，與生產力的其他要素存在明顯的差別：人追求自我實現、自我發展。智力資本的擁有者逐漸發展成為管理的主體，管理者的角色應從管理控制逐漸轉向引導和幫助。它包括對企業人力資源個體、團隊甚至整個企業組織的知識、技能、智商和情商的管理。良好的信息管理是實現有效的知識管理的基礎。信息管理可分為三個層面：①第一層即最底層的通信網絡，用來支持信息的傳播；②第二層是計算機服務器，這是存取信息、數據的關鍵環節之一；③第三層是信息庫、數據庫系統層，它是信息管理系統的關鍵層。對於組織來說，知識管理的實施在於建立激勵員工參與知識共享的機制，培養組織創新和集體創造力。

（2）知識管理的特點

知識管理的特點有：①知識管理重視對組織成員進行精神激勵。組織成員擁有不斷創新和創造有用知識的能力，他們是組織知識創新的主體。因此，採取恰當的激勵機制就顯得尤其重要，它不僅注重物質激勵，更注重精神激勵——一種新型的精神激勵，即賦予組織成員更大的權力和責任，使其更好地發揮自覺性、能動性。②知識管理重視知識的共享和創新。未來組織之間的競爭取決於其整體創新能力，所以，有效的知識管理要求把集體知識共享和創新視為贏得競爭優勢的支柱，創新一種組織知識資源能夠得到共享和創新的環境，其目的是通過知識的更有效利用來提高個人或組織創造價值的能力。③知識管理強調運用知識進行管理。傳統管理是經驗管理，而經驗只是知識中的一個層次。管理科學產生後，管理的知識也是不完整、有失偏頗的。在知識管理中，管理知識應當是完整、全面和有機統一的，他要求管理者能夠掌握並在管理過程中綜合地運用各種相關知識，使得管理活動卓有成效。管理者應將知識視為組織最重要的戰略資源，把最大限度地掌握和利用知識作為提高競爭力的關鍵。

（3）知識管理的實施

知識管理的實施要做到以下幾個方面：①要設立知識總監。設立知識總監或主管的目的是要在沒有先例可循的情況下能夠熟練地豐富、支配和管理不斷發展的知識體系，以便有效地運用集體的智慧提高應變和創新能力。例如，可口可樂、通用電器等公司都設立了知識主管。②要從市場和客戶那裡獲得信息和知識。因為對未來的預測建立在已有的隱約可見的跡象之上，而這些跡象總是體現在市場和客戶的需求和願望之中。此外，通過給客戶提供超越業務範圍的相關知識的服務也是企業獲得信息和知識的重要手段。③要建立知識與信息的共享網絡和知識聯盟。這種網絡和聯盟主要有兩種：一是內部網，二是虛擬網。兩者都具有眾多的功能。例如，美國的波音公司通過建立虛擬網絡，實現了空軍地勤的「無紙」開發。波音公司的員工無論在世界哪個角落都能使用相同的數據庫。知識聯盟有助於組織之間的學習和知識共享，使組織能夠開展系統思考。④要以知識創新為基礎設立職位。這體現了知識時代獨特的管理理念。發達國家的許多公司都開始實施知識創新管理規則，即根據職員知識創新的表現發放獎金和晉升職位。⑤要建立學習型組織。強調學習和「知識能力」的重要性，破除舊有的管理觀念與思維模式的束縛，已成為各國管理理論界註視的重心。人們越來越意識到，知識將成為創造財富及其附加價值的主體；獲得和應用知識的能力，也將成為企業核心競爭力的關鍵。知識社會的來臨使得企業再造和學習型組織成為時代的熱潮。

5. 生態人理論

人類文明的發展形態：採獵文明、農耕文明、工業文明的演進，產生出與其相對應的人的存在類型，有「自然人」「宗法人」「經濟人」三種不同的類型。當前，人類發展形態正由工業文明向生態文明加速轉型，人的存在類型也將由「經濟人」加快向「生態人」轉變。

（1）「生態人」假設的提出

以「高投入、高消耗、高污染、低效益」為特徵的傳統工業化發展模式，在使人類創造和獲取巨大的物質財富的同時，通過對大自然掠奪式的開發，使得人類自身生存與發展的根本基礎——自然資源、生態環境遭到深層次的破壞。其根源在於以「經濟人」假設的傳統經濟理論和管理理論。「經濟人」假設的提出，肯定了人類追求自身利益的正當性，從而加速了資本主義生產關係的確立，激發了人們的進取性和創造性，極大地促進了經濟的發展和社會財富的增加。然而，市場經濟和工業化發展的實踐證明，「經濟人」假設雖然有相當的客觀合理性，但這一假設也存在著嚴重的內在缺陷和歷史局限性。一是片面思維，即以人類中心主義和個人主義為世界觀和方法論。「經濟人」

假設將人和自然的關係片面地歸結為「利用與被利用、徵服與被徵服的關係」。在這樣的世界觀和方法論支配下，人類不考慮自己行為的後果，蔑視自然規律，違背自然規律，最終將人類推向了生態危機的困境中。二是單一取向，即以最小成本獲取物質利益最大化為價值觀。最小的成本獲取最大化的物質利益，成為「經濟人」假設的靈魂。「經濟人」割裂人的經濟利益、社會利益和生態利益的內在必然聯繫，必然削弱人在社會利益和生態利益等其他方面的價值追求。

(2)「生態人」假設的內涵與基本特徵

生態文明是指人與自然、個人與社會、經濟與生態和諧統一、全面協調可持續發展的新型文明，其核心是人類經濟活動和社會發展必須保持在地球資源環境承載力的極限以內，將現代經濟社會發展建立在生態環境良性循環的牢固基礎之上。我們將表徵、創造和建設生態文明的人類存在新形態和生態文明的承擔主體稱為「生態人」。

「生態人」是與「經濟人」相對應的，人的需求是全面的，不僅包括物質需要和精神需要，而且包括生態需要和社會需要，一定要從人與自然、人與社會整體互動關係中來解決生態問題、社會問題。「生態人」的基本特徵可以概括為：①整體思維，以生態優先的有機系統論為世界觀和方法論。「生態人」以生態優先的觀點看待人與自然和生態、經濟、社會之間的關係，將他們看作一個有機系統和整體。因為，無論是人類整體或人類個體的一切活動都必然最終受制於自然界，必須在自然生態系統承載力基礎上進行。②綜合取向，以追求經濟、社會和生態綜合效益最大化為價值觀。在生態優先的世界觀下，「生態人」從人與自然、人與社會整體互動關係的維度去把握生命活動的價值取向，以全面的、整體的價值觀視角來審視問題，堅持人與自然，人與社會和諧有機統一，追求包括經濟持續發展、自然生態平衡、社會和諧有序在內的綜合效益最大化。③全面發展。以整體協調可持續發展為行為模式特徵。「生態人」的整體性的世界觀和價值觀，使「生態人」能夠正確理解自然社會發展規律，認識人的生產活動所造成的直接或間接的、短期或長期的生態社會影響，並在此基礎上去支配和調節自身活動從而使自身的生存與發展活動建立在人與自然、人與社會、社會與自然協調平衡、良性互動的基礎之上。

第四節　管理理論的新發展與趨勢

20世紀60~70年代以後，世界經濟環境發生了很大變化，特別是隨著世

界市場的形成，競爭日趨激烈，既有的管理理論已經不能夠完全指導現實的管理活動，新的管理理論應運而生。

一、當代管理理論的新發展

　　20世紀70年代的石油危機對國際環境產生了重要影響，導致西方長時期的經濟衰退。世界市場上的競爭日趨激烈，使得戰略決策問題成為人們關注的主要問題。由此，這個時期的管理理論以戰略管理為主，開始注重研究企業組織與外部環境之間的關係，研究企業應如何適應充滿危機和動盪的環境。邁克爾‧波特所著的《競爭戰略》把戰略管理理論推向了高峰，強調通過對產業演進的說明和各種基本產業環境的分析，做出不同的戰略決策。

　　20世紀80年代，由於許多企業經過一個世紀的發展已具有相當大的規模，企業的業務流程也因此越來越複雜。複雜的業務流程越來越不能適應不斷變化的消費者的需要，企業必須從為顧客創造價值的流程的視角來重新設計組織結構，以實現企業對外部市場環境的快速反應，提高企業競爭力。企業再造理論應運而生，該理論的創始人是美國麻省理工學院教授邁克爾‧哈默與詹姆斯‧錢皮。他們認為，企業應以工作流程為中心，重新設計企業的經營、管理及運作方式，進行所謂「再造工程」。美國企業從20世紀80年代起開始了大規模的企業重組革命，日本企業也於20世紀90年代開始進行所謂的第二次管理革命。這十幾年間，企業管理經歷著前所未有的、類似脫胎換骨的變革。

　　企業再造理論對管理學最突出的貢獻是徹底改變了兩百年來遵循亞當‧斯密的勞動分工思想能夠提高效率的觀念，認為企業管理的核心是「流程」，即一套完整的貫徹始終的、共同為顧客創造價值的活動，而不是一個個專門化的「任務」。

　　20世紀90年代以來，信息化和全球化浪潮迅速席捲全球，顧客的個性化、消費的多元化決定了企業必須適應不斷變化的消費者的需要，在全球市場上贏得顧客的信任才有生存和發展的可能。管理理論研究主要針對學習型組織而展開。彼得‧聖吉在其所著的《第五項修煉》中更是明確指出，企業唯一持久的競爭優勢源於比競爭對手學得更快更好的能力，學習型組織正是人們從工作中獲得生命意義、實現共同願景和獲取競爭優勢的組織藍圖。

二、管理理論發展展望

　　展望未來管理理論的發展，我們會感到，未來組織所面臨的環境日趨動搖不定、組織活動的不斷擴展、社會人口的「爆炸」、科技的快速發展等也帶

給管理一些變化，為適應這些變化，管理理論的發展會出現以下三方面的趨勢。

1. 人本管理趨勢

人本管理是指一切管理活動以人為根本出發點，調動人的積極性，做好人的工作，反對見物不見人、見錢不見人、重技術不重視人、靠權力不靠人，強調人的需求是多種多樣的，盡量發揮人的自我實現精神，充分發揮人的主觀能動性。在傳統管理中，大生產是以機器為中心，工人只是機器系統的配件，人被當作物，管理的中心是物。但是，隨著信息時代的到來，組織中最缺乏的不是資金和機器，而是高素質的人才，人在組織中越來越顯示出重要作用。這就促使管理部門日益重視人的因素，管理工作的中心也從物轉向人。傳統管理和現代管理的一個重要區別就是管理中心從物本管理到人本管理的轉變。

在任何管理中，人是決定因素。管理的這一特徵要求管理理論研究也要堅持以人為中心，把對人的研究作為管理理論研究的重要內容。事實上，在管理理論的研究中，差不多所有的管理理論都建立在人性的假設基礎上。許多管理理論的不同主要是出於對人的本性認識不同。20世紀初泰羅的科學管理是基於「經濟人」這一假設的，20世紀30年代梅奧等人的行為管理是基於「社會人」這一假設的，至20世紀50年代又有了基於「自我實現人」假設的馬斯洛的人性管理，20世紀80年代以來出現的文化管理同樣強調了實現自我的人性觀。管理研究發展史表明，管理理論的發展越來越明顯地強調著以人為本的管理思想。可以看出，未來的管理趨勢是，必定在科學管理基礎上突出科學管理理論與人本管理的有機結合，達到「既見人又見物」的管理。

2. 跨文化管理趨勢

20世紀90年代以來，經濟全球化已達到前所未有的水準，跨國公司作為全球化的主體發揮著日益突出的作用。目前，世界跨國投資的增長速度比世界生產速度快3倍，比貿易的增長速度快2倍。在這種趨勢下，世界各個國家和地區之間在經濟生活的各方面也形成了日益密切的相互依存關係，它們都作為世界經濟這一不可分割的有機整體的一部分而存在。世界經濟全球化、統一市場的形成，意味著全球範圍內各個國家和地區的商品生產與消費都要受價值規律的支配，資金、技術、勞動力等生產要素的配置以及產業結構與進出口商品結構的調整都必須面向全球市場。

隨著經濟全球化向縱深發展，管理也不再局限於國家的邊界。作為對這種現實和趨勢的回應，20世紀70年代後期在美國逐漸形成和發展起來的跨文化管理（Cross-culture Management）必將得到進一步發展，它對企業在跨文

化條件下如何克服異質文化的衝突，如何在不同形態的文化氛圍中設計出切實可行的組織機構和管理機制，最合理地配置企業資源，特別是最大限度地挖掘和使用企業人力資源的潛力與價值，從而最大化地提高企業的綜合效益等方面，將起到切實的指導作用。

3. 參與管理趨勢

所謂參與管理，就是包括職工在內的集體決策、集體責任、集體思考，重視創造力的開發，重視人及其所構成的集體的才智。

目前，在西方企業中，這種參與管理正發展成為一種管理思潮。職工不僅參加企業管理，甚至分享股份和紅利，與資方共同經營企業，共擔風險。出現這種參與管理思潮的原因是多方面的。第一，這是勞資雙方共同的需要。面對激烈的競爭，企業必須進行改革，例如，提高企業素質，生產出優質低成本的產品。而基層員工處於企業第一線，他們往往最先嗅到徵兆，如能求取其合作，則必能激勵其士氣。第二，知識工人已成為當今許多企業的主力軍，在這種以知識工作者為基礎的組織裡，以前那種視經理為「上司」、其他人為「部屬」的傳統觀念已遠遠不適應了，強調平等、尊重員工、強化溝通、聽取意見、參與管理已經成為管理的重要方式。而且，這種方式正在帶來實際效益。據美國公司統計，實施參與管理可以大大提高經濟效益，一般可以提高50%以上，有的甚至可以提高一倍至幾倍。增加的效益一般有 1/3 作為獎勵返還給職工，2/3 成為企業增加的效益資產。

練習題

一、選擇題

1. 科學管理之父是（　　）。
    A. 亞當・斯密　　　　　　B. 泰勒
    C. 法約爾　　　　　　　　D. 梅奧
2. 建立共同願景屬於（　　）型管理觀念。
    A. 科學管理　　　　　　　B. 企業再造
    C. 學習型組織　　　　　　D. 目標管理
3. 泰勒管理理論的代表著作是（　　）。
    A.《再論管理理論的叢林》　B.《科學管理原理》
    C.《有效的管理者》　　　　D.《人的動機理論》
4. 制訂生產計劃進度圖的管理學家是（　　）。

　　　　A. 亨利・甘特　　　　　　B. 卡爾・巴思
　　　　C. 哈林頓・埃莫森　　　　D. 莫里斯・庫克
　5. 現代管理理論階段流派紛呈，以下哪項屬於現代管理理論？（　　）。
　　　　A. 勞動分工理論　　　　　B. 科學管理理論
　　　　C. 管理科學學派　　　　　D. 組織管理理論

二、名詞解釋

　標準化　霍桑試驗　系統管理理論　經驗學派

三、簡答題

　1. 權變理論的基本觀點是什麼？
　2. 科學管理理論的實質是什麼？其理論的主要內容是什麼？
　3. 行為科學研究的主要內容是什麼？
　4. 人際關係學說的主要內容是什麼？
　5. 經驗主義學派對於管理有什麼看法？

四、案例分析題

從古羅馬軍威到現代管理

　　古羅馬的士兵在第一次服役時，要在莊嚴的儀式中宣誓，保證不背離規範，服從上級指揮，為皇帝和帝國的安全犧牲自己的生命。宗教信仰和榮譽感的雙重影響使羅馬軍隊遵守規範，所有羅馬士兵都把金光閃閃的金鷹徽視作他們最願意為之獻身的目標，在危險時刻拋棄神聖的金鷹徽被認為是最可鄙的行為。

　　同時，羅馬士兵也深知他們行為的後果。一方面，他們可以在指定的服役期滿之後享有固定的軍餉，可以獲得不定期的賞賜以及一定的報酬，這些都在很大程度上減輕了軍隊生活的困苦程度；另一方面，由於怯懦或不服從命令而企圖逃避嚴厲的處罰，那也是辦不到的。軍團百人隊隊長有權用拳打士兵以作懲罰，司令官則有權判處士兵死刑。古羅馬軍隊的一句最固定的格言是：好的士兵害怕長官的程度應該遠遠超過害怕敵人的程度。這種做法使古羅馬軍隊紀律嚴明、作戰勇猛頑強。顯然，單憑一時的衝動是做不到這一點的。

　　在西方，這種管理方法被總結為一句格言——「胡蘿蔔加大棒」。拿破侖說得更形象：「我有時像獅子，有時像綿羊。我的全部成功秘訣在於：我知道

什麼時候應當是前者，什麼時候是後者。」

在東方，則有「滴水之恩，湧泉相報」「視卒如愛子，故可與之俱死」等說法，又有「將使士卒赴湯蹈火而不違者，是威使然也」「愛設於先，威嚴在後，不可反是也」。《孫子兵法》總結說：「故令之以文，齊之以武，是為必取。」總之一句話：「軟硬兼施，恩威並濟。」

問題：
東西方在管理思想上有何差異？

第三章　預測與決策

導入案例

「寵兒」變「棄兒」

　　1962年，英法航空公司開始合作研製「協和」式超音速民航客機，其特點是快速、豪華、舒適。經過十多年的研製，耗資上億英鎊後，終於在1975年研製成功。十幾年時間的流逝，情況卻發生了很大變化。能源危機、生態危機威脅著西方世界，乘客和許多航空公司都因此而改變了對在航客機的要求。乘客的要求是票價不要太貴，航空公司的要求是節省能源、多載乘客、噪音小。但「協和」式飛機卻不能滿足消費者的這些要求：首先是噪音大，飛行時會產生極大的聲響，有時甚至會震破建築物上的玻璃；其次，由於燃料價格增長快，運行費用也相應大大提高。這些情況表明，消費者對這種飛機需求量不會很大，因此不應大批量投入生產。但是，由於公司沒有決策運行控制計劃，也沒有重新進行評審，而且，飛機是由兩國合作研製的，雇用了大量人員參加這項工作，如果中途下馬，就要大量解雇人員。上述情況使得飛機的研製生產決策不宜中斷，只能勉強將決策繼續實施下去。結果，飛機生產出來後賣不出去，原來的「寵兒」變成了「棄兒」。

　　問題：

　　你認為英法航空公司合作研製「協和」式超音速民航客機失敗的原因是什麼？

第一節　預測與決策概述

一、預測的概念

　　預測是在掌握客觀事物發展變化規律的基礎上對事物未來的發展變化進行估計、預料和推測的活動，以確定事物未來的發展狀態、發展態勢，以及

對組織正在和將要進行的活動產生的影響。簡單地說，預測是指根據過去和現在對事物發展的未來趨勢與結果做出的估計。預測是管理工作的前提，又是管理工作的重要組成部分。

人類的每一次自覺行動都與其可把握的預期密切相關，缺乏預期的盲目行為，其結果是無法預料的。要保證行動的正確性，取得預期目標，就必須對未來進行預測，以盡可能地減少環境的不確定性，形成有把握的預期。對於一個組織來說，無論是制訂經濟計劃，還是進行經濟決策，都必須對未來的狀況做出估計，並把這種估計作為計劃和決策的依據。如果缺乏必要的預測，將會給組織帶來嚴重的經濟後果。比如，一個新的投資項目，從設計施工到投產一般至少要花上好幾年的時間，如果在設計時不對產品的市場需求及變化趨勢做出預測，等到這個項目建成，很可能生產的產品已經過時了，那時損失就慘重了。因此，預測是科學管理的基礎和前提，是管理者必備的技能之一。

科學的預測能夠在自覺認識客觀規律的基礎上，借助大量的信息資料，利用現代化的技術手段，比較準確地揭示出客觀事物運行中的本質聯繫及發展趨勢，預見到可能出現的種種情況，勾畫出未來事物發展的基本輪廓，提出各種可以互相替代的發展方案。這樣，管理者對未來的預見性和行動的把握性就會增強，決策和整個管理工作的科學性也將隨之提高。

組織中的預測工作可以分為兩種：一種是為了做好計劃工作而進行的預測；另一種是把已經開發的計劃轉變為將來的期待的預測，通常用財務數字來表示。第一種情況下，預測是計劃工作的前提條件；第二種情況下，預測是計劃工作的結果。例如，決定未來業務條件、銷售額或政治環境的預測是制訂計劃的前提條件，而來自一項新的資本投資的成本或收入的預測，是把計劃工作方案轉變為未來的期望。我們知道，計劃要對未來行動進行事先安排，但未來存在很多不確定因素，如何將未來的不確定因素的發生、發展和變化的可能性以概率的方式確定下來，從而使制訂計劃的工作能夠在由實現預測結果和組織方針政策構成的相對肯定的範圍與條件下進行，就是預測工作的基本任務之一，也就是確定計劃工作的前提條件。實際上，計劃進入實施狀態後，由於預測結果可能存在誤差，以及事物發展變化的不可控性，難免會出現與以前的預測結果不一致的情況，這些不一致必然會影響計劃的運行過程和結果，所以在計劃實施的過程中仍然要進行預測工作，以便掌握主動，事先做好協調與控制工作，實現期望的計劃結果。

預測和計劃工作雖然都與未來有聯繫，但預測不同於計劃。預測是對未來事件的陳述，計劃是對未來事件的部署；預測要說明的問題是將來會怎樣，

即在一定條件下估計將要發生什麼變化，採取或不採取哪些措施和行動，而計劃要說明的問題是要使將來成為怎樣，即應當採取什麼措施和行動來改變現存的條件，並對未來做出安排與部署，以達到預期的目的。

在管理實踐中，預測所涉及的範圍非常廣泛，影響組織發展的任何因素都可成為預測對象。例如，某公司在年底時會對下一年產品的銷售量（銷售額）進行預測，從而為制訂下一年的工作計劃提供必要的信息；它也會對下一年產品生產的技術水準進行預測，從而保證本公司產品在市場上不至於比競爭對手落後；等等。

二、預測的步驟

既然預測是一項至關重要的管理工作，就必須要有一套嚴格的操作程序。根據預測工作先後順序的不同，可以把預測工作分成四個步驟：明確預測目標；收集預測資料；進行預測處理；結果分析與評價。具體如圖 3-1 所示。

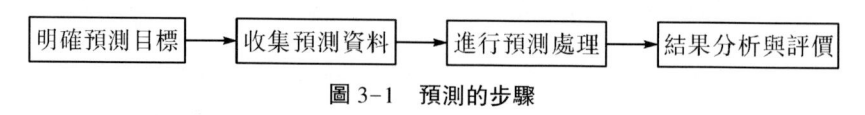

明確預測目標 → 收集預測資料 → 進行預測處理 → 結果分析與評價

圖 3-1　預測的步驟

1. 明確預測目標

預測總是圍繞一定的目標和任務進行，只有這樣，預測工作才能有的放矢。預測工作首先要回答為什麼預測、預測什麼、對預測工作有何要求、應達到怎樣的目標。比如，企業為了新的投資項目進行可行性論證，就要對相關行業的發展趨勢和產品的市場需求進行預測，並且要求在規定的期限內完成預測工作，對預測結果也有精度上的要求。這裡，在規定期限內按照一定的精度要求完成相關行業的發展趨勢和產品的市場需求預測，就是具體的預測目標。確定了這個目標之後，才能收集相關資料、選擇預測方案、配備技術力量以及預算所需費用。可見，明確預測的具體目標，有助於抓住重點，避免盲目性，提高預測工作的效率。具體來說，明確預測目標主要解決三個問題：

（1）確定預測對象，即預測是為了解決什麼問題、需要收集什麼資料、精確度有多高等；

（2）確定預測時間，即預測有沒有時限要求；

（3）確定預測計劃，包括確定人員的組成、經費預算、完成期限等。

2. 收集預測資料

資料是預測的依據，要進行預測，就必須充分佔有資料。收集有關資料是進行預測的重要基礎工作，如果某些預測方法所需的資料無法收集或收集

的成本過高，即便有理想的預測方法也將無法應用。有了充分的資料，才能為預測提供可靠的相關信息。這些資料包括反應事物發展的歷史數據、統計資料以及在某一特定時間內預測對象的有關信息等。

收集資料一定要注意廣泛性、適用性。對於收集到的資料，一定要鑑別和整理加工，辨別資料的真實性和可靠性，去掉那些不真實、與預測關係不密切、不能說明問題的資料。

3. 進行預測處理

進行預測處理，是對收集的資料進行綜合分析，並經過判斷、推理、概括，使感性認識上升為理性認識，由事物的現象深入到事物的本質，選擇預測方法描述預測對象的基本演變規律。進行預測處理，是預測工作的關鍵。而這一步的關鍵則在於，能否遵循事物本身的發展規律和相互間的邏輯關係進行合理的推理、分析判斷。預測處理一般分為三步：

（1）選定預測方法。預測方法很多，但並不是每種預測方法都適合所有被預測的問題。預測方法的選用是否得當，將直接影響預測的精確性和可靠性。根據預測的目的、費用、時間、設備和人員等條件選擇合適的方法，是預測成功的關鍵。在條件許可時，對同一個預測目標一般應同時採用兩種或兩種以上的預測方法，以便相互驗證，提高預測質量。如果是定量預測模型，應該在滿足預測要求的前提下盡量採用簡單、方便和實用的方法。

（2）建立預測模型。如果是定量預測，往往要根據事物的性質和收集的資料建立相關的預測模型。

（3）進行推理和計算。這就是運用選定的預測方法，對佔有的信息資料進行推理、判斷、統計和計算，得到預測的結果。要注意的是，必須對已得到的初步結果進行必要的審核，以便對其進行修正。

4. 結果分析與評價

預測是一種估計和推測，很難與實際情況百分之百吻合。定性預測是預測者根據自己的經驗和知識對某事物的發展趨勢做出判斷，這種判斷帶有很強的主觀性，與真實的狀態存在一定的差異。定量預測所建立的數學模型也不可能包羅影響預測對象的所有因素，出現誤差是不可避免的。產生誤差就要分析原因，大致有兩種原因：一種可能是收集的資料有遺漏和篡改或預測方法有缺陷；另一種可能是工作中的處理方法不當、工作人員的偏好影響等。因此，每次預測實施後，要把實際值與預測值相比較，找出預測誤差，估計其可信度。為了對預測結果和預測方法做出實事求是的評價，主管人員必要時可組織專家評議，對專家的評議意見要進行反饋和應用，發現問題要設法及時解決。

三、決策的概念

現代決策理論認為，管理的重心在經營，經營的重心在決策。決策正確，企業的生產經營活動才能順利發展；決策失誤，企業的生產經營活動就會遇到挫折，甚至失敗。

決策，是指為實現一定目標，在掌握充分的信息和對有關情況進行深入分析的基礎上，用科學的方法擬訂並評估各種方案，從可行方案中選擇一個合理方案的分析判斷過程。經營決策，是指在企業生產經營活動過程中，為實現預定的經營目標或解決新遇到的重大問題，在充分考慮企業內部條件和外部環境的基礎上，擬訂出若干可行方案，然後從中做出具有判斷性的選擇，確定一個較佳方案的過程。

因此，決策的前提條件就是要有幾種備選方案可供選擇，如果方案只有一個，那麼就不用決策了。換句話說，備選方案越多，方案之間的差別越小，決策的難度就越大。

決策的概念包括以下五個要點：

（1）決策應有明確合理的目標。這是決策的出發點和歸宿。決策是理性行動的基礎，行動是決策的延續。無目標或目標不合理的行動是盲目的、錯誤的行動，只會導致企業的損失和浪費。

（2）決策必須有兩個以上的備選方案。為實現企業某一特定經營目標，必須從多個可行方案中通過分析、比較和判斷進行選優。如果只有一個方案，則別無選擇；或雖有多個備選方案，但無限制，可隨意選取，也就無需分析、判斷，這都不符合決策的概念。

（3）必須知道每種方案可能出現的結果。選擇方案的標準主要是看方案實施後的經濟效果如何，所以，必須對方案可能的結果有充分的預見，否則就無從比較。

（4）最後所選取的方案只能是令人滿意的。傳統的決策理論中是以決策標準最優化為準則的，如力圖尋找最大的利潤、最大的市場份額、最優的價格、最低的成本、最短的時間等。而現代決策理論認為，最優化決策是不可能實現的，它只是一種理想而已。

（5）決策的實質是謀求企業的動態平衡。從提出問題、收集資料、確定目標、擬訂行動方案、評價選擇到採取行動、實施反饋等一系列活動，都是為謀求企業外部環境、內部條件和經營目標之間的動態平衡而努力的。

四、決策的類型

決策的內容十分廣泛，因決策的時間、對象、方法不同而有所不同。我

們可以按照不同的分類標準或依據將其分為許多類型：

（1）戰略決策與戰術決策。從調整的對象和涉及的時限來看，組織的決策可以分為戰略決策與戰術決策。戰略決策是指有關企業今後發展方向的長遠的、全局性的重大決策，涉及整個戰略的總體安排，包括投資方向、生產規模的選擇、新產品的開發、企業的技術改造、設備和新工藝方案的選擇、生產過程的組織設計、市場開拓、廠址選擇和生產佈局、人力資源開發等問題的決策，它一般需要一定數量的投資，具有實現時間長和風險較大的特點；戰術決策是為實現長期戰略目標所採取的短期的策略手段，與每一場具體戰鬥的進行有關，如日常的行銷決策、物資儲備決策、生產過程的控制、採購資金的控制等，它具有不需要太多投資和時間短的特點。戰略決策解決的是「做什麼」的問題；戰術決策解決的是「如何做」的問題。戰略決策是根本性決策，戰術決策是執行性決策。戰略決策是戰術決策的依據；戰術決策是在戰略決策的指導下制定的，是戰略決策的落實。

（2）程序化決策與非程序化決策。這是根據決策問題的重複程度和有無既定的程序可循進行的分類。

程序化決策是指解決企業管理中經常重複出現的問題，並已有處理經驗、程序和方法，能按原來規定的程序、處理方法和標準進行的決策，又稱重複性決策或規範化決策，多屬於業務決策。例如，企業在做採購原材料決策時，會遵循以往的慣例進行。現在的政府機關需要新進人員時，通常會先制訂進人計劃，然後上報給人事主管部門審批，審批後再向全社會公開招考公務員。由於這類問題重複出現，其過程已標準化，因而可規定出一定的程序，建立決策模式，用計算機進行處理。在企業管理工作中，絕大多數決策屬程序化決策。

非程序化決策是指沒有常規可循，對不經常重複發生的業務工作和管理工作所做的，沒有處理經驗、完全靠決策者個人的判斷和信念來進行的決策。非程序化決策往往是有關企業重大戰略問題的決策，如新產品開發、產品方向變更、企業規模擴大、市場開拓、重大人事變更、組織機構的重大調整等，主要由上層管理人員承擔。非程序化決策主要用來解決例外問題。例如，企業在生產過程中出現重大人員傷亡事故時就必須採用非程序化決策，因為，對於企業來說，重大人員傷亡事故並不是經常出現的，企業自身也缺乏這種處理經驗。

由於非程序化決策要考慮企業內外條件和環境的變化，所以，無法用常規的辦法來處理，除採用定量分析外，決策者個人的經驗、知識、洞察力及直覺、信念等主觀因素對決策也有很大影響。

（3）確定型決策、不確定型決策和風險型決策。這是根據決策問題所處的條件及後果發生的可能性大小進行分類。

確定型決策是指每個方案所需的條件都是已知的，並能預先準確瞭解其必然結果，即決策條件清楚，結果也清楚，決策者只需根據目的進行選擇的決策。其最基本的特徵就是，事件的各種自然狀態是完全肯定而明確的。它的任務就是分析各種方案所得到的明確結果，再從中選擇一個合理的方案。比如，企業現在使用的一部生產機器已經到了瀕臨報廢的地步，需要購買一臺新的機器，這個決策就是確定型決策。再比如，從甲地到乙地的距離已知，可通過坐火車、飛機、汽車等三種方式到達，每一種方式的時間和成本費用事先都是確定的，因此，如果問應採取哪一種方案，這種決策就屬於確定型決策，決策者可以從中找到最優的方案。

不確定型決策是指決策者只知道每個備選方案都存在著兩種以上不可控的狀態，也不知道每種自然狀態發生的概率，或只能以主觀概率判斷，即條件、結果均不清，決策者根據個人偏好選擇方案，方案的最終選擇主要取決於決策者的態度、經驗及其所持的決策原則。例如，企業想推出一種完全不同於傳統產品的新產品，通過市場調查並沒有得到實質性的有用資料，企業也不知道新產品上市之後前景如何，那麼究竟要不要推出這種新產品就要看決策者的選擇了。

風險型決策又稱隨機型決策，是指每一個備選方案的執行都會出現幾種不同的情況，決策者不能知道哪種自然狀態會發生，但能知道有多少種自然狀態以及每種自然狀態發生的概率，這時的決策就存在著風險，即條件不十分肯定，但後果及發生的概率大多已知，決策者無論如何選擇都將承擔風險。例如，某商人準備投資建立一個生產塑料製品的工廠，現在他有兩種選擇，要麼建小廠，要麼建大廠。通過認真考察，他發現，塑料製品在未來一段時間暢銷的概率為 0.3，銷路一般的概率為 0.5，滯銷的概率為 0.2，建大廠和小廠的損益狀況如表 3-1 所示。

表 3-1　　　　　　　　　　風險型決策示例　　　　　　　單位：萬元

類型	概率				
	暢銷	一般	滯銷	期望值	建廠成本
	0.3	0.5	0.2	E	C
大廠	30	10	5	13	7
小廠	15	5	0.5	7.1	5

在這種條件下，建大廠獲利的期望值＝30×0.3+10×0.5−5×0.2＝13（萬元）；建小廠獲利的期望值為7.1萬元。考慮成本後，建大廠獲純利6萬元，建小廠獲純利2.1萬元，此時，商人很可能選擇建大廠。

（4）初始決策與追蹤決策。從決策解決問題的性質來看，可以將決策分成初始決策與追蹤決策兩種。初始決策是指組織對從事某種活動或從事該種活動的方案所進行的初次選擇，它是在有關活動尚未進行且環境未受到影響的情況下進行的。隨著初始決策的實施，組織外部環境發生變化，這種情況下所進行的決策就是追蹤決策，追蹤決策是在初始決策的基礎上對組織活動的內容或是方式的更新調整。

（5）高層決策、中層決策和基層決策。按做出決策的領導層次劃分，決策可以分為高層決策、中層決策和基層決策。

高層決策即企業一級的決策，主要解決企業全局性的以及同外部環境有密切關係的長遠性、戰略性的重大問題，大多屬於戰略決策。

中層決策是由組織中層管理人員所進行的決策，即車間、職能科室一級的決策，它是在戰略決策做出後為確保在某一時期內完成任務和解決問題的決策，大多採用戰術決策。

基層決策指組織內基層管理人員所進行的決策，即工段、班組一級的決策，它主要解決作業任務中的問題，這類決策問題技術性較強，要求及時解決，不能拖延時間。

（6）個體決策與群體決策。按決策主體的數量劃分，決策可以分為個體決策與群體決策。

個體決策的決策者是單個人，如「廠長負責制」企業中的決策就主要是由廠長個人做出方案抉擇的。在現代社會中，組織中的許多決策，尤其是一些重大決策，都是由群體制定的。由於群體間的個體差異和衝突，群體決策要比個體決策更為複雜。

群體決策的決策者可以是幾個人、一群人甚至整個組織的所有成員。如「董事會制」下的決策就是一種群體決策，由集體做出決策方案的選擇。群體中的個人可以通過個體決策的方式進行自己的決策，但必須受制於群體的規範，決策結果是各種個體決策結果的群體綜合。群體決策的主要特點有：群體成員的價值觀、目標、判斷準則和信息基礎存在差異；群體成員對決策問題的認識不盡一致；群體活動的結果取決於群體的構成和群體的作用過程。群體決策的優點有：提供完整的信息，避免重大錯誤，提高決策質量；產生更多的方案，提高方案的接受性，提高決策的合法性。群體決策的缺點有：消耗更多的資源（時間和金錢）；少數人統治；群體思維（偏見）；責任

不清。

個體決策的速度快，群體決策往往會比個體決策消耗更多的時間，但有效性更高，群體決策的創造性強。

五、決策應遵循的原則

要使決策科學化，必須遵循以下原則：

（1）決策要在全面考慮問題的基礎上，抓住要害，保證總體優化，必須協調好組織內部各部門、各單位、各環節之間的關係，進行綜合平衡。

（2）決策是一個複雜的過程，必須遵循科學的決策程序，確定有效的決策標準，採用科學的決策方法，建立有效的決策體系和做好決策的組織工作。

（3）決策要有明確的目標和衡量達到目標的具體標準。

（4）決策必須是經濟上合理、技術上可行，社會、政治、道德、法律等各方面因素允許。

（5）決策必須從實際出發，實事求是，量力而行，並且要有充分的資源作為保證。

（6）決策不僅要切實可行，而且要便於管理，並有相應的行動規劃保證決策能付諸實現。

（7）決策必須有應變能力，事先要考慮一些應變措施，使決策具有一定的彈性。

（8）決策要留有發生風險後生存的餘地。要清醒地估計到各種方案的風險程度以及可允許的風險度。本著穩健行事的原則，使風險損失不致引起不可挽回的後果。

（9）決策技術和方法必須具有先進性，採用現代管理技術和方法。

（10）決策應規範化、制度化和法律化。

第二節　決策的理論

一、古典決策理論

古典決策理論是基於「經濟人」假設提出的，主要盛行於20世紀50年代以前。古典決策理論認為，應該從經濟的角度來看待決策問題，即決策的目的在於為組織獲取最大的經濟利益。

古典決策理論的主要內容是：

（1）決策者必須全面掌握有關決策環境的信息情報；

（2）決策者要充分瞭解有關備選方案的情況；

（3）決策者應建立一個合理的層級結構，以確保命令的有效執行；

（4）決策者進行決策的目的始終在於使本組織獲取最大的經濟利益。

古典決策理論假設決策者是完全理性的，決策者在充分瞭解有關信息情報的情況下，是完全可以做出實現組織目標的最佳決策的。古典決策理論忽視了非經濟因素在決策中的作用，這種理論不可能正確地指導實際的決策活動，從而逐漸被更為全面的行為決策理論所代替。

二、行為決策理論

行為決策理論的發展始於 20 世紀 50 年代。對古典決策理論的「經濟人」假設發難的第一人是諾貝爾經濟學獎得主赫伯特·A. 西蒙，他在《管理行為》一書中指出，理性的和經濟的標準都無法確切地說明管理的決策過程，進而提出「有限理性」標準和「滿意度」原則。其他學者對決策者行為做了進一步的研究，他們在研究中也發現，影響決策的不僅有經濟因素，還有決策者的心理與行為特徵，如態度、情感、經驗和動機等。

行為決策理論的主要內容是：

（1）人的理性介於完全理性和非理性之間，即人是有限理性的，這是因為在高度不確定和極其複雜的現實決策環境中，人的知識、想像力和計算力是有限的。

（2）決策者在識別和發現問題的過程中容易受直覺上的偏差的影響，而在對未來的狀況做出判斷時，直覺的運用往往多於邏輯分析方法的運用。所謂直覺上的偏差，是指由於認知能力有限，決策者僅把問題的部分信息當作認知對象。

（3）由於受決策時間和可利用資源的限制，決策者即使充分瞭解和掌握有關決策環境的信息情報，也只能做到盡量瞭解各種備選方案的情況，而不可能做到全部瞭解，決策者選擇的理性是相對的。

（4）在風險型決策中，與對經濟利益的考慮相比，決策者對待風險的態度對決策起著更為重要的作用。決策者往往厭惡風險，傾向於接受風險較小的方案，儘管風險較大的方案可能帶來較為可觀的收益。

（5）決策者在決策中往往只求滿意的結果，而不願費力尋求最佳方案。導致這一現象的原因有多種：首先，決策者不注意發揮自己和別人繼續進行研究的積極性，只滿足於在現有的可行方案中進行選擇；其次，決策者本身缺乏有關能力，在有些情況下，決策者會出於某些個人因素的考慮做出自己的選擇；最後，評估所有的方案並選擇其中的最佳方案需要花費大量的時間

和金錢，這可能得不償失。

行為決策理論抨擊了把決策視為定量方法和固定步驟的片面性，主張把決策視為一種文化現象。例如，日裔美籍學者威廉‧大內在其對美日兩國企業在決策方面的差異進行的比較研究中發現，東西方文化的差異是導致這種決策差異的一種不容忽視的因素，從而開創了對決策的跨文化比較的研究。

除了赫伯特‧A. 西蒙的「有限理性」模式，林德布洛姆的「漸進決策」模式也對「完全理性」模式提出了挑戰。林德布洛姆認為決策過程應是一個漸進過程，而不應大起大落（當然，這種漸進過程累積到一定程度也會形成一次變革），否則會危及社會穩定，給組織帶來組織結構、心理傾向和習慣等的震盪和資金困難，也使決策者不可能瞭解和思考全部方案並弄清每種方案的結果（這是因為時間的緊迫和資源的匱乏）。因此「按部就班、修修補補的漸進主義決策者似乎不是一位叱吒風雲的英雄人物，而實際上是能夠清醒地認識到自己是在與無邊無際的宇宙進行搏鬥的足智多謀的解決問題的決策者」。這說明，決策不能只遵守一種固定的程序，而應根據組織外部環境與內部條件的變化進行適時的調整和補充。

三、當代決策理論

繼古典決策理論和行為決策理論之後，決策理論又有了進一步的發展，即產生了當代決策理論。當代決策理論的核心內容是：決策貫穿整個管理過程，決策程序就是整個管理過程。

組織是由作為決策者的個人及其下屬、同事組成的系統。整個決策過程從研究組織的內外部環境開始，繼而確定組織目標、設計可達到該目標的方案、比較和評估這些方案而進行方案的選擇（即做出滿意決策），最後實施決策方案，並進行追蹤檢查和控制，以確保預期目標的實現。這種決策理論對決策的過程、決策的原則、程序化決策和非程序化決策、組織結構的建立同決策過程的聯繫等做了精闢的論述。

對當今的管理者來說，在決策過程中應用廣泛的現代化手段和規範化的程序，應以系統理論、運籌學和電子計算機為工具，並輔之以行為科學的有關理論。這就是說，當代決策理論把古典決策理論和行為決策理論有機地結合起來，它所概括的一套行為準則和工作程序，既重視科學的理論、方法和手段的應用，又重視人的積極作用。

第三節　決策的過程

一、診斷問題

　　決策者必須要知道哪裡需要行動，因此決策過程的第一步是診斷問題或識別機會。管理者也通常要密切關注處在其責任範圍內的相關數據與信息。實際狀況與所預期狀況的差異，常常提醒著管理者潛在機會或問題的存在。識別機會和問題並不總是簡單的，因為要考慮組織中人的行為。有時候，問題可能埋藏在個人過去的經驗、組織複雜的結構或個人和組織因素的某種混合中，因此，管理者必須要特別注意盡可能精確地評估問題和機會。而另一些時候，問題可能簡單明了，只要稍加觀察就能識別出來。

　　評估機會和問題的精確程度有賴於信息的精確程度，所以管理者要盡力獲取精確的、可信賴的信息。低質量的或不精確的信息不僅會白白浪費掉管理者的大量時間，也會使其無法發現導致某種情況出現的潛在原因。

　　即使收集到的信息是高質量的，在解釋的過程中也可能發生扭曲。有時，信息持續地被誤解或有問題的事件一直未被發現，這些都會使信息的扭曲程度加重。大多數重大災難或事故都有一個較長的潛伏期，在這一時期，因有關徵兆被錯誤地理解或不被重視而未能及時採取行動，往往會導致災難或事故的發生。

　　即使管理者擁有精確的信息並正確地解釋它，處在它們控制之外的因素也可能會對機會和問題的識別產生影響。但是，管理者只要堅持獲取高質量的信息並仔細地解釋它，就會提高做出正確決策的可能性。

二、明確目標

　　目標體現的是組織想要獲得的結果，所想要獲得的結果的數量和質量都要明確下來，因為這兩個方面都將最終指導決策者選擇合適的行動路線。

　　目標的衡量方法有很多種，如我們通常用貨幣單位來衡量利潤或成本目標，用每人的產出數量來衡量生產率目標，用次品率或廢品率來衡量質量目標。

　　根據時間的長短，可把目標分為長期目標、中期目標和短期目標。長期目標通常用來指導組織的戰略決策，中期目標通常用來指導組織的戰術決策，短期目標通常用來指導組織的業務決策。無論時間的長短，目標總是指導著隨後的決策過程。

三、擬訂方案

　　一旦機會或問題被正確地識別出來，管理者就要提出達到目標和解決問題的各種方案。這一步驟需要創造力和想像力。在提出備選方案時管理者必須把試圖達到的目標銘記在心，而且要提出盡量多的方案。

　　管理者常常借助其個人經驗、經歷和對有關情況的把握來提出方案。為了提出更多、更好的方案，需要從多種角度審視問題，這意味著管理者要善於徵詢他人的意見。

　　備選方案可以是標準的和鮮明的，也可以是獨特的和富有創造性的。標準方案通常是指組織以前採用過的方案。通過頭腦風暴法、名義小組技術和德爾菲法等可以提出富有創造性的方案。

四、篩選方案

　　決策過程的第四步是確定所擬定的各種方案的價值或恰當性，並確定最滿意的方案。為此，管理者起碼要具備評價每種方案的價值或相對優劣勢的能力。在評估過程中，要使用預定的決策標準（如預期的質量）並仔細考慮每種方案的預期成本、收益、不確定性和風險，最後對各種方案進行排序。例如，管理者會提出以下的問題：

　　該方案有助於質量目標的實現嗎？該方案的預期成本是多少？與該方案有關的不確定性和風險有多大？

　　在此基礎上管理者就可以做出最後選擇。儘管選擇一個方案看起來很簡單，只需要考慮全部可行方案並從中挑選一個能最好地解決問題的方案，但實際上做出選擇卻是很困難的。由於最好的選擇通常是建立在仔細判斷的基礎上，所以管理者必須仔細考察所掌握的全部事實，並確信自己已獲得足夠的信息。

五、執行方案

　　選定方案之後緊接著的步驟就是執行方案。管理者要明白，方案的有效執行需要足夠數量和種類的資源作為保障。如果組織內部恰好存在方案執行所需要的資源，那麼管理者應設法將這些資源調動起來，並注意不同種類資源的互相搭配，以保證方案的順利執行。如果組織內部缺乏相應的資源，則要考慮從外部獲取資源的可能性與經濟性。

　　管理者還要明白，方案的執行將不可避免地會對各方造成不同程度的影響，一些人的既得利益可能會受到損害。在這種情況下，需要管理者善於做

思想工作，幫助他們認識到這種損害只是暫時的，或者說是為了組織全局的利益而不得不付出的代價，在可能的情況下，管理者還可以拿出相應的補償方案以消除他們的顧慮，化解方案在執行過程中遇到的阻力。

管理者更應當明白，方案的實施需要得到廣大員工的支持，需要調動他們的積極性。為此，需要做以下三方面的工作：①將決策的目標分解到各個部門與個人，實行目標責任制，讓他們樹立起責任心，感受到組織給予他們的壓力；②管理者要善於授權，做到責權對等，相關主體擁有必要的權力，便於其完成相應的目標；③設計合理的報酬制度，根據目標的完成情況對相關主體實施獎懲，以充分調動他們的工作積極性。通過以上三方面的工作，能夠實現責、權、利三者的有效結合，確保方案朝著管理者所期望的路線推進。

六、評估效果

對方案執行效果的評估是指將方案實際的執行效果與管理者當初所設立的目標進行比較，看是否出現偏差。如果存在偏差，則要找出偏差產生的原因，並採取相應的措施。具體來說，如果發現偏差的出現是由於當初考慮問題不周到，對未來把握不準，或者所擬訂的方案過於粗略（也就是說偏差的發生與決策過程中的前四個步驟有關），那麼管理者就應該重新回到前面四個步驟，對方案進行適應性調整，以使調整後的方案更加符合組織的實際和變化的環境。從這個意義上來說，決策不是一次性的靜態過程，而是一個循環往復的動態過程。如果發現偏差是由方案執行過程中某種人為或非人為的因素造成的，那麼管理者就應該加強對方案執行的監控並採取切實有效的措施，確保已經出現的偏差不擴大甚至有所縮小，從而使方案取得預期的效果。

第四節　決策方法

一、集體決策方法

1. 頭腦風暴法

頭腦風暴法的特點是：針對解決的問題，相關專家或人員聚在一起，在寬鬆的氛圍中敞開思路、暢所欲言，尋求多種決策思路。

頭腦風暴法的創始人是美國著名心理學家奧斯本。該決策方法的四項原則是：

（1）各自發表自己的意見，對別人的建議不作評論；

（2）建議不必深思熟慮，意見越多越好；

（3）鼓勵獨立思考、奇思妙想；

（4）可以補充完善已有的建議。

頭腦風暴法的特點是倡導創新思維。時間一般為1~2小時，參加者以5~6人為宜。

2. 名義小組技術法

在集體決策中，如果大家對問題性質的瞭解程度有很大差異，或彼此的意見有較大分歧，直接開會討論的效果可能並不好，大家可能爭執不下，也可能在權威人士發言後隨聲附和。

這時，可以採取「名義小組技術法」。管理者先選擇一些對要解決的問題有研究或有經驗的人作為小組成員，並向他們提供與決策問題相關的信息。小組成員各自先不溝通，獨立思考並提出決策建議，並盡可能詳細地將自己提出的備選方案寫成文字資料，然後讓小組成員在會議上一一陳述自己的方案。在此基礎上，小組成員對全部備選方案投票，選出大家最贊同的方案，形成對其他方案的意見，並提交管理者作為決策的參考。

3. 德爾菲技術法

德爾菲技術法是由美國蘭德諮詢公司提出的，用於聽取專家對某一問題的意見。運用這一方法的步驟是：

（1）根據問題的特點，選擇和邀請做過相關研究或有相關經驗的專家。

（2）將與問題有關的信息分別提供給專家，請他們各自獨立發表自己的意見，並寫成書面材料。

（3）管理者收集並綜合專家們的意見後，將綜合意見反饋給各位專家，請他們再次發表意見。如果分歧很大，可以開會集中討論，或者管理者分頭與專家聯絡。

（4）如此反覆多次，最後形成代表專家組意見的方案。

二、有關活動方向的決策方法

1. 經營單位組合分析法

經營單位組合分析法是由美國波士頓諮詢集團（Boston Consulting Group）提出來的。該方法認為，在確定某個單位的經營活動方向時，應從相對競爭地位和業務增長率兩個維度來考慮。相對競爭地位經常體現在市場佔有率上，它決定了企業的銷售量、銷售額和盈利水準；而業務增長率則反應了業務增長的速度，影響著投資回收的期限。

在圖3-2中，企業經營業務的狀況被分成以下四種類型：

图 3-2　經營單位組合分析圖

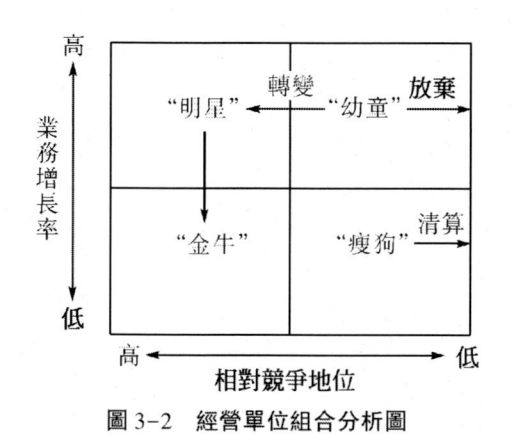

　　(1)「瘦狗」型經營單位。「瘦狗」型經營單位市場份額和業務增長率都較低，只能帶來很少的現金和利潤，甚至可能虧損。對這種不景氣的業務，應該採取收縮甚至放棄的戰略。

　　(2)「幼童」型經營單位。「幼童」型經營單位業務增長率較高，目前市場佔有率較低。這有可能是企業剛開發的很有前途的領域。高增長的速度需要大量資金，僅通過該業務則難以籌措。企業面臨的選擇是向該業務投入必要的資金，以提高市場份額，使其向「明星」型轉變；如果不能轉化成「明星」型，就應忍痛割愛及時放棄該領域。

　　(3)「金牛」型經營單位。「金牛」型經營單位的特點是市場佔有率較高，而業務增長率較低，從而為企業帶來較多的利潤，同時需要較少的資金投資。這種業務產生的大量現金可以滿足企業經營的需要。

　　(4)「明星」型經營單位。「明星」型經營單位的特點是市場佔有率和業務增長率都較高，代表著最高利潤增長率和最佳投資機會，企業應該不失時機地投入必要的資金，擴大生產規模。

　　2. 政策指導矩陣法

　　政策指導矩陣法是荷蘭皇家殼牌公司創立的。該方法從市場前景和相對競爭能力兩個維度分析了企業經營單位的現狀和特徵，用一個3×3的類似矩陣的形式表示（其實它不是嚴格意義的3×3矩陣，只是分成了9個方格）。如圖3-3所示，市場前景吸引力分為弱、中、強3種，相對競爭能力也分成了弱、中、強3種，一共分成9類。

　　處於區域6和9的經營單位競爭能力強，市場前景也不錯，應該確保其擁有足夠的資源優先發展，其中處於區域9的業務代表大好的機會。

　　處於區域8的經營單位市場前景雖好，但競爭能力不夠強，應該為其分

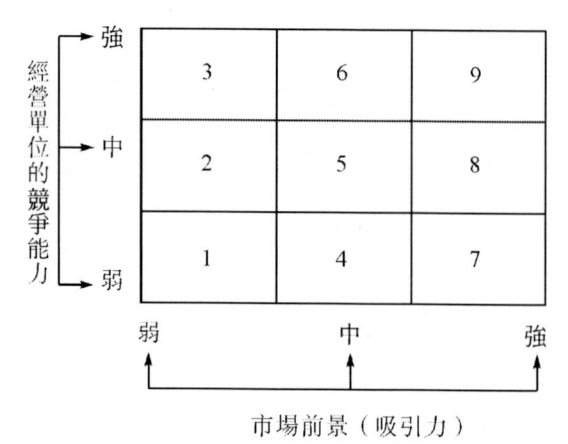

```
         ┌───┬───┬───┐
    強 → │ 3 │ 6 │ 9 │
經        ├───┼───┼───┤
營   中 → │ 2 │ 5 │ 8 │
單        ├───┼───┼───┤
位   弱 → │ 1 │ 4 │ 7 │
的        └───┴───┴───┘
競         弱   中   強
爭
能       市場前景（吸引力）
力
```

圖 3-3　政策指導矩陣圖

配更多的資源以提高其競爭能力。

處於區域 7 的經營單位市場前景雖好，但競爭能力弱，要根據企業的資源狀況區別對待。最有前途的應該促進其迅速發展，其餘的需逐步淘汰。

處於區域 5 的經營單位市場前景和競爭能力均居中等，一般在市場上有 2~4 個強有力的競爭對手。要分配給這些單位足夠的資源，推動其發展。

處於區域 2 的經營單位市場吸引力弱且競爭能力不強，處於區域 4 的經營單位市場吸引力不強且競爭能力較弱，應該選擇時機放棄這些業務，以便把收回的資金投入到盈利能力更強的業務中去。

處於區域 3 的經營單位競爭能力較強，但市場前景不容樂觀，這些業務不應繼續發展，但不要馬上放棄，可以利用其較強的競爭能力為其他業務提供資金。

處於區域 1 的經營單位競爭能力和市場前景都很弱，應盡快放棄此類業務，以免陷入泥潭。

三、有關活動方案的決策方法

1. 確定型決策方法

在比較和選擇活動方案時，如果未來情況只有一種並為管理者所知，則必須採用確定型決策方法。常用的確定型方法有線性規劃法和量本利分析法等。

（1）線性規劃法

線性規劃法是在一些線性等式或不等式的約束條件下，求解線性目標函數的最大值或最小值的方法。運用線性規劃建立數學模型的步驟是：首先，

確定影響目標大小的變量；其次，列出目標函數方程；再次，找出實現目標的約束條件；最後，找出使目標函數達到最優的可行解，即為該線性規劃的最優解。

例 3-1：某企業生產桌子和椅子兩種產品，它們都要經過製造和裝配兩道工序，有關資料如表 3-2 所示。假設市場狀況良好，企業生產出來的產品都能賣出去，試問何種組合的產品使企業利潤最大？

表 3-2　　　　　　　某企業生產桌子和椅子的有關資料

	桌子	椅子	工序可利用時間（小時）
在製造工序上的時間（小時）	2	4	48
在裝配工作上的時間（小時）	4	2	60
單位產品利潤（元）	8	6	—

這是一個典型的線性規劃問題。

第一步，確定影響目標大小的變量。在本例中，目標是利潤 Y，影響利潤的變量是桌子數量 T 和椅子數量 C。

第二步，列出目標函數方程：$Y=8T+6C$

第三步，找出約束條件。本例中，兩種產品在一道工序上的總時間不能超過該道工序可利用時間，即

製造工序：$2T+4C \leqslant 48$

裝配工序：$4T+2C \leqslant 60$

除此之外，還有兩個約束條件，即非負約束

$T \geqslant 0$

$C \geqslant 0$

從而線性規劃問題成為如何選取 T 和 C 使 Y 在上述四個約束條件下達到最大。

第四步，求出最優解——最優產品組合。通過圖解法（如圖 3-4 所示），求出上述線性規劃問題的解為 $T=12$ 和 $C=6$，即生產 12 張桌子和 6 把椅子使企業的利潤最大。

（2）量本利分析法

量本利分析法又稱為保本分析法或盈虧平衡分析法，是通過考察產量或銷售量（Volume）、成本（Cost）和利潤（Profit）的關係以及盈虧變化的規律來為決策提供依據的方法。

在應用量本利分析法時，關鍵是找出企業不盈不虧的產量（稱為保本產

C

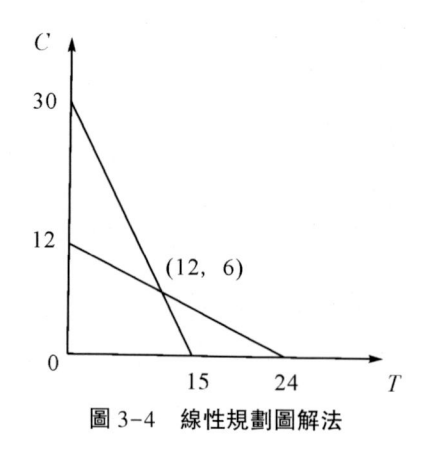

30

12

(12, 6)

15 24 T

圖 3-4　線性規劃圖解法

量或盈虧平衡產量，此時企業的總收入等於總成本），而找出保本產量的方法有圖解法和代數法兩種。

第一，圖解法。圖解法是用圖形來考察產量、成本和利潤關係的方法。在應用圖解法時，通常假設產品價格和單位變動成本都不隨產量的變化而變化，所以銷售收入曲線、總固定成本曲線和總成本曲線都是直線。

例 3-2：某企業生產某產品的總固定成本為 60,000 元，單位變動成本為每件 1.8 元，產品價格為每件 3 元。假設某方案帶來的產量為 100,000 件，問該方案是否可取？

利用例子中的數據，在坐標圖上畫出總固定成本曲線、總成本曲線和銷售收入曲線，得出量本利分析圖，如圖 3-5 所示。

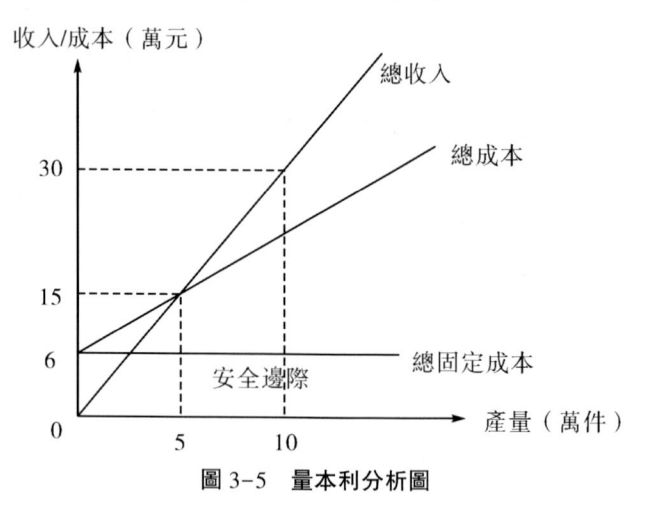

收入/成本（萬元）

總收入

總成本

30

15

6　　　　　　　　　　　總固定成本
　　　安全邊際

0　　5　　10　　　　產量（萬件）

圖 3-5　量本利分析圖

從圖 3-5 中可以得出以下信息，供決策分析之用：

①保本產量，即總收入曲線和總成本曲線交點所對應的產量（本例中保本產量為 5 萬件）；

②各個產量上的總收入；

③各個產量上的總成本；

④各個產量上的總利潤，即各個產量上的總收入與總成本之差；

⑤各個產量上的總變動成本，即各個產量上的總成本與總固定成本之差；

⑥安全邊際，即方案帶來的產量與保本產量之差（本例中安全邊際為 5 萬件）。在本例中，由於方案帶來的產量（10 萬件）大於保本產量（5 萬件），所以該方案可取。

第二，代數法。代數法是用代數式來表示產量、成本和利潤的關係的方法。

假設 P 代表單位產品的價格，Q 代表產量或銷售量，F 代表總固定成本，V 代表單位變動成本，Y 代表總目標利潤，C 代表單位產品貢獻（$C=P-V$）。

①求保本產量。

企業不盈不虧時，$PQ=F+VQ$

所以保本產量 $Q=F/(P-V)=F/C$

②求總目標利潤產量。

設總目標利潤 Y，則 $PQ=F+VQ+Y$

所以總目標利潤為 Y 的產量 $Q=(F+Y)/(P-V)=(F+Y)/C$

③求利潤。

$Y=PQ-F-VQ$

④求安全邊際和安全邊際率。

安全邊際＝方案帶來的產量－保本產量

安全邊際率＝安全邊際/方案帶來的產量

2. 不確定型決策方法

如果決策問題涉及的條件有些是未知的，對一些隨機變量，連它們的概率分佈也不知道，這類決策問題被稱為不確定型決策。下面我們通過例子介紹幾種不確定型決策方法。

例 3-3：某企業打算生產某產品。根據市場預測分析，產品銷路有三種可能性：銷路好、銷路一般、銷路差。生產該產品有三種方案：改進生產線、新建生產線、外包生產。各種方案的收益值在表 3-3 中列出。

表 3-3　　　企業產品的各方案在不同市場情況下的收益　　　單位：萬元

項目	銷路好	銷路一般	銷路差
（1）改進生產線	180	120	-40
（2）新建生產線	240	100	-80
（3）外包生產	100	70	16

面對這一決策問題，我們不能簡單地從表3-3中選取收益最大的單元格（240），因為「銷路好」這一情況不一定能發生，甚至不知道三種情況各自出現的可能性（概率）。

常用的解決不確定型決策問題的方法有以下三種：

（1）小中取大法

決策者對未來持悲觀態度，認為未來會出現最差的情況。決策時，對各種方案都按它帶來的最低收益考慮，然後比較哪種方案的最低收益最高，簡稱小中取大法，又稱為悲觀法。

在本例中，三種方案的最小收益分別為-40、-80、16，其中第三種方案對應的值最大，所以選擇外包生產的方案。

（2）大中取大法

決策者對未來持有樂觀態度，認為未來會出現最好的情況。決策時，對各種方案都按它帶來的最高收益考慮，然後比較哪種方案的收益最高，簡稱大中取大法，又稱為樂觀法。

在本例中，三種方案的最大收益分別為180、240、100，其中第二種方案對應的值最大，所以選擇新建生產線的方案。

（3）最小最大後悔值法

決策者在選擇了某方案後，若事後發現客觀情況並未按自己預想的發生，便會為自己事前的決策而後悔，由此產生了最小最大後悔值決策方法，其步驟是：

①計算每個方案在每種情況下的後悔值，公式為：

後悔值=該情況下各方案中的最大收益值-該方案在該情況下的收益值；

②找出各方案的最大後悔值；

③選擇最大後悔值中最小的方案。

表3-4給出了各方案在各種市場情況下的後悔值，最右邊一列給出了各方案的最大後悔值，其中第一方案對應的最大後悔值最小，所以選擇改進生產線的方案。

表 3-4　　　　企業產品的各方案在不同市場情況下的後悔值　　　　單位：萬元

項目	銷路好	銷路一般	銷路差	最大後悔值
（1）改進生產線	60	0	56	60
（2）新建生產線	0	20	96	96
（3）外包生產	140	50	0	140

3. 風險型決策方法

如果決策問題涉及的條件中有些是隨機因素，它雖然不是確定型的，但我們知道它們的概率分佈，這類決策被稱為風險型決策。

常用的風險型決策方法是決策樹圖法。

決策樹圖法是用樹狀圖來描述各種方案在不同情況（自然狀態）下的收益，據此計算每種方案的期望收益，從而做出決策的方法。下面通過例子來說明決策樹圖法的原理和應用。

例 3-4：

某企業為了擴大某產品的生產，擬建設新廠。根據市場預測，產品銷路好的概率為 0.7，銷路差的概率為 0.3。有三種方案可供企業選擇：

方案 1：新建大廠，需投資 300 萬元。據初步估計，銷路好時，每年可獲利 100 萬元；銷路差時，每年虧損 20 萬元。服務期為 10 年。

方案 2：新建小廠，需投資 140 萬元。據初步估計，銷路好時，每年可獲利 40 萬元；銷路差時，每年仍可獲利 30 萬元。服務期為 10 年。

方案 3：先建小廠，3 年後銷路好時再擴建，需追加投資 200 萬元，服務期為 7 年，估計每年可獲利 95 萬元。

請問哪種方案好？

畫出決策樹圖，如圖 3-6 所示。

圖 3-6 中的矩形節點稱為決策點，從決策點引出的若干條樹枝表示若干種方案，稱為方案枝。圓形節點稱為狀態節點，從狀態點引出的若干條樹枝表示若干種自然狀態，稱為自然狀態枝。圖 3-6 中有兩種自然狀態，即銷路好和銷路差，自然狀態枝上面的數字表示該種自然狀態出現的概率。位於自然狀態枝末端的是各種方案在不同自然狀態下的收益或損失。據此可計算出各種方案的期望收益值。

方案 1 的期望收益值為：[0.7×100+0.3×（−20）]×10−300＝340（萬元）

方案 2 的期望收益值為：(0.7×40+0.3×30)×10−140＝230（萬元）

至於方案 3，由於節點④的期望收益 465（95×7−200）萬元大於節點⑤的期望收益 280（40×7）萬元，所以銷路好時，擴建比不擴建好。方案 3 的期

图 3-6 決策樹圖

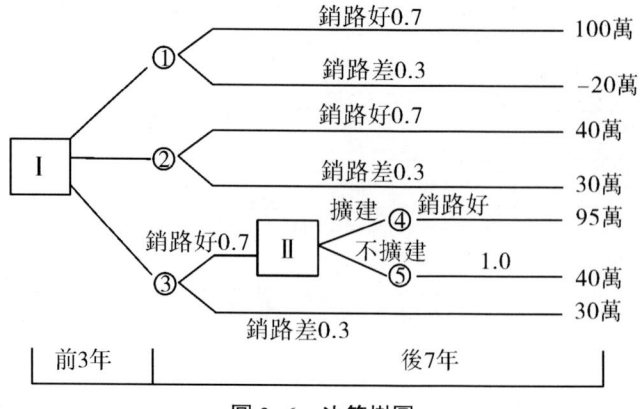

望收益為：(0.7×40×3+0.7×465+0.3×30×10) －140＝359.5（萬元）

計算結果表明，在三種方案中，方案3最好。

練習題

一、選擇題

1. 下列哪個不是決策過程中的要素？（　　）。
   A. 發現問題　　　　　　　B. 討論問題
   C. 擬訂各種可行的備選方案　D. 對備選方案進行評價和選擇
2. 行為決策理論的代表人物是（　　）。
   A. 泰勒　　　　　　　　　B. 法約爾
   C. 甘特　　　　　　　　　D. 西蒙
3. 按決策的起點不同劃分，決策可以分為初始決策和（　　）。
   A. 追蹤決策　　　　　　　B. 零起點決策
   C. 戰略決策　　　　　　　D. 集體決策
4. 下列哪個說法不正確？（　　）。
   A. 盈虧平衡分析又稱量本利分析
   B. 盈虧平衡分析是把生產總成本劃分為固定成本和變動成本
   C. 在盈虧平衡點上，企業總收入與總成本相等，企業處於不盈不虧的狀態
   D. 企業的產量若高於平衡點的產量，則會發生虧損
5. 決策就是「像個騎馬思考問題的人，考慮成熟之後，突然把他的決定

批示給他的隨從」這個說法對嗎？（　　　）。

　　A. 對　　　　　　　　B. 錯
　　C. 不確定　　　　　　D. 以上都不正確

二、名詞解釋

　　決策　程序化決策　古典決策理論　行為決策理論　當代決策理論

三、簡答題

　　1. 什麼是決策？
　　2. 決策有哪些基本類型？
　　3. 決策過程的主要步驟有哪些？
　　4. 什麼是決策的滿意原則？對於許多組織問題，管理人員為什麼不去尋求經濟上最優的解決方案？
　　5. 什麼是頭腦風暴法？

四、案例分析題

阿斯特拉國際有限公司的起伏

　　自從著名的美國王安公司申請破產以來，與其「遙相呼應」的印尼第二大集團企業——阿斯特拉國際有限公司也陷入了「泥潭」……一些有識之士毫不客氣地指出：釀成這一悲劇的癥結完全在於該公司的創業者——印尼華人富商謝建隆患上了嚴重的「家族企業症」。

　　說起謝建隆，在印尼乃至東南亞可以說無人不知。30 多年前，謝建隆以 2.5 萬美元起家，經過不懈努力，終於建立起一個以汽車裝配和銷售為主的王國。鼎盛時期，公司擁有 15 億美元的資產，年營業額達 25 億美元，55% 的印尼汽車市場被它占領。公司股票上市後，不少投資者認為，其經營上軌道，投資風險小，穩定且頗有投資價值。而謝氏家族佔有絕對控制權——直接持有 76% 的公司股票。

　　提及謝氏王國的崩潰，還得從謝建隆的大兒子愛德華談起。愛德華在獲得企業管理碩士學位回到印尼後，決定大幹一番。1979 年，愛德華以 2.5 萬美元成立了第一家企業———蘇瑪銀行。當時印尼經濟剛剛開始騰飛，政府信用擴充，天時配合，以及憑著「謝建隆」這個金字招牌所代表的信譽，他以很少的抵押就能貸到大筆資金。接著，他投資金融保險業務和房地產投資開發，資本迅速膨脹，十年之內，以蘇瑪銀行為中心的蘇瑪集團擁有 10 億美元

的資產，事業遍及歐美和東亞地區，成為與阿斯特拉集團相當的集團企業。殊不知，巨大成功的背後潛伏著重重危機。從一開始，愛德華就犯了一個不可饒恕的錯誤：他的王國建立在債務上，而不是穩扎穩打得來的。

愛德華這10年的經營，似乎只知道「以債養債」，不計代價的成長，基礎極其脆弱，沒有一些像樣的經濟實體與之配合。如果機會不再，危險便會接踵而來。果然，到了1990年底，印尼政府意識到經濟發展過熱，開始實施一系列緊縮政策，銀根收緊便是其中之一。蘇瑪集團頓時陷入難堪的境地——蘇瑪銀行的貸款無法回收，經營的房地產又不易脫手，而高達5億美元的債務，單是20%以上的利息就足以拖垮集團……當儲戶聽說蘇瑪銀行有問題後便開始搶兌，從而一發不可收拾，蘇瑪集團岌岌可危。兒子「背時」，老子心急如焚。在謝建隆看來，當初對兩個兒子的安排甚為理想：愛德華喜歡冒險，不妨資助他創辦銀行或房地產這一高成長、高風險的事業；二兒子艾溫較循規蹈矩，則安排其接管阿斯特拉集團，負責像汽車這種穩扎穩打的事業。如今，愛德華大難臨頭，豈能見死不救？謝建隆唯一能採取的補救措施是以阿斯特拉的股票作抵押來籌措資金。想不到，「屋漏偏逢連夜雨」，阿斯特拉公司的股票又因印尼經濟萎縮、汽車市場疲軟，結果猶如推倒多米諾骨牌那樣，不可逆轉。這時，正好是1992年底。

三十年辛勞半年毀，長使英雄淚滿襟。本來，蘇瑪集團和阿斯特拉集團無所有權關係，「蘇瑪」的災難不應拖垮謝氏集團，謝建隆完全可以不負連帶責任。那麼，究竟是什麼原因促使謝建隆下決心「拯救」呢？看來無非是兩個原因：一方面是維持自家信用；另一方面難捨舐犢之情，不肯學壯士斷腕。結果事與願違，不但無濟於事，反而將他的老本都賠光。由此觀之，蘇瑪集團的崩潰並不在於愛德華不會「守業」，而恰恰暴露了像愛德華這樣的第二代企業家往往低估了企業經營的困難與風險。如果再往深層看，癥結還是在謝建隆身上。因為，作為識途老馬，他理應告誡或阻止愛德華不能靠過度借債來擴充事業，這是其一；其二，1990年底蘇瑪集團發生危機時，他又低估了事態的嚴重性，把長期問題當作短期問題來處理，直至1992年底仍不能完全清醒。這樣，悲劇發生也就不足為奇了。

思考題：
(1) 謝氏家庭企業能否起死回生？
(2) 謝氏的慘敗該歸咎於誰？

第四章 計劃

導入案例

福特汽車公司的敗筆——「埃德塞爾」牌汽車

1957年9月，福特汽車公司推出進入中等價格市場的唯一項目：埃德塞爾汽車。埃德塞爾汽車的準備、計劃和研究工作長達10年。當時的汽車市場偏好中檔汽車，像龐蒂亞克、別克、道奇等中檔汽車已占全部汽車銷售量的1/3，而之前它們只占1/5。

「埃德塞爾」問世前一年就進行了大量廣告宣傳。按計劃，埃德塞爾在1958年生產20萬輛，占公司全部汽車市場的3.3%～3.5%（當時的年產量為600萬輛）。但兩年後，「埃德塞爾」累計生產僅11萬輛，在花了幾乎2.5億美元進入市場後，「埃德塞爾」問世兩年內估計虧損了2億多美元。

福特公司的戰略是想利用「埃德塞爾」同通用汽車公司和克萊斯勒汽車公司在較高價格的汽車市場進行競爭。在福特公司決定從大眾化「福特」牌車型轉向生產比較昂貴的汽車時，福特公司實際上已經失去了很大一部分市場。

「埃德塞爾」未能實現計劃目標有多種原因：其一，「埃德塞爾」進入市場時是經濟衰退時期，較高價格汽車市場收縮；其二，當時國外經濟型小汽車正開始贏得顧客贊許；最後，「埃德塞爾」的車型和性能沒有達到其他同樣價格汽車的標準。

福特公司想了各種辦法來防止失敗。公司全國性的廣告預算增加了2,000萬美元。他們向經銷商提供銷售額外分紅，折價出售「埃德塞爾」給州公路局官員，希望人們能在公路上看到這種汽車。公司還組建了一個關於車型、顏色、大小等方面的經銷經驗交流系統。為招徠顧客，還發動了一次大規模駕車遊行的推銷規劃，讓可能成為顧客的50萬人參加。

問題：

假如你是一名管理顧問，你認為「埃德塞爾」計劃沒有成功的原因是什麼？

第一節　計劃概述

一、計劃工作的含義和重要性

1. 計劃工作的含義

計劃工作有廣義和狹義之分。廣義的計劃工作，是指包括制訂計劃、執行計劃和檢查計劃執行情況三個環節在內的工作過程。狹義的計劃工作，主要是指制訂計劃，即根據組織內外部環境情況，通過科學的預測，權衡客觀的需要和主觀的可能，提出在未來一段時期內所需達到的具體目標以及實現目標的方法、措施和手段。因此，可以這樣認為，計劃的前提是預測，核心環節是決策。計劃內容主要涉及兩個方面：一是目標，即做什麼；二是實現目標的途徑，即怎麼做。還有人用「5W+1H」來描述計劃的內容，這種描述比較全面：

Why——為什麼要做？即明確計劃工作的原因和目的。

What——做什麼？即明確活動的內容及要求。

Who——誰去做？即明確由哪些部門和人員負責計劃的實施。

When——何時做？即明確計劃中各項工作的起始時間和完成時間。

Where——何地做？即規定計劃的實施地點。

How——如何做？即制訂實現計劃目標的方案措施。

計劃還可以進一步定義為正式計劃和非正式計劃。所有的管理者都會制訂計劃，但在許多情況下管理者制訂的計劃只是非正式的計劃。在非正式計劃中，什麼都不寫出來，而且這些計劃很少或不需與組織中的其他人共享。非正式計劃大量存在於中小型組織中，在這些組織中只是管理者本人考慮過組織要達到什麼目標以及怎樣實現目標，計劃是粗略的且缺乏連續性。當然，非正式計劃也存在於某些大型組織中，而一些中小型組織也制訂非常詳細的正式計劃。在本書中使用計劃這個概念時，指的都是正式計劃。這些計劃都被鄭重地寫下來並使組織全體成員都知道並理解。換句話說，管理當局明確規定了組織想要達到什麼目標和怎樣實現這些目標。

2. 計劃工作的重要性

管理者們為什麼要制訂計劃呢？這是因為計劃可以給出組織未來努力的方向，減少不確定性和環境變化的衝擊，使浪費和冗餘減至最小，以及設立標準便於進行控制。

首先，計劃是一種協調過程，它給管理者和執行者指明未來努力的方向。

當所有有關人員都瞭解了組織的目標和為達到目標必須做出的貢獻時，他們就能協調他們的活動，互相合作，結成團隊，減少重疊性和浪費性的活動。而缺乏計劃，人們之間的行動將難以實現一致，不可避免地會走許多彎路，進而使實現組織目標的過程失去效率。

其次，通過計劃可以促使管理者展望未來，預見環境變化及其對組織的影響，並制訂有效的應對措施，減少不確定性和降低風險，使管理者預見未來行動的結果。但值得注意的是，無論計劃制訂得多麼周詳，變化是不能被消除的，所以管理者還要時刻警惕環境變化。

最後，計劃為控制提供了標準和依據。如果不設立目標，或者說不知道要達到什麼樣的目標，就無法判斷組織是否已經達到了目標。在計劃中應設立目標，而在控制過程中，則要將實際的結果與計劃目標進行比較，分析有沒有產生偏差以及偏差產生的原因，並採取有針對性的糾偏措施，以保證目標的實現。因此，沒有計劃，就沒有控制。

計劃和組織績效之間有緊密的關係。大量的研究發現，重視計劃工作通常會帶來更高的效率或投資報酬率；另外，高質量的、長期的計劃工作和有效的實施過程比泛泛的計劃更能帶來高的績效。

二、計劃工作的性質

1. 目的性

每一個計劃及其派生計劃都是為了促進戰略和一定時期內目標的實現而設計的。計劃工作首先是要確定戰略目標，然後是使今後的行動集中於戰略目標，並預測和確定哪些行動有助於目標的實現，哪些行動不利於目標的實現。沒有計劃，在實現組織目標過程中就難免會走彎路，甚至遠離目標。因此可以說，計劃工作是各項管理職能中最能顯示管理的基本特徵的職能活動。

2. 主導性

計劃在管理的各種職能中處於主導地位。首先，從管理過程的角度看，計劃工作先於其他管理職能。一般情況下，只有當組織目標確定後，才能確定需要建立什麼樣的組織結構，需要招聘什麼樣的員工及何時招聘，怎樣最有效地領導這些員工，以及依據什麼樣的標準進行控制，等等。其次，計劃工作還貫穿於組織、人事、領導和控制工作中。例如，在招聘員工時，為了保證招聘工作有效進行，首先需要制訂招聘計劃，該計劃的內容主要包括招聘人員數量、招聘範圍、招聘方式以及招聘預算等。

在管理的各項職能中，計劃和控制是分不開的，它們猶如管理的一雙孿生子。未經計劃的活動是無法控制的，因為控制就是為了糾正脫離計劃的偏

差，以保持活動的既定方向。沒有計劃指導的控制是毫無意義的，計劃能為控制工作提供最基本的依據。此外，控制職能的有效實施，往往需要根據環境的變化修訂原有計劃或擬訂新的計劃，而新的計劃或修改過的計劃又可作為連續進行的控制的基礎。計劃與控制的這種持續不斷的關係，通常被稱為計劃—控制—計劃循環。

3. 普遍性

雖然各級管理人員的職責和權限各有不同，但他們在工作過程中都面臨著明確為什麼做、做什麼、什麼時候做、誰去做、怎麼做等問題。換句話說，計劃工作在各級管理人員的工作中是普遍存在的。其區別在於，高層管理人員主要負責制訂戰略性計劃，中低層管理人員主要負責制訂戰術性計劃或作業性計劃。從一定意義上講，授予下屬某些制訂計劃的權力，有助於調動下級的積極性。

4. 效率性

有效的計劃工作，不僅要確保實現目標，而且要做到以盡可能低的代價或投入來實現目標。如果一個計劃能夠達成目標，但在計劃的實施過程中付出了較高的或不必要的代價，那麼這個計劃就是低效率的。如果某項計劃以合理的代價實現了目標，這樣的計劃就是有效率的。在衡量代價時，不僅要考慮時間、資金的投入，而且還要考慮個人和群體的滿意程度。如果一項計劃是鼓舞人心的，但在實施過程中，由於方法不當引起了員工的不滿，這樣的計劃也是低效率的。所以，在制訂計劃時，要以效率為出發點，不僅要考慮經濟方面的利益，還要考慮非經濟方面的利益或損耗。

5. 靈活性

計劃必須具有靈活性，即當出現預想不到的情況時，必須有能力改變原來確定的方向且不必花費太大的代價。外部環境是複雜多變的，管理人員不可能準確預測到事物發展的所有變化及其對組織的影響，所以在制訂計劃時，要留有餘地，以防止意外變化。但計劃的執行一般不應太靈活。例如，企業銷售計劃的執行必須嚴格準確，否則就會出現組裝車間停工待料或產成品大量積壓、流動資金不足等問題。

6. 創造性

計劃工作對象和工作過程都體現著創造性。計劃工作總是針對需要解決的新問題和可能發生的新變化、新機會而做出決策。為了實現組織目標，決策者需要提出多種可行方案，提出方案的過程就是一個創造過程。計劃工作是對管理活動的設計，正如一項新產品的成功在於創新一樣，成功的計劃也依賴於創新。

第二節　計劃的類型

一、長期計劃和短期計劃

　　財務分析人員習慣於將投資回收期分為長期、中期和短期。長期通常指 5 年以上，短期一般指 1 年以內，中期則介於兩者之間。管理人員採用長期和短期來描述計劃。長期計劃描述了組織在較長時期（通常為 5 年以上）的發展方向和方針，規定了組織的各個部門在較長時期內從事某種活動應達到的目標和要求，繪製了組織長期發展的藍圖。短期計劃具體地規定了組織的各個部門在目前到未來的各個較短的階段，特別是最近的時段中，應該從事何種活動，從事該種活動應達到何種要求，從而為各組織成員在近期內的行動提供依據。

二、業務計劃、財務計劃和人事計劃

　　按職能空間分類，可以將計劃分為業務計劃、財務計劃及人事計劃。組織通過從事一定業務活動立身於社會，業務計劃是組織的主要計劃。我們通常用「人財物，供產銷」六個字來描述一個企業所需的要素和企業的主要活動。業務計劃的內容涉及「物、供、產、銷」，財務計劃的內容涉及「財」，人事計劃的內容涉及「人」。

　　作為經濟組織，企業業務計劃包括產品開發、物資採購、倉儲後勤、生產作業以及銷售促進等內容。長期業務計劃主要涉及業務方面的調整或業務規模的發展，短期業務計劃則主要涉及業務活動的具體安排。比如，長期產品計劃主要涉及新品種的開發，短期產品計劃則主要與現有品種的結構改進、功能完善有關；長期生產計劃安排了企業生產規模的擴張及實施步驟，短期生產計劃則主要涉及不同車間、班組的季、月、旬乃至周的作業進度安排；長期行銷計劃關係到推銷方式或銷售渠道的選擇與建立，而短期行銷計劃則表現為對現有行銷手段和網絡的充分利用。

　　財務計劃與人事計劃是為業務計劃服務的，也是圍繞業務計劃而展開的。財務計劃研究如何從資本的提供和利用上促進業務活動的有效進行，人事計劃則分析如何為業務規模的維持或擴大提供人力資源的保障。比如，長期財務計劃決定為了滿足業務規模發展而導致的資本增加的需要，研究如何建立新的融資渠道或選擇不同的融資方式，而短期財務計劃則研究如何保證資本的供應或如何監督這些資本的利用效率；長期人事計劃要研究如何為保證組

織的發展而提高成員的素質，準備必要的幹部力量，短期人事計劃則要研究如何將具備不同素質特點的組織成員安排在不同的崗位上，使他們的能力和積極性得到充分的發揮。

三、戰略性計劃與戰術性計劃

根據涉及時間長短及其範圍廣狹的綜合性標準，可以將計劃分為戰略性計劃與戰術性計劃。戰略性計劃是指應用於整體組織的，為組織未來較長時期（通常為5年以上）設立總體目標和尋求組織在環境中的地位的計劃。戰術性計劃是指規定總體目標如何實現的細節的計劃，其需要解決的是組織的具體部門或職能在未來各個較短時期內的行動方案。戰略性計劃顯著的兩個特點是：長期性與整體性。長期性是指戰略性計劃涉及未來較長時期，整體性是指戰略性計劃是基於組織整體而制訂的，強調組織整體的協調。戰略性計劃是戰術性計劃的依據，戰術性計劃是在戰略性計劃指導下制訂的，是戰略性計劃的落實。從作用和影響上看，戰略性計劃的實施是組織活動能力形成與創造的過程，戰術性計劃的實施則是對已經形成的能力的應用。

四、具體性計劃與指導性計劃

根據計劃內容的明確性標準，可以將計劃分類為具體性計劃和指導性計劃。具體性計劃具有明確的目標。比如，企業銷售部經理打算使企業銷售額在未來6個月中增長20%，他制定了明確的程序、預算方案以及日程進度表，這就是具體性計劃。指導性計劃只規定某些一般的方針和行動原則，給予行動者較大的自由處置權，它指出重點但不把行動者限定在具體的目標上或特定的行動方案上。比如，一個增加銷售額的具體計劃可能規定未來6個月內銷售額要增加20%，而指導性計劃則可能只規定未來6個月內銷售額要增加15%~25%。相對於指導性計劃而言，具體性計劃雖然更易於計劃的執行、考核及控制，但是它缺少靈活性，而且它要求的明確性和可預見性條件往往都很難得到滿足。

五、程序性計劃與非程序性計劃

赫伯特·A. 西蒙把組織活動分為兩類：一類是例行活動，指一些重複出現的工作，如訂貨、材料的出入庫等。對這類活動的決策是經常反覆的，而且具有一定的結構，因此可以建立一定的決策程序。每當出現這類工作或問題時，就利用既定的程序來解決，而不需要重新研究。這類決策叫程序化決策，與此對應的計劃是程序性計劃。另一類活動是非例行活動，這些活動不

重複出現，比如新產品的開發、生產規模的擴大、品種結構的調整、工資制度的改變等。處理這類問題沒有一成不變的方法和程序，因為這類問題在過去未出現過，或其性質和結構捉摸不定或極為複雜，或因為這類問題十分重要而需用個別方法加以處理。解決這類問題的決策叫非程序化決策，與此對應的計劃是非程序性計劃。

第三節 計劃工作程序

為了保證計劃的有效性，任何計劃工作都應該有步驟地進行。完整的計劃工作應包括以下幾個環節：機會分析、確定分析、明確計劃的前提條件、提出可供選擇的方案、評價各種備選方案、選擇方案、計劃分解、編製預算。

一、機會分析

對機會的分析、評估是計劃工作的起點，其目的就是要抓住機會促成發展。對機會的分析應主要從以下幾方面著手：分析環境因素及其變化趨勢，評估哪些可能是機會，哪些可能是威脅；分析組織自身資源狀況，搞清楚自己的優勢和劣勢；分析自己利用機會的能力；列舉可能遇到的不確定性因素，分析它們產生的可能性和影響程度，在反覆斟酌的基礎上，下定決心，揚長避短，抓住機會，避開威脅。

二、確定目標

確定目標就是在機會分析的基礎上，為整個組織以及各級單位確定工作目標。目標為所有管理決策指明了方向，並且作為標準可用來衡量實際發生的績效。正是由於這些原因，明確目標成為計劃工作的基本任務。

表面看來，似乎一個組織的目標就是想方設法創造更多的利潤。但是，任何組織的目標都是多元化的，除了追求利潤，還要追求增加市場份額及滿足員工福利。研究表明，過分強調某一種目標，忽視其他目標，往往會導致令人失望的結果，因為管理者會為了追求某單一目標而忽視其他重要的工作內容。那麼，對於一個組織來說，到底應在哪些方面制定自己的經營目標呢？管理學家們在這方面進行了許多研究，並提出了不少的建議。其中，彼得・德魯克的建議最有影響。他認為，凡是成功的企業組織都會在以下幾方面制定自己的目標：

（1）市場方面：表明本公司希望達到的市場佔有率或在競爭中占據的地位。

（2）技術改進與發展方面：努力開發新產品或新服務，促進技術進步。

（3）提高生產率方面：有效地利用各種資源，最大限度地提高產品的產量和質量。

（4）物資和金融資源方面：獲得物資和金融資源的渠道及對其充分利用。

（5）利潤方面：希望達到的利潤額或投資利潤率。

（6）人力資源方面：人力資源的獲得、培訓和發展，管理人員的培養及其個人才能的發揮。

（7）員工積極性發揮方面：採取激勵和報酬等措施，發揮員工的積極性。

（8）社會責任方面：認識到企業對社會產生的影響，以及在更大範圍內承擔責任。

三、明確計劃的前提條件

計劃的前提條件就是計劃工作的假設條件。明確計劃的前提條件就是分析、研究和確定計劃工作的環境，或者說就是預測實施計劃時的環境。例如，在制定市場行銷目標時，就需要瞭解如下的信息：市場需求變化趨勢將是什麼樣的？顧客有哪些新的需要？競爭對手會採取什麼樣的競爭措施？新加入者威脅如何？企業與中間商的關係如何？等等。負責制訂計劃的人員對環境瞭解得越細緻、透澈，計劃將制訂得越具有效性，計劃執行過程也將越順利。

按照組織的內外部環境，可以將計劃的前提條件分為外部前提條件和內部前提條件。其中，外部前提條件多為組織不可控制的因素，而內部前提條件大多是組織可以控制的。不可控制的前提條件越多，不確定性就越大，就越需要通過預測工作確定其發生的可能性和對組織影響程度的大小。此外，明確計劃的前提條件，關鍵是要使參與制訂計劃工作的人員都認同並同意使用這些前提條件。

四、提出可供選擇的方案

提供可供選擇的方案就是通過發揮創造性，挖掘實現目標的各種行動方案，並分析它們的優缺點。通常，容易發現的方案不一定是最好的方案，對過去的方案修修補補也不一定能達到好的效果。所以，在提出實現目標的可行方案的過程中，必須發揮創造性，以找出最令人滿意的方案。但是，方案也不是越多越好，因為提出這些方案的過程和對這些方案進行評價都是需要付出代價的。

五、評價各種備選方案

找出了各種可行方案並對它們的優缺點進行分析後，接下來要做的就是

根據一定的標準，對這些方案進行評價並排序。評價標準主要包括兩方面：確定的目標和計劃的前提條件。為了使評價工作有效地進行，計劃工作者需要做兩方面的工作：一是確定具體的評價指標，如成本、收益、風險、期限等；二是分別賦予這些指標一定的權重。在做好這兩方面工作後，就可以得到一個評價標準體系。然後，根據該體系，結合每一種方案的優缺點，就可以對每一種方案做出評價。

六、選擇方案

選擇方案是指根據評價結果，從各種可行方案中選出最令人滿意的方案。選擇方案時應考慮組織所處生命週期、環境不確定性等權變因素。例如，當組織進入成熟期，可預見性最大，從而也最適用於具體計劃；而在組織的初創期，管理者應更多地依賴指導性計劃。應當指出的是，有時可能會有兩個可取的方案，在這種情況下，必須確定出首先採取哪一個方案，同時也要將另一方案進行細化和完善，作為備用方案。

七、計劃分解

計劃分解可以沿空間和時間兩個方向進行，即在組織內部各層次和各部門間進行計劃的分派、落實，同時將長期計劃分解為中期和短期計劃，最終形成一個計劃連鎖體系。分計劃或子計劃是實現總計劃的基礎。通過計劃分解，可將組織的各項任務落實到各個責任部門、項目小組或個人，從而能夠保證組織內部各方面的行動和目標的一致性。

八、編製預算

在完成上述各步驟後，最後一項工作是把計劃轉化為預算，使計劃定量化。預算實質上是資源的分配計劃。預算工作做好了，可以成為匯總和平衡各類計劃的一個工具，同時也可以成為衡量計劃完成情況的一個重要標準。

第四節　計劃工作一般方法

一、滾動計劃法

滾動計劃法是一種定期修改未來計劃的方法。這種方法根據計劃的實際執行情況和環境的變化，定期修訂計劃並逐期向前推移，使短期計劃、中期計劃和長期計劃有機地結合起來。由於這種方法在每次編製和修訂計劃時，

都要根據前期計劃執行情況和環境條件的變化將計劃向前延伸一段時間，使計劃不斷滾動、延伸，所以稱為滾動計劃法。利用滾動計劃法編製計劃的過程大致可以分為以下五個步驟：

第一步，將某一時期的計劃按相等的時距劃分為若干階段。例如，將一個五年長期計劃劃分為五個年度計劃，或將一個年度計劃劃分為四個季度計劃。

第二步，當第一階段計劃結束後，收集這一階段的計劃執行情況，並將實際執行情況與計劃加以比較、分析，找出存在的差距以及產生差距的原因。

第三步，分析外部環境和內部條件的變化及其對企業的影響。

第四步，根據對頭一階段計劃執行情況和環境條件變化的分析，對原有的剩餘階段計劃進行修正和調整，並順延制訂一個階段的計劃。例如，五年計劃每次修訂時要順延一年；年度計劃則要滾動一季。

第五步，將調整後的剩餘階段計劃和新擬訂的順延階段計劃合併，得到新的總體計劃。

滾動計劃法的程序如圖 4-1 所示。

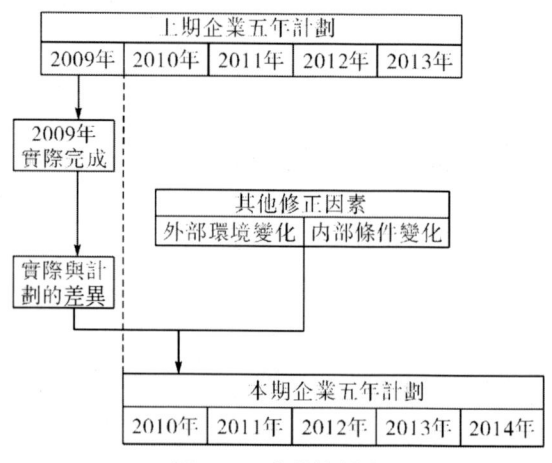

圖 4-1　滾動計劃法

二、計劃評審技術

計劃評審技術（Program Evaluation and Review Technique，PERT），也稱為 PERT 網絡分析技術，是運籌法的一種，它是把網絡理論應用於工程項目的計劃與控制之中，根據所要完成項目的各項活動的先後順序和所需時間，找出關鍵路線和關鍵活動，以達到合理安排可以動用的人力、財力和物力，謀求用最短的時間和最小的代價來實現目標的一種計劃方法。計劃評審技術最初是於 20 世紀 50 年代末在美國海軍開發北極星潛艇系統的過程中，為協調 3,000 多個承包

商和研究機構而開發的。北極星潛艇系統具有難以想像的複雜性，需要協調幾萬種活動。據報導，PERT 的應用使北極星潛艇系統的開發提前了兩年完成。

計劃評審技術的關鍵是繪製 PERT 網絡。PERT 網絡是一種類似流程圖的箭線圖，它描繪出各個項目包含的各種活動的先後順序，標明每項活動所需要的時間或者發生的成本。要編製 PERT 網絡，項目管理者必須考慮要做哪些工作，確定工作之間的依賴關係，辨認可能出現問題的環節。借助 PERT 網絡，還可以方便地比較不同行動方案在進度和成本方面的效果。因此，PERT 網絡可以使管理者監控項目的進程，識別可能的瓶頸環節，以及在必要時能調度資源確保項目按計劃進行。

三、線性規劃法

在計劃工作中經常會遇到這樣的問題，即如何將有限的人力、物力和資金等合理地分配和使用，使得完成的計劃任務最多。例如，某電器公司主要生產 DVD 播放機和錄像機兩種產品，這兩種產品的生意都不錯，所有生產出來的產品都能賣掉。但是，讓公司管理層難以決定的事情是：為了使公司獲得的利潤最大化，DVD 播放機和錄像機分別應生產多少？

對於該電器公司的問題，可以通過線性規劃方法來解決。所謂線性規劃法，就是研究在有限的資源條件下，對實現目標的多種可行方案進行選擇，以使目標達到最優的方法。不過，線性規劃法要求變量之間必須具有線性關係，即一個變量的變化將伴隨其他變量的成比例的變化。對於上述電器公司的例子，這種線性關係意味著用兩倍的原材料和工時將生產出兩倍數量的電器產品。從實踐經驗看，諸如選擇運輸路線以使運輸成本最低、在不同品牌之間分配廣告預算、項目的最優人力分派等，都是應用線性規劃法可以得到有效解決的典型問題。下面讓我們返回到電器公司的例子上。

假定，該電器公司加工車間和裝配車間的月最大生產能力分別為 1,500 小時和 800 小時，加工和裝配兩個車間花在單臺 DVD 播放機和錄像機的工時量如表 4-1 所示。電器公司每銷售一臺 DVD 播放機和錄像機可以賺取的利潤分別為 80 元和 120 元。

表 4-1 電器生產數據

部分	每單位產品所需工時（小時）		月生產能力（小時）
	DVD 播放機	錄像機	
加工車間	6	10	1,500
裝配車間	4	4	800

這個問題的線性規劃模型如下：

目標函數為：最大利潤 = 80M + 120R。其中，M 表示 DVD 播放機的月產量，R 表示錄像機的月產量。

約束條件為：$\begin{cases} 6M+10R \leqslant 1,500 \\ 4M+4R \leqslant 800 \quad M \geqslant 0, \ R \geqslant 0 \end{cases}$

在各種限制條件下，電器公司如何取得最大化利潤呢？我們可以用圖解法來解決這個問題，如圖 4-2 所示。圖中 AEBO 區域代表不超過任何部門能力限制的各種可供選擇的方案，即滿足限制條件的可行區域。直線 AC 和 DB 的交點 E 即為工廠利潤最大時的最優產量。在 E 點，DVD 播放機的產量為 125，錄像機的產量 75。

公司的最大利潤 = 80×125 + 120×75 = 19,000（元）

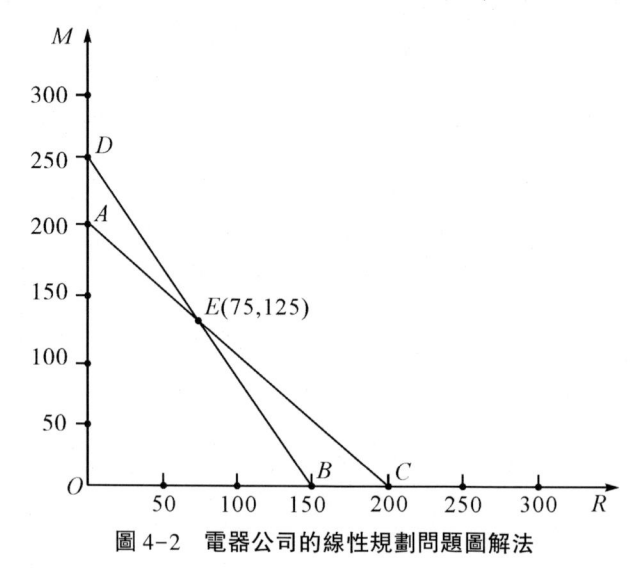

圖 4-2 電器公司的線性規劃問題圖解法

練習題

一、選擇題

1. 以下在計劃的層次體系中屬於最上層的是（　　）。
   A. 戰略　　　　　　　　B. 宗旨
   C. 規劃　　　　　　　　D. 政策
2. 以下哪項不是按時間來劃分的計劃？（　　）。
   A. 長期計劃　　　　　　B. 程序性計劃

　　　　C. 中期計劃　　　　　　　　D. 短期計劃
　　3. 計劃內容中的「Who」指（　　）。
　　　　A. 計劃的制訂者　　　　　　B. 決策者
　　　　C. 計劃的執行者　　　　　　D. 評價者
　　4. 有這樣一種認識，長期計劃都是戰略性的、綜合性的；短期計劃都是戰術性的、專業性的。你是如何看待這種認識的？（　　）。
　　　　A. 正確，幾乎所有的企業都是這樣的
　　　　B. 正確，這種說法也是符合理論上所劃分的計劃的類型的
　　　　C. 不正確，管理當中存在著權變
　　　　D. 不正確，有些長期計劃不是戰略性的，而有些專業性計劃也不是短
　　　　　　期性的
　　5. 很多管理者中流傳著「計劃趕不上變化」的說法，在下面的諸多觀點中，（　　）最有道理。
　　　　A. 變化快要求企業只需要制訂短期計劃
　　　　B. 計劃制訂出來之後，在具體實施時要進行大的調整，因此計劃的必
　　　　　　要性不大
　　　　C. 儘管環境變化速度很快，但還是應該像以前一樣制訂計劃
　　　　D. 變化的環境要求制訂的計劃更傾向於短期的和指導性相結合的計劃

二、名詞解釋

　　計劃工作　　長期計劃　　短期計劃　　滾動計劃法　　線性規劃法

三、簡答題

　　1. 計劃工作的性質是什麼？
　　2. 請列舉三種層次的計劃。
　　3. 請列舉三種按不同標準劃分的計劃。
　　4. 計劃的工作程序有哪幾步？
　　5. 計劃工作的一般方法有哪些？

四、案例分析題

百靈製衣有限公司的經營發展計劃

　　百靈製衣有限公司是一家著名的服裝公司，其生產的百靈襯衫是知名品牌，一直被消費者認為是高檔次襯衫的代表，去年在的利潤總額超

过千万元。在经历了 20 世纪 90 年代中期的高速发展之后，公司的整体销售在最近两年却呈现疲态，市场面临巨变，并且出现了很多竞争对手，其中不少采用了非常具有攻击性的销售策略。这使百灵有限公司面临巨大的压力。

李强是百灵有限公司刚上任的总经理，很想有所作为。同时公司上下也都在密切关注着刚上任的李总，希望李总能够拿出一个有效的公司经营计划，使公司能够克服竞争压力再上一个新的台阶。这让李总压力很大，他迫切希望自己能够制订可行而有效的经营计划。

经过调查，李总发现衬衫市场销售总额在去年略微下降了一到两个百分点。但是，仍然有些新进入的品牌取得了巨大成功。湘益就是其中的佼佼者，它推出的全麻系列的衬衫因为用料新颖、透气性好、价格适中而风靡全国，并且成为首屈一指的麻质服装品牌。由于竞争激烈，许多高档衬衫生产厂家退出了竞争，只有包括百灵在内的几家高档品牌维持了 2%~3% 的增长。

李总发现使百灵在内的几家高档品牌压力增大的原因是由于高档制衣公司所采用的精细技术迅速普及，就连普通衬衫厂家也能做出同样质量的产品。李总还发现，衬衫的消费群对全棉衬衫越来越感兴趣，因为穿着它们舒适透气；但是全棉衬衫也有弱点，就是不如涤棉衬衫挺括。由于竞争激烈，几乎所有的厂家，无论高档品牌还是中档品牌，都纷纷转向全棉面料衬衫的生产和销售，以期能够扩大利润。但精明的消费者还是发现，全棉的概念下，产品却并不相同，因为全棉衬衫的透气性是与织数密切相关的，织数越高，透气性越好，穿着也越舒适，但这样对棉纱的要求就越细，成本就越高。现在市场上经济型的衬衫价格为 100 元左右，全棉的为 150~300 元，而百灵和其他高档品牌的普通衬衫要卖到 200~300 元，高级全棉衬衫则要卖到 400 元以上。

更令人头疼的是，百灵现在面临着湘益咄咄逼人的攻势。湘益做的广告都是针对百灵的核心产品的，比如「告别憋气的涤棉衬衫，选择舒畅的湘益衬衫」「花一半的价钱，享受与全棉衬衫一样的舒适感觉」等。

虽然面临着湘益咄咄逼人的进攻，全麻的衬衫似乎带来了新的市场机会，但是李总欣慰地发现要消费者完全接受这种质地的产品也需要一个漫长的过程，因为相比棉质衬衫，麻质衬衫的手感还是有些怪异，消费者购买最多的往往还是自己熟悉的棉质衬衫。

面对挑战，李总坚持认为，作为全国高档次的品牌，百灵公司无论如何应该采用最好的原料，完成最精良的做工，虽然这会造成成本的居高不下，但这是一个卓越品牌所必需的。

現在李總正認真考慮引進一種新產品系列，這種產品雖然是以麻為主料，但由於採用了新工藝，手感同棉質非常相似，而透氣性則達到了同樣高的標準。但是在優勢之外，這種產品也有它的不足，主要是價格問題。這種產品的價格要高出市場整體水準很多，零售價可能達到600~700元，考慮到整個市場的接受水準，他不得不懷疑這種產品的目標顧客群到底有多大。如果潛在顧客並不是很多，銷售這種新產品也就沒有多大意義。不過，以百靈現有的產品來進行市場競爭，李總又覺得有些「巧婦難為無米之炊」之感，他到底該如何制訂他的公司經營計劃呢？

問題：

（1）百靈經營環境發生了什麼變化？李總制訂他的公司經營計劃有什麼主要作用？

（2）百靈與其他服裝企業相比，有哪些長處與不足？

（3）結合計劃工作程序的相關內容，請問李總應該怎樣制訂公司經營計劃？

第五章 組織

導入案例

華碩調整組織結構，劃分三大事業群

華碩在公司成立20週年的慶祝大會上，正式宣布將事業群劃分為系統、零組件、手持設備等三大事業群，分別由CEO沈振來、副董事長曾鏘聲、董事長施崇棠三巨頭領軍。華碩表示，4月起新的組織架構已經上路，雖仍有人事微調之處，但大致已經定案。

而為應對組織改組，華碩陸續精減人事，裁員幅度大約一成，根據估計，華碩此次將裁員400~500人，員工人數將從4,500多人縮減至4,000人左右。華碩表示，啟動組織改造以來，4月份成本結構已見改善，且權責劃分更加清楚，管理面的調整已步上軌道。

據瞭解，此次裁員影響最大的產品線首推光碟機部門，至於系統等事業群則是部分微調，精簡幅度不大。

外界認為，華碩有可能這次組織調整，關閉獲利不佳的光碟機以及監視器產品線，業界人士認為，這兩項產品將慢慢淡出，華碩此時不願鬆口關閉產線，是為避免庫存難以銷售，對此說法，華碩予以否認。華碩表示，光碟機以及監視器納入零組件事業群，並未裁撤。

華碩組織調整後，系統事業群包括筆記型電腦以及Eee PC，由沈振來領軍，總經理由許先越以及王炳欽掌舵，行銷方面則由原歐洲區總經理陳彥政負責；手持事業群由施崇棠督導，總經理為洪宏昌，全球行銷業務則由原亞太區總經理林宗樑負責；零組件事業群由曾鏘聲監督，總經理為謝明杰，行銷業務則由原美國總經理許佑嘉擔任。美國市場則由董事何銘森，以及從前捷威的渠道主管Chuck May負責。

華碩新聞發言人表示，華碩之前的行銷業務架構是以地區劃分，造成設計開發與市場需求產生落差，以致過去讓華碩自豪的產品競爭力落後同行。

華碩表示調整後組織更加扁平化，行銷業務主管將負責單一產品，能在產品

開發初期，給予更多市場面的意見。

華碩表示，人力精簡成效已在 4 月份開始逐步彰顯，之前遭遇的管理面漏洞，已步上正軌，方向上會越來越好。華碩的費用有一半來自變動成本，與營收變化關係大；一半則來自固定成本，華碩已通過精簡人力，來達到降低固定成本的目標。

問題：
你怎麼看待華碩精減人員的管理方式？

第一節　組織概述

一、組織的內涵與特徵

　　組織是指為了某一共同目標，按一定規則和程序建立起來的一種責權結構和系統集合，並對集合體中各成員進行角色安排和任務分派，使人或事具有一定的系統性和整體性的過程。所以組織包含兩層含義：一是指具有不同層次權力結構的人的集合體；二是指進行管理和協作的活動設計。著名的組織學家巴納德認為，由於生理的、心理的、物質的、社會的限制，人們為了達到個人的和共同的目標，就必須合作，於是形成群體而成為組織。在一個組織中，其構成要素除了人之外，還有物、財、信息等。但人是最重要的要素，是起決定作用的要素，組織工作也都是圍繞著人而進行的。

　　組織具有以下基本特徵：

　　（1）組織是一個職務結構或職權結構。組織中的每個人都有特定的職責權利，組織工作的主要任務在於明確這一職責結構以及根據組織內外環境的變化使之合法化。組織中的每一個成員不再是獨立的、只對自己負責的個人，而是組織中的既定角色，承擔著實現組織目標的任務。

　　（2）組織是一個責任系統，具有上下級的隸屬關係和橫向溝通網絡。在組織系統中，下級有向上級報告自己工作效果的義務和責任，上級有對下級的工作進行指導的責任，同級之間應進行必要的溝通。同時，為達到組織目標，應授權管理者對各項活動進行組合，協調企業組織結構中的橫向關係和縱向關係。

　　（3）組織是一個獨立運行系統。在管理學中，組織的運作具有獨立性，組織的目標確定、權利與責任的規定、組織機構設計、人員的配備、組織的創新等都是由組織自身獨立完成的，同時，組織內部各職能部門的活動在服從組織目標的前提下也具有相對的獨立性。組織管理的任務就是通過以上活

動使組織中的各個部門和各個成員為實現組織目標而協調一致地工作。

二、組織的形式

從全社會來說，根據組織的目標性質以及由其所決定的基本任務，可把組織劃分為政治組織、經濟組織、軍事組織、學術組織、教育組織、宗教組織等不同的種類。從組織的形式來說，主要有以下三類。

1. 正式組織與非正式組織

正式組織是指為了有效實現組織目標，經過人為的籌劃和設計，並已具有明確而具體的規範、規則和制度的組織。正式組織的特點有：專業分工性、明確的科層、法定的權威、統一的規範、相對的穩定、職位的可替代性、物質的交換性。

非正式組織是指組織成員為了滿足特定的心理或情感需要而在其實際活動和共同相處的過程中自發、自然形成的團體。非正式組織的特點有：基於特定的需要、沒有明確的目標、自發形成、沒有明確的成文制度和規則、具有兩面性（雙刃劍）。

非正式組織產生的原因和條件主要有：共同的興趣愛好、共同的心理傾向、較近的工作距離、地緣、血緣、歷史和緣分、特殊目的等。其基本特徵有：以某種共同利益、觀點和愛好為基礎，以感情為紐帶，有很強的內聚力和行動上的一致性；行為規範的非制度化，有威信的人當首領，對其他成員有精神上的支配作用；見效快的獎懲制度和手段；靈敏的信息傳播渠道；較強的自衛性和排外性等。

正式組織一直是管理學研究的重點。進入 20 世紀 20 年代以後，隨著行為科學的產生與發展，對組織的研究日益精細化，非正式組織也逐漸引起了管理學界的重視，成為一種獨立的研究對象。

在管理實踐中經常出現非正式組織活動衝擊正式組織活動的情況，從而影響到了正式組織目標的實現，如何將非正式組織的能量引導到為正式組織服務的軌道上，是一個迫切需要解決的問題。

對待非正式組織的基本原則：積極型，支持；中間型，引導；消極型，改造；破壞型，取締。

2. 營利性組織與非營利性組織

社會組織按其是否以營利為目的可分為兩大類，即營利性組織——企業和非營利性組織。

營利性組織是指以經濟利益為導向從事生產和經營活動的組織。它提供各類產品和服務，主要履行經濟職能。營利性組織在社會中大量存在，如工

廠、商店、銀行、酒店等。

非營利性組織是不以營利為主要目的，以社會利益為導向，以維持社會秩序和促進社會發展為己任的社會組織。它提供各種社會服務，主要履行社會職能。非營利性組織在保證整個社會的協調穩定和有序發展方面起著不可缺少的作用，如政府、軍隊、教育科研、文化藝術、醫療衛生、宗教、慈善福利以及公交、水電、鐵路、郵電等社會公共服務機構。

在社會生產和生活中，營利性組織和非營利性組織都是不可缺少的，它們分別承擔著不同的社會功能，為人們的生存和發展提供相應的服務。由於營利性組織以企業形態存在，具有經濟導向特點，更易於考察和評價。

3. 機械式組織與有機式組織

機械式組織又被稱為官僚式組織。這種組織最突出的特點是，有嚴格的層級關係，每個職位都有固定的職責，堅持統一指揮原則並產生一條正式的職權層級鏈，每個人只受一個上級的領導，形成一種典型的、規範化的結構；成員之間按照正式的渠道進行溝通，組織的權力最後集中在組織的金字塔頂層。

有機式組織又被稱為適應式組織，它是一種低複雜性、低正規化和分權化的組織。這種組織與機械式組織不同，它強調的是靈活、適應和變化。在這種組織中，員工多是職業化的，具有熟練的技巧，並且在經過訓練之後能夠處理多種多樣的問題，所以工作不需要多少正式的規則和監督。這種組織的特點是員工之間存在高度的合作、非正式的溝通、分權、職位與職務的變化調整。

機械式組織與有機式組織之間的區別如表 5-1 所示。

表 5-1　　　　　　機械式組織與有機式組織之間的區別

機械式組織	有機式組織
嚴格的層級關係	縱向或橫向的合作
明確的指揮鏈	信息的自由流動
固定的職責	不斷調整職責
高度的正規化	低度的正規化
正式的溝通渠道	非正式溝通
集體決策	分權決策

一般來說，創業階段的企業近似於有機式組織，而成長到一定的規模之後就會演化為機械式組織，而向優秀的企業發展之後又會成為有機式組織。

三、組織的職能

系統理論揭示了「整體大於部分之和」。這就是說，整體具有其組成部分在孤立狀態下所沒有的新質，如新的特性、新的功能、新的行為或新的結構等。然而，具體就某一系統而言，整體既可能大於部分之和，也可能小於部分之和，其中組織是否合理對於增加系統的整體功能具有決定性的作用。

組織的職能主要體現在：

（1）有效配置各種資源。任何組織的資源都是有限的。實現同樣的目標，不同的組織消耗的資源數量會有所不同。組織結構合理、組織工作有序就可以合理有效地配置資源，從而以最少的資源消耗實現組織的既定目標。

（2）相互協作發揮整體功能。組織職能具有相互協作、發揮整體功能的作用。分工可取得專業化的好處，也是明確責任的前提，但分工效應必須依靠協作取得。兼顧分工與協作，要求在觀念上有整體的目標和共同奮鬥的意識，在制度上應明確分工的責任和協作任務，在組織形式上應將分工與協作結合起來，這些都只有通過組織職能來實現。

（3）合理使用各類人員。現代管理的主要任務是促使人的積極性、主動性和創造性得到充分發揮。從組織職能方面來看，就是要通過合理分派任務，做到人盡其才、各得其所；合理分配權力，做到權責一致；合理給予報酬，做到責、權、利相統一。從而充分發揮人的積極性、主動性和創造性。

第二節　組織結構設計

一、組織結構基本類型

組織結構是組織中正式確定的使工作任務得以分解、組合和協調的框架體系。具體地說，它表現為對組織內部進行的職能分工，即橫向的部門聯繫和縱向的層次體系。組織結構通常可以用圖表表示，即組織結構圖。它以直觀的方式，表明了組織中的各種職位及其排列順序，展示了組織的職權結構及個體的任務，反應了組織內部在職務範圍、責任權利等方面所形成的關係體系，其本質是組織內部成員的分工協作關係。現代組織如果缺乏良好的組織結構，沒有分工明確、權責清楚、協作配合、合理高效的組織結構，其內在機制就不可能充分地發揮作用，一個組織如果不能根據外部環境的變化及時調整和優化組織結構，就會影響管理效率的提高和組織效率的提高。因此，建立合理高效的組織結構是十分必要的。

組織結構中人和機構之間的關係有兩種類型：一是縱的關係，即上下級（層次）隸屬與領導關係，又可分為直線關係與職能關係；二是橫的關係，即同級各要素之間的分工協作關係。這兩種關係，在所有組織結構中都存在。隨著社會發展、隨著管理的理論與實踐的發展，組織結構的具體形式也在變化、發展，這裡重點介紹幾種常用的占主導地位的組織結構類型。

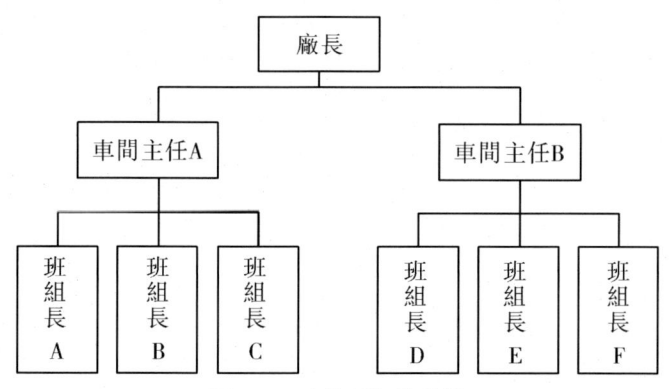

1. 直線制組織結構

直線制組織結構的特點是，組織中各種職務都按垂直系統直線排列，各級主管都按垂直系統對下級進行管理，不設專門的職能管理部門或參謀機構，如圖 5-1 所示。

圖 5-1　直線制組織結構

這種組織形式的優點是：結構簡單、機構單純、管理費用低、職權集中、責任明確、指揮統一、靈活、溝通簡捷、易於維護紀律和組織秩序、管理效率比較高。其缺點是：缺乏專業化管理分工，權力完全集中於一人，容易產生失誤；管理工作比較粗放，組織內機構間、成員間橫向聯繫少、協調差，對直接上級，尤其是最高領導者個人的依賴性太大。

這種組織形式是最古老、最簡單的組織結構，一般只適用於產品單一，工藝技術和業務活動比較簡單，規模較小的企業。

2. 職能制組織結構

職能制組織結構，又稱多線形或 U 形組織結構，它是按管理職能專業化的要求建立不同的機構，同時也是對下級進行管理的一種組織結構形式。職能型組織結構特點如圖 5-2 所示。在組織內部除直線主管外，各職能部門在自己的業務範圍內有權向下級下達命令和指示，直接指揮下級；下級直線主管除了服從上級直線主管的指揮領導外，還要接受上級職能部門的指揮。

這種組織形式的優點是：能發揮職能機構和專業人員的專業管理作用，

對下級工作的指導具體、細緻，有利於對整個企業實行專業化管理，並且可減輕直線主管的工作負擔，甚至可彌補直線主管專業管理能力的不足。其缺點是：由於下級要根據專業分工向不同職能部門匯報工作、接受指示，容易形成多頭領導，削弱了組織必要的集中領導和統一指揮，容易出現命令的重複或矛盾，使下級無所適從，造成管理的混亂；同時，也不利於明確直線職權與職能職權界限，容易出現爭權、推卸責任。

這種組織形式目前在企業組織中使用的較少，多見於高等院校、醫院、設計院等單位。

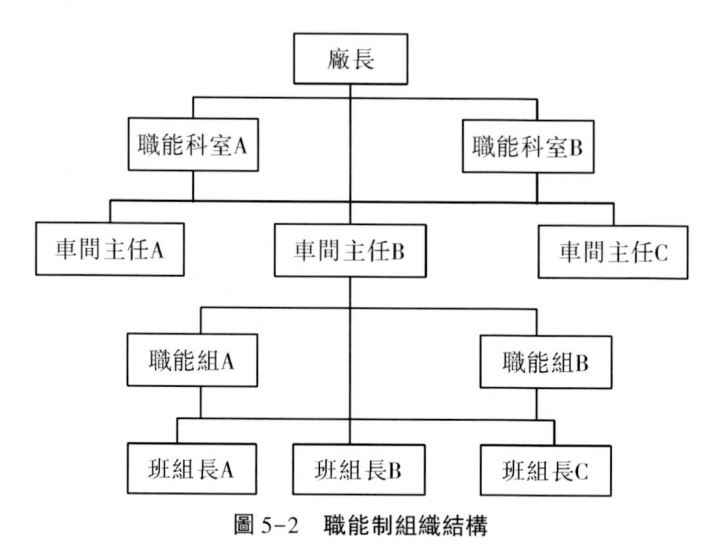

圖 5-2　職能制組織結構

3. 直線職能制組織結構

直線職能制組織結構是在各級直線主管之下設置若干職能部門作為直線主管的參謀和助手的一種組織結構。其特點是，以直線制為基礎、改進職能制，即在保持直線制組織統一指揮原則下，增設職能部門作為參謀機構，如圖 5-3 所示。這種組織形式的職能機構相對於職能制組織形式的職能機構，不同點在於，它對下級直線主管無權發號施令，只起業務指導作用，除非直線主管授予某種權力，才能有一定程度的指揮職權。

直線職能制的組織結構的優點，可以說是綜合了直線制和職能制的各自優點，既保證了整個組織的集中統一指揮，又能發揮職能部門及其專業人員的專業管理作用，有利於優化決策、提高組織的管理效率。其主要缺點是各職能部門自成體系，易從本位出發，部門間缺乏溝通，意見不一，甚至衝突，增加直線主管協調負擔；職能職權大小難以界定，往往會與直線部門產生矛盾，輕視職能專家意見或職能部門越權。儘管如此，這種組織結構目前仍被

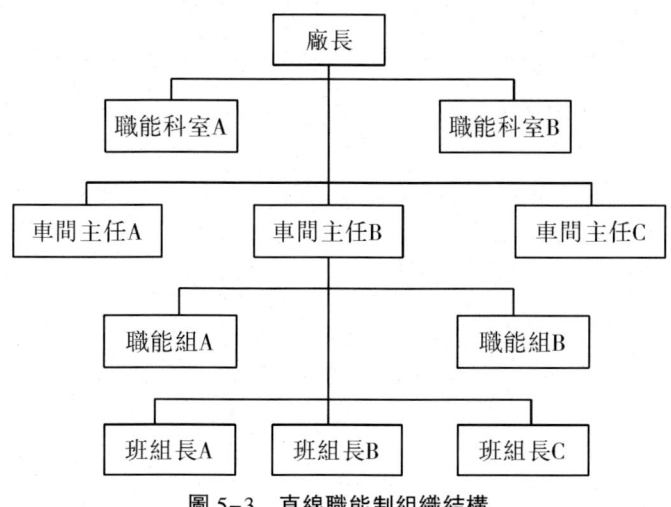

圖 5-3　直線職能制組織結構

中國絕大多數企業廣泛採用。

4. 矩陣制組織結構

矩陣制組織結構是在直線職能制垂直形態組織系統的基礎上，再增加一種橫向的領導系統所組建而成的組織結構，如圖 5-4 所示。

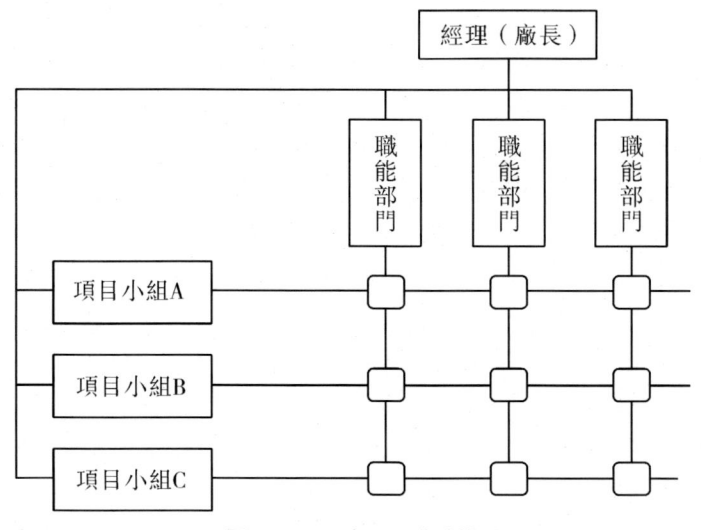

圖 5-4　矩陣制組織結構

矩陣制組織有兩個部分：一是相對固定的機構，包括組織常設的職能機構和經常性的業務經營機構。這是維持和發展組織正常業務需要和組織運行所必需的機構。二是諸如項目或任務小組的臨時性機構，是解決組織一定時

期所面臨的重要問題而建立的機構，任務完成後就解散。參加項目小組的成員，一般都接受雙重領導，即在行政和專業上隸屬原職能部門和經營機構領導，而在執行小組任務上則歸項目負責人領導。這種組織結構，既保持了組織的相對固定性，又增強了組織的靈活應變能力；既適合於常規性業務較多的企業，又適合於常規性業務較多同時臨時性重大問題發生較多的企業或大型協作項目、開發項目需要的單位。

這種組織結構的優點是，能將組織的橫向聯繫和縱向聯繫較好地結合起來，有利於加強各職能部門、經營機構之間的協作和配合，及時溝通情況，解決問題；能在不增加機構和人員編製的前提下，將不同部門的專業人員組合起來，充分發揮已有的職能和業務專家的作用，有利於減少人員和財力資源的浪費、減縮成本開支；靈活應變的能力較強，能較好地解決組織結構相對穩定和管理任務多變之間的矛盾，使一些臨時而重要的、跨部門的工作的執行變得容易，可避免各部門的重複勞動、加速工作進度，增強整個組織的效益性。

但是，矩陣制組織結構也有它的缺點和不足。這種組織結構的組織關係複雜，項目小組與已有的職能部門、業務經營機構在人員使用和有關業務問題上不容易協調；由於雙重領導，有時出了問題難以分清責任，小組成員易出現臨時觀念，有時責任心不強。

5. 事業部制組織結構

事業部制組織結構是在一個企業內對具有獨立的產品和市場、獨立的責任和利益的部門實行分權管理的一種組織結構，如圖5-5所示。

這些部門成為事業部，需具備三個基本條件：①是獨立的經營中心。按企業總的政策要求，在自己經營的產品和市場範圍內擁有獨立經營自主權，具有足夠的權力，能自主經營。②是獨立的責任中心。能對自己的經營活動過程和經營成果以及產品和市場負責。③是利潤和利益中心。具有獨立的利益，實行獨立核算、自負盈虧，有權分享相應的經濟利益，獨立進行內部利益分配。這種組織結構的最主要特點是集中政策、分散管理，集中決策、分散經營。最高管理層只保留預算、資金分配、重要人事任免和戰略方針政策等重大問題的決策權，其他權力都盡可能下放給事業部（有的稱分公司）。

事業部制組織結構的優點在於，它能夠實現政策管制集權化、業務運作分權化，可以正確地處理最高管理層與下級經營機構之間的集權和分權的關係，使企業最高決策層能集中力量制定公司的總目標、總方針、總計劃及各項重大政策，可以擺脫大量的日常行政事務。同時，它可使各事業部充分發揮經營管理的主動性、積極性，從而保證了企業在複雜多變的環境中，既有

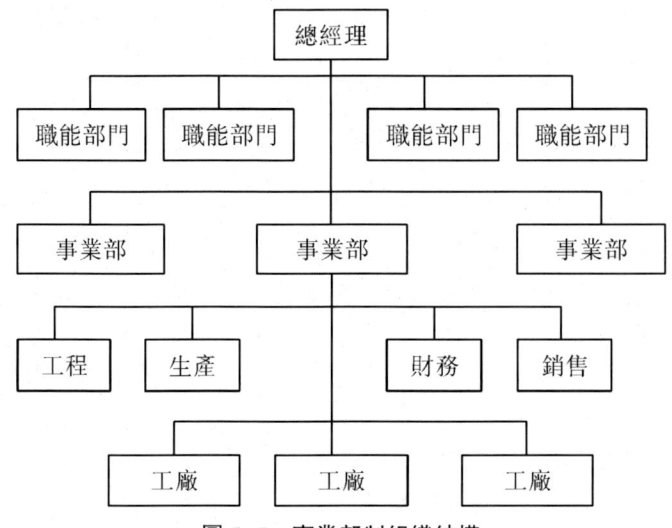

```
                          總經理
         ┌──────┬──────┬──────┐
      職能部門 職能部門 職能部門 職能部門
         └──────┴──┬───┴──────┘
              ┌────┼────┐
            事業部 事業部 事業部
         ┌────┬──┴─┬────┐
        工程  生產 財務 銷售
              ┌────┼────┐
             工廠  工廠  工廠
```

圖 5-5　事業部制組織結構

較高的組織穩定性，又有較強的經營管理適應性，有助於克服組織的僵化、官僚化，提高組織的活力。這種組織結構還能把統一管理、多種經營和專業分工更好地結合起來，既有利於公司不斷培養出適應公司發展需要的人才，也有利於公司獲得穩定的利潤。

事業部制組織結構的缺點是，各事業部的獨立性較大，容易產生本位主義，相互間協作困難甚至發生內耗，公司難協調，控制難度大，嚴重時還會出現架空公司領導的現象。此外，這種組織結構會增加管理機構，出現公司內部機構重疊、管理人員比重增大，管理成本增高，符合公司要求的管理人才難尋覓等缺點。

6. 多維立體組織結構

多維立體組織結構是直線職能制、矩陣制、事業部制和地區、時間結合為一體的複雜機構形態，如圖 5-6 所示。它是從系統的觀點出發，建立多維立體的組織結構。多維立體組織結構主要包括三類管理機構：①按產品劃分的事業部，是產品利潤中心；②按職能劃分的專業參謀機構，是專業成本中心；③按地區劃分的管理機構，是地區利潤中心。

通過多維立體組織結構，可使這三方面的機構協調一致，緊密配合，為實現組織的總目標服務。多維立體組織結構適用於多種產品開發、跨地區經營的跨國公司或跨地區公司，可以為這些企業在不同產品、不同地區增強市場競爭力提供組織保證。

圖 5-6　多維立體組織結構圖

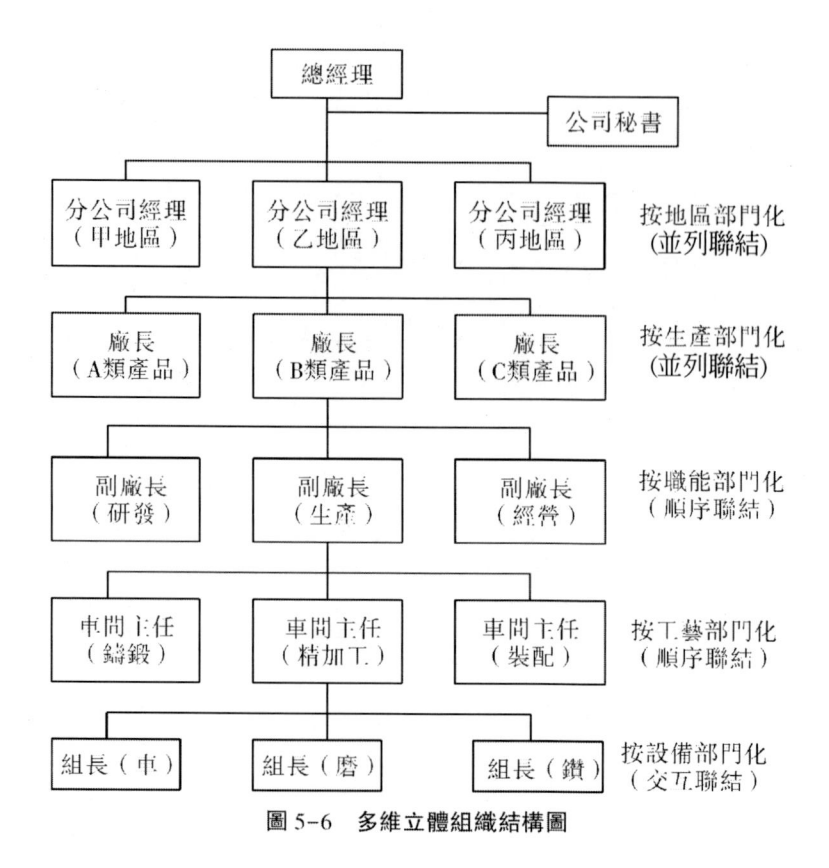

二、組織層次設計

1. 組織結構設計

組織結構設計工作是一個組織結構的創設過程，這個過程非常重要且服務於多重目的，對管理者的挑戰是如何設計出一個組織結構使員工能卓有成效地開展工作。

為了有效地配置企業自身可以掌握的各類資源，降低管理成本，提高企業競爭力，企業在設計和變革組織結構時，必須遵循以下幾個方面的基本原則。

（1）目標任務原則

企業組織結構設計的根本目的，就是為了實現企業的戰略任務和經營目標，組織結構的全部設計工作必須以此作為出發點和歸宿點。為此，企業的管理組織及其每一部分的構成，都應當有特定任務和目標，並且這些任務和目標應當服從實現企業整體經營目標的要求。設置組織機構要以事為中心，因事設機構、設崗位、設職務，配備適宜的管理人員，做到人和事的高度配

合。絕不能因人設事，因職找事，更不能三個人的事讓五個人去幹，以免人浮於事或浪費人才。此外，從目標任務原則出發，當企業的目標任務發生重大變化時，例如從單純生產型向生產經營型、從內向型向外向型轉變時，組織機構必須做出相應的調整和變革，以適應新的目標任務的需要。又如，企業進行機構改革時，也必須從目標和任務的要求出發，該增則增，該減則減，避免單純地把精簡機構作為改革的目的。

（2）責權利相結合的原則

責任、權力、利益三者之間是不可分割的，必須是協調的、平衡的和統一的。責任是權力的約束，有了責任，權力擁有者在運用權力時就必須考慮可能產生的後果，不至於濫用權力；權力是責任的基礎，有了權力才可能負起責任；利益的大小決定了管理者是否願意擔負責任及接受權力的程度，利益大責任小的事情誰都願意去做，相反，利益小責任大的事情人們很難願意去做，其積極性也會受到影響。有責無權，有權無責，或者責權不對等，或者責權利不協調、不統一等，都會使組織結構不能有效運行，難以完成自己的任務目標。此外，這種不合理的組織結構既不利於激勵員工，也無益於管理監督。

（3）分工協作及精幹高效原則

企業任務目標的完成，離不開企業內部的專業化分工和協作，因為現代企業的管理，工作量大、專業性強，分別設置不同的專業部門，有利於提高管理工作的效率。在合理分工的基礎上，各專業部門必須加強協作和配合，才能保證各項專業管理工作順利展開，以達到組織的整體目標。

（4）統一指揮和權力制衡原則

統一指揮是指無論就哪一件工作來說，一個下屬人員只應接受一個領導人的命令。權力制衡指無論哪一級領導人，其權力運用必須受到監督，一旦發現某個機構或者職務有嚴重損害組織利益的行為，可以通過合法程序，制止其權力的運用。統一指揮可以說是組織設計原則中最古老的原則了。任何人，當他接到兩個或兩個以上相互衝突的命令時，都將無所適從，不僅為誰來命令而煩惱，而且還要為選擇哪一個人的命令而苦惱，他就可能因為沒有執行某個上級的命令而得罪這位上級。然而，如果對權力沒有任何制衡措施，一旦某個領導人做出重大錯誤決策或出現作風問題時，整個組織就容易被搞垮。

（5）集權與分權相結合的原則

企業在進行組織設計或調整時，既要有必要的權力集中，又要有必要的權力分散，兩者不可偏廢。集權是大生產的客觀要求，它有利於保證企業的

統一領導和指揮，有利於人力、物力、財力的合理分配和使用；而分權則是調動下級積極性、主動性的必要組織條件。合理分權有利於基層根據實際情況迅速而準確地做出決策，也有利於上層領導擺脫日常事務，集中精力抓大事。

2. 組織層次設計

管理是有層次的。不同層次的管理所包括的內容、範圍、任務、目標，甚至方法，也不盡相同。各個管理層次擔負各自不同的管理職能。

所謂管理層次，是指管理組織從最高一級到最低一級的組織等級，也稱組織層次。每一個組織等級就是一個管理層次。一個組織設置多少管理層次，表明了這個組織內部縱向分工的狀態和組織結構的形態，也直接影響著管理的成效。

組織層次是指組織中職位等級的數目。管理跨度與組織層次密切相關，呈反比例關係。在組織規模一定的情況下，上級直接控制的下級人數越多，即管理跨度越大，則組織層次就越少；相反，管理跨度越小，組織層次就越多。

組織層次與管理跨度的反比關係決定了兩種基本的組織結構形態，即扁平型組織結構與高聳型組織結構。

在一定組織規模條件下，扁平型組織結構表現為管理跨度較大、組織層次較少的結構形態。由於組織層次少，信息傳遞速度便因此加快並且在傳遞過程中失真的可能性大大降低，而管理跨度大則更有助於發揮下級人員的積極性和創造性。扁平型組織的缺點主要表現為：由於管理跨度大，上級人員難以對下級人員進行有效的指導和監督；另外，當較多的下級人員向上級管理人員傳遞信息時，過多的不重要信息會干擾正常的決策，從而降低決策的準確性和時效性。

高聳型組織結構是一種管理跨度較小、組織層次較多的組織形態。高聳型結構的優點主要表現在：管理跨度小，上級人員可以對一個下屬進行詳盡的指導和有效的控制與監督，充分發揮高層管理人員對組織的控制作用。但高聳型組織結構也有其缺陷，當組織層次較多時，就會造成信息交流不暢和信息失真；管理人員增加，管理成本就會居高不下；組織走向集權，也會降低中基層管理者工作的積極性。隨著組織規模的擴大，高聳型組織結構越來越難以適應環境變化的挑戰。

管理層次的多少，還受組織規模大小及其變化的影響。在管理幅度給定的條件下，管理層次與組織的規模大小成正比，組織規模越大，包括的成員數越多，其所需的管理層次也越多。但這種情況不一定就表現為縱深型形態。

組織形態是扁平還是縱深，關鍵是管理幅度，只有當管理幅度相對比較窄，並由此而增加管理層次的情況下，組織結構才變得縱深。

三、組織中的職位設計

組織結構和組織層次的設計完成之後，需要對組織中各管理職位進行設計，並明確規定出各個管理職位的職權和責任範圍及其相互關係等。

1. 管理職位的設計

從組織中的管理職位類型來看，組織中的管理職位可分為三種，即直線部門的管理職位、參謀部門的管理職位和職能部門的管理職位。三者的主要特色和職責分述如下。

(1) 直線部門的管理職權

在一般的組織中，直線關係是一種指揮命令的關係，上級對下級的指揮命令關係形成一種特定的命令鏈。在鏈中每個環節上的管理人員都具有指揮命令下級工作的權力，同時他也必須接受上級管理人員的指揮和命令。直線指揮和命令的關係越明確，組織直線部門中各管理層次主管的權限就越清楚，就越能保證整個組織的統一指揮命令。直線部門的管理職位設計工作是組織設計的一個重要組成部分，而這一組織設計工作的重要內容就是規定和規範直線部門各級職位的責權利。

(2) 參謀部門的管理職位

參謀部門的管理職位是隨著組織發展而產生的，隨著組織的規模變大和活動變複雜，組織中從事決策支持的參謀人員作用越來越重要且數量越來越多。參謀部門的設置首先是為了方便直線部門和職能部門管理人員工作和減輕他們的負擔，參謀部門會隨著組織規模的擴大和直線與職能部門數量的不斷增加而逐漸部門化和規範化。他們為開展工作也需要擁有自己的職責和權力，也有自己的管理職位，因此也需要對此進行全面的設計和安排。參謀部門管理職位的設計要充分考慮他們不能向其他部門或人員發號施令而只能管理自己部門的其他人，以及他們的部門只有參謀職權而沒有指揮命令權等特性。只有這樣，才能設計好參謀部門的管理職位，為企業做好參謀和服務。

(3) 職能部門的管理職位

職能部門的管理職位既不同於直線部門的管理職位，也不同於參謀部門的管理職位。他們專門負責組織中特定職能的管理部門的管理職位，他們需要在職能授權的範圍內按照規定的程序和制度行使自己的職權。職能部門的管理人員在自己所管轄的職責範圍內可以向直線部門和參謀部門發布指示、提出要求行使其職能管理的權力。因為隨著組織管理活動的複雜化，直線部

門管理人員和高級主管人員很難精通各種職能管理的業務，所以只有依靠職能部門去開展專業化的職能管理。於是為了提高組織管理的有效性，高級主管人員就把原屬於自己的職能管理權力通過授權的方式授給了具有職能管理能力的人員或部門，由此就有了擁有某種職能管理權力的職能部門及其管理職位。

2. 職務說明書的設計

在完成了上述組織設計的全面分析、組織結構設計、組織權力的安排和管理職位的設計以後，還必須開展和完成有關職務說明書的設計工作。職務說明書包括職務說明（又叫職務描述）和職務規範說明。職務說明書是在組織設計的基礎上，通過收集有關組織結構的設計和職務權限的安排等信息後編寫的。職務說明書的編寫是整個組織設計工作的最後一個環節。

一般而言，職務說明書包括以下內容：

（1）職務名稱和概況

職務名稱和概況包括組織設計中給出的職務安排、職務的名稱、職務所屬的部門、職務的等級和職務說明書的編寫日期等。

（2）職務的說明

職務說明部分主要包括職務概要（職務的特徵和工作範圍等），職務的責任範圍和工作要求，職務所擁有的工作設備和工具，職務的工作條件和環境等。

（3）任職資格要求

任職資格要求是指職務對任職人員應具備的知識、技能、經驗、教育水準、性別和年齡等方面的具體要求，以及相關的說明與規定。

（4）職務目標與權限

職務目標與權限是指對具體職務所應實現的組織目標的規定和要求，以及對具體職務為實現組織目標而規定的權限及其說明。

（5）職責和負責程度

職責是指擔當該職務所應負的職責，一般要求按職責的重要順序依次列出每項職責和目標，同時要說明該職務所負責的程度，即是負全責還是負部分責任或者只提供支持。另外，還要說明這些職責的衡量標準，包括具體的數量和質量標準等。

職務說明書的設計在組織設計和組織管理中都佔有十分重要的地位，因此在編寫職務說明書時務必要達到明確、清晰、具體和簡潔等要求。職務說明書的範例如表5-2所示。

表 5-2　　　　　　　　　　　職務說明書範例

部門		職務名稱	
任職人		任職人簽字	
直接主管		直接主管簽字	
任職資格要求	學歷		
	工作經歷		
	專業知識		
	業務瞭解範圍		
職務目標與權限			
職責：按重要順序依次列出每項職責和目標		負責程度：全部/部分/支持	衡量標準：數量、質量

四、管理幅度設計

1. 管理幅度的概念

管理幅度又稱管理跨度或管理寬度，指管理人員直接管理的下屬人數的多少，它是部門設計中必須考慮的部門規模問題。

現代管理學證明，一個管理人員直接管理的下屬人數是有限的。如果超過了這個限度，管理的效率就會下降。管理幅度的有限性直接源於管理人員的時間、精力、能力的有限性。在實際管理過程中，管理幅度的決定因素有以下方面：

（1）管理者的個人能力，管理者的管理能力越強，其管理的幅度就越大。這裡的管理能力是指各個方面的能力，如管理者的綜合表達能力、迅速把握問題的能力、指導建議能力、指揮控制能力等。

（2）下屬的工作能力。下屬工作能力的強弱對上級的管理幅度也有著直接的影響。如果下屬的工作能力強，就能夠很快明白上級的指令與要求，從而提高效率。所以，擴大管理幅度，不僅要提高管理者自己的管理能力，同樣還要提高下級的管理能力。

（3）工作的內容與性質。管理者工作的性質越複雜，涉及面越廣，對管理者的時間、精力的占用就越多，其管理幅度就不會太大。在組織中，高層管理者所承擔的是非程序性和戰略性的決策任務，所需的時間和精力很大；而基層管理者所承擔的是程序性、執行性的決策，所需的時間和精力相對而言要少得多。因此，一般情況下，高層管理者的管理幅度要小於基層管理者的管理幅度。

115

（4）計劃的詳盡程度。計劃是對工作的一種事前安排。如果計劃制定得十分詳盡，下級也已經透澈地瞭解並接受，管理工作就相對容易，管理的幅度就可以大一些；反之，就要小一些。

（5）管理手段的先進程度。在管理中，管理手段對管理幅度的影響也十分明顯。隨著電子計算機和信息網絡等先進管理工具在管理中的運用，使得管理幅度有很大的提高。西方企業的組織結構由過去多層次的金字塔結構向少層次的扁平式結構的轉變，就意味著管理幅度的擴大。

（6）管理環境的穩定性。管理環境越是穩定，組織與環境之間的適應性工作就相對越簡單，新問題也越少，經常性的問題則可以按照既定程序來解決，管理幅度就可以大一些。反之，管理者的時間和精力就必須用來應付出現的各種問題，管理幅度就會受到限制。

2. 管理幅度與管理層次的關係

當組織的規模（是指組織的人數）一定，管理幅度與管理層次之間就呈反向變化關係，或者說是相互制約的關係：管理中管理者的管理幅度大，管理層次就少；管理幅度小，管理層次就多。

隨著組織規模的擴大，進行一定的管理層次劃分是十分必要的，但層次過多也會給組織帶來一些問題：信息傳遞速度慢，時間長，效率低並且容易失真；增加管理人員和費用開支。

要減少管理層次，在規模既定的前提下，出路就是提高管理人員的管理能力，擴大管理幅度。其中最重要的是提高主管人員處理人際關係的能力和下屬理解執行任務的能力。一個人即使能力很強，能直接領導、指揮的人數也不可能很多。現代管理學研究表明，一般的管理者直接領導、指揮的下屬在 6~8 人以內比較合適。由於基層組織中的管理任務簡單一些，管理者的管理幅度就可以大一些，但一般也不宜超過 20 人。高層領導人要騰出較多的時間思考組織的戰略性問題，不宜將時間過多地花在處理與下屬的關係上，因此直接領導、指揮的人數應少一些，常為 3~5 人。由於管理幅度還受下屬能力和自覺性的影響，因而擴大管理幅度的另一條途徑就是要起用能力強、素質高的人才。當一個人的能力限制難以擴大幅度時，可以配備一個班子，通過多個管理者的能力互補擴大管理幅度、減少管理層次。

3. 確定管理幅度的常用方法

（1）格拉丘納斯的上下級關係法。格拉丘納斯於 1933 年發表了一篇論文，著重分析了上下級關係與管理幅度的關係，並且提出了一個計算一定管理幅度下存在的人際關係的數學公式。這個公式是：

$$C = N \times [(2^{n-1}) + (N-1)]$$

其中，C 為人際關係數；N 為管理幅度。

格拉丘納斯還區分了三種不同類型的上下級關係：

①直接的單一關係，指的是上級直接與單個的下級之間的關係，這個關係數就是上級直接管理下級的人數。

②直接的多數關係，指的是上級與下屬各種可能的組合形成的關係。如在有四個下屬時，上級可以與其中一個下級建立的關係是直接單一關係，此外的任何一種組合的上下級關係都是直接多數關係。但是，排列的順序不同，也反應了不同的關係。

③交叉關係，指的是下級之間彼此打交道形成的關係。下級之間的關係也可以是單一的、多數的。

從這些關係不難看出，當管理跨度呈算術級數增加時，人際關係數則會呈幾何級數增加。因此，上級的管理幅度不能太大，如果太大，要處理的關係太多，就會顧此失彼，影響管理的效率。

（2）變量依據法。這是洛克希德導彈與航天公司研究出的一種確定管理幅度的方法。該方法認為，影響管理者管理幅度的因素有六個關鍵的變量，分別是：職能的相似性、地區的相似性、職能的複雜性、指導與控制的工作量、協調的工作量、計劃的工作量。這些變量又劃分為五級，並加權使其反應影響的重要程度，最後按照組織的情況加以修正，決定每一個管理崗位的管理幅度。根據得分的多少，就可以確定管理崗位的管理幅度。

當然，無論哪一種方法都有一定的局限性，在使用中必須結合組織的情況進行必要的調整。

五、影響組織結構設計的因素

在組織結構設計的過程中，必須考慮各種因素對最優組織結構設計、選擇的影響。關於組織研究的內容顯示，組織結構設計的影響因素有多個，如戰略、環境、技術、組織規模等，這些因素是互相聯繫、互相影響的，組織結構設計要考慮這些因素的綜合作用，才能產生良好的組織績效。

1. 戰略

戰略是在綜合分析組織內部條件和外部環境的基礎上做出的一系列帶有全局性和長遠性的謀劃。組織結構必須服從組織所選擇的戰略的需要。戰略選擇的不同，能夠在兩個層次上影響組織結構設計：第一，不同的戰略要求不同的組織能力，而不同的組織結構具有不同的能力，從而影響組織結構的改變。例如，根據波特的戰略理論，組織可以採取成本領先戰略和差異化戰略。其中，成本領先戰略需要極大地提高營運效率以降低營運成本，而差異

化戰略則需要卓越的創新能力以不斷開發獨特的新產品來適應差異化的市場需求。直線職能制組織結構通過專業化和分工能夠實現高營運效率，但不利於創新。而有機式的組織結構如矩陣制和網絡制組織結構具有相當的靈活性，有利於進行創新，但是不利於提高內部營運效率。第二，戰略重點的改變，會引起組織的工作重點、各部門與職務在組織中重要程度的改變，因而要求各管理職務以及部門之間的關係作相應的調整。

2. 環境

任何組織都是在一定的環境中生存和發展的，組織結構只有能夠適應環境變化，才能實現與環境的動態匹配，在環境中生存下來。如果環境是穩定的，組織就可以採用機械性組織結構，這樣的組織結構是剛性的、集權的，組織高度專業化，流程規則嚴密而且有清晰的等級責任體系。而在快速變化的環境中，組織需要設計有機的組織結構，這種組織結構相對寬鬆，強調分權，基層員工自主性強，有更多責任和權力解決問題，而且跨部門的橫向協調被高度重視，人員流動性強，對環境變化有很強的適應能力。

此外，組織的外部環境還會對職務和部門的設計產生影響。外部環境決定了組織的社會分工不同，以及組織內部工作內容、所需完成的任務、所需設立的職務和部門的不同。組織外部環境還影響各部門的關係。環境不同，組織中各項工作完成的難易程度以及對組織目標實現的影響程度便不同，因此組織的工作重點及各部門的重要程度就會有所差別。

3. 技術

技術是指組織將輸入轉化為輸出的知識、工具、技能和活動。技術不僅影響著組織活動的效果和效率，而且影響著組織結構的設定。下面我們就生產企業的技術、服務行業的技術和信息行業的技術，說明技術是如何影響組織結構設計的。

（1）生產行業的技術

生產行業的技術可以分為小批量或者單件生產、大批量生產和全自動生產。這三種生產技術特點不同，小批量或者單件生產根據消費者需求定制，大批量生產依靠自動化流水線生產設備，全自動生產幾乎全部依靠機器生產，員工只是讀取數據、維修機器、組織生產活動。三種生產技術中，大批量生產如汽車裝配線，需要高度集權，需要制定清晰的規則和程序，並且技術越複雜，越需要行政人員和輔助人員進行近距離監督，一線管理者的管理幅度最大。而小批量生產和全自動生產則需要寬鬆、靈活的有機式組織結構。

（2）服務行業的技術

服務行業的技術具有直接接觸顧客、產出無形的特點，所以服務行業需

要靈活的、非正式的、授權的組織結構,而且每個權力部門規模要小,地點要接近顧客,比如銀行、旅館、快餐店、診所等。但如果服務行業已經實現標準化,有具體的規則讓員工遵守,集權式組織結構就更有效率。

(3) 信息行業的技術

信息行業的技術通常是以計算機和互聯網為基礎的。信息技術的應用能讓這些公司隨時掌握市場動態,並根據市場情況調整組織營運。所以信息行業的公司應採用靈活的、分權的有機式組織結構。

4. 組織規模

組織的規模不同,與之相適應的組織結構形式也有很大的差別。並且,組織的規模往往與組織的發展階段相聯繫,因而它們都是影響組織結構的重要因素。規模大的組織與規模小的組織在正規化程度、集權化程度、複雜性和人員比例上都不同。一般來說,規模越大的組織,管理層次越多,工作和部門的數量越多,職能和技能的專業化程度越高,組織正規化程度越高,組織分權程度越高,高層領導的比例越小,專業技術支持人員的比例越高,書面溝通的文件越多。當然,組織規模不是決定組織結構設計的唯一因素,它與戰略、環境、技術等因素一同決定著組織結構的設計。

第三節　組織文化

一、組織文化的定義

每個人都有其獨特的個性,一個組織也具有自己的個性,這種個性稱為「組織人格」「組織氣氛」或「組織文化」。所謂組織文化是組織在長期的生存和發展中形成的,為本組織所特有的,且為組織多數成員共同遵循的最高目標、價值標準、基本信念和行為規範的總和及其在組織中的反應。正確理解組織文化的含義,應把握下述兩個方面。

1. 組織文化是一種客觀存在,它是群體的一個屬性

大量考察表明,一個具有相對較長歷史的群體內,由於人們面臨共同的環境,通過在共同的社會活動中相互影響、交互滲透而趨同,會逐步形成某些相似的思想觀念和行為模式,表現出獨特的信仰、作風、規矩、習俗。這種群體屬性在歷史悠久的民族、社區、組織、家庭中幾乎都不同程度地存在,不過有時人們並未意識到而已。組織文化是一種客觀存在,它既可能是積極向上、符合人們心願的,也可能是消極滯後、不盡如人意的,或者是積極與消極兩者兼而有之的。

2. 組織文化是組織員工內在的思想觀念與外在的行為方式和物質表現的統一

思想觀念決定行為模式及物質形態，行為模式及物質形態反應思想觀念。觀念變了，行為模式及物質形態也隨之改變。這裡的觀念主要是指價值觀、信念及行為準則。行為準則是和價值觀、信念緊密聯繫在一起的。

所謂價值觀念，是人們對事物意義的評價標準，即什麼是最可貴的、什麼是比較重要的、什麼是可有可無的、什麼是應當拋棄的等。所謂信念，是人們對事物發展規律的看法。價值觀決定人們看重什麼，信念決定人們如何去爭取有價值的東西。價值觀和信念是比較抽象的觀念，而行為準則卻是直接與行為方式相聯繫的，它規定人們應該怎樣處理人與人之間的關係等。

二、組織文化的功能

1. 導向功能

組織文化的導向功能是指把組織整體及組織成員的價值取向及行為取向引導到組織確定的目標上來。

優秀的組織文化可以為組織的生產經營決策提供正確的指導思想和健康的精神氛圍，它具有強大的心理激發力、精神感召力和能量誘放力，並彌漫於組織群體的各成員之間，作為一股無形的力量，把每個個體的行為整合起來，維繫、主導並昭示著組織中的所有成員，將他們引導至某個特別的領域或階層，使組織朝著特定的方向發展。正確的生產經營決策應該是在良好的組織文化氛圍中形成的，當組織環境處於複雜、多變的狀況時，如果組織的管理者和其他組織成員不能確立和保持正確的價值觀和信念，就很難做出正確的決策。

2. 凝聚功能

文化是人力系統的融合劑，而組織文化則是有組織的人力系統。組織文化通過培養組織成員的認同感和歸屬感，建立起成員與組織之間的相互依存的緊密關係，使成員的個人行為、思想、感情、信念、習慣與整個組織有機地統一起來，形成相對穩固的文化氛圍，凝聚成一種無形的合力與趨向，從而激發成員的積極性、主動性和創造性，為組織的共同目標而努力工作。這種凝聚力是在充分尊重和承認個人價值、利益和有利於發揮個人才幹的基礎上凝聚的群體意識，它有效地把組織的全體員工凝集在共同的價值觀和經營信念大旗之下，認識到組織利益是大家共存共榮的根本利益，以組織的生存和發展為己任，願與組織同甘苦、共命運。如果說薪酬和福利形成了凝聚員工的物質紐帶，那麼組織文化則是凝聚員工的感情紐帶和思想紐帶。

3. 激勵功能

組織文化強調以人為中心的管理方法，其核心是要創造出共同的價值觀念。優秀的組織文化就是要創造一種人人受重視、受尊重的文化氛圍。良好的文化氛圍，往往能產生一種激勵機制，使每個成員所做出的貢獻都能及時得到其他員工及領導的讚賞和獎勵，由此激勵員工為實現自我價值和組織發展而勇於獻身、不斷進取。

組織文化的建設和更新、群眾心理素質的提高、民主意識的增強，客觀上促進了員工思想水準的提高和參與意識的發育，這有利於員工把個人利益與組織的社會榮譽、生產經營的好壞聯繫起來，使員工以主人翁的態度進行工作，從而形成一種激勵環境及激勵機制。這種環境和機制勝過任何行政指揮和命令，它可以使組織行政指揮及命令成為一個組織過程，將被動行為轉化為自覺行動，化外部動力為內部動力，其力量是無窮的。

4. 約束功能

組織文化的管理效用越強，對組織員工行為的約束和規範作用越強。作為一個組織用規章制度來保證組織活動的正常進行，是完全必要的。規章制度有時很難規範每個員工的每個行動，更難消除一些員工對規章制度的逆反心理和對抗行為，而組織文化則是用一種無形的思想上的約束力量，形成一種軟規範，制約員工的行為，以此來彌補規章制度的不足，並誘導多數員工認同和自覺遵守規章制度。

制度管理帶有強制性，雖能使人服從，卻難以贏得人心，這與管理的基本精神相違背；而組織文化則是管理制度的昇華，它把名目繁多的制度壓縮、凝練成一兩條富有哲理、具有極大感召力的組織最高行為準則。如果違背了準則，即使他人不知或不加責備，本人也會感到內疚或心理失調而進行行為的自我調節。組織文化易於讓員工們在具體問題上達成一致，易於使下級理解和執行上級決策，並按照組織具體到自己身上的崗位責任目標來調整自我行為，從而提高組織的管理效率。

三、組織文化的特徵

文化是由人類創造的不同形態的特質所構成的複合體，它是一個龐大的豐富而複雜的大系統，既包含有社會文化、民族文化等主系統，也包含有社區文化、組織文化等屬於亞文化層次的子系統。由於文化的層次不同，其所具有的功能、擔負的任務、所要達到的目的也不同。組織文化作為一種系統文化，其特性主要包括隱形性、潛移性、可塑性、繼承性、穩定性與發展性、普遍性與差異性這幾方面。

1. 隱形性

儘管組織文化從構成上看包括如產品的特色、造型、包裝、品牌設計以及廠服、廠歌、廠旗等有形的物質部分，但其主要是一種意識形態，屬於上層建築範疇，並且以共同價值觀為內核，因而組織文化隱形地存在於組織員工的心靈之中。

2. 潛移性

組織文化作為一種意識形態、一種精神，它不能直接作用於自然物質對象，組織文化作用對象只有一個，那就是人，即組織的員工。組織文化對人的影響往往不是立時見效，而是潛移默化的。當一種正確的價值觀逐漸被員工所理解、接受，就會激發出巨大的積極性並逐漸內化為自覺的行為，悄然滲透到組織經營管理的各項活動中去。

3. 可塑性

組織文化雖然是在組織長期經營實踐中形成的組織全體成員的價值觀和行為準則，但它卻不會自動生成。組織文化的可塑性，是指組織文化不是「天然」的，而是「人造」的，需要組織的最高管理者大力倡導、身體力行，並需組織各級管理者和各部門共同努力、積極推進、逐步塑造。有時，組織在實踐中，管理者和員工也會自發形成一些共識，然而這些共識往往是零散的、不全面的，他們可以是組織文化的雛形，但還需組織管理者對此加以整合、提煉、豐富，形成系統的組織文化，這也正是組織文化塑造過程的重要環節。

4. 繼承性

組織文化的繼承性可以從兩個角度去理解：①從縱向看，文化是前人留給我們的重要遺產，任何人都不可能割斷歷史。所以，組織在組織文化塑造實踐中必須對傳統文化加以甄別，吸收有利於組織發展的積極成分，古為今用。②從橫向看，文化雖有國別、地區、組織之別，但優秀文化畢竟是人類共同的財富，具有強大的滲透性和擴散性。因此，還必須大膽拿來，為我所用，積極吸收別國、別的組織文化的優點，並結合自身具體情況，形成具有自己特色的組織文化。

5. 穩定性與發展性

組織文化具有相對的穩定性。也就是說，組織文化一旦被組織全體員工所接受，成為全體員工共同的追求和行為準則，就會在相當長的時期內客觀地發揮作用，而不會輕易改變。但是，穩定性並不意味著組織文化是一成不變的或不可改變的。事實上，隨著組織內外條件的變化，組織文化應該做出適應性的調整和創新，只是這種調整不會一蹴而就，而需要組織下相當大的

功夫。因而，在組織文化建設的實踐中，必須謹慎行事，不但要瞭解組織當時的內外條件，還應具備超前的眼光，預測環境的發展方向，使組織文化既符合客觀條件，又具有一定的前瞻性、戰略性和適應性。

6. 普遍性與差異性

組織文化是共性和差異性的統一體。一方面，各國的企業組織大多都從事商品的生產經營或服務，都有其必須遵守的共同的客觀規律，如必須調動員工的積極性、爭取顧客的歡迎和信任等，因而其組織文化有普遍性的一面。另一方面，由於民族文化和所處環境的不同，其文化又有差異性的一面，據此我們才能區別美國的組織文化、日本的組織文化、中國的組織文化。同一國家內的不同組織，其組織文化有普遍性的一面，即由同一民族文化和同一國內外環境形成的一些共性，但由於行業不同、社區環境不同、歷史特點不同、經營特點不同、產品特點不同、發展特點不同等，必然會使組織文化存在差異。而只有組織文化具有鮮明的個性，才有活力和生命力，才能充分發揮組織文化的作用，使組織長盛不衰。

四、組織文化的結構

根據文化就是「反應人類創造的物質財富和精神財富的總和」這樣一個基本定義，組織文化應包括從物質文化層到行為文化層、制度文化層，最後再到精神文化層的完整體系。

1. 物質文化層

物質文化是組織文化的表層文化，是指組織如企業的物質基礎、物質條件和物質手段等方面的總和。物質文化的特點就是看得見、摸得著、很直觀。那麼，為什麼要把這些屬於物質實體的東西作為文化來看待呢？這是因為不僅儀器設備、技術裝備、工藝流程、操作手段等這些與企業生產直接相關的物質現象要體現企業的文化素質，而且廠區佈局、建築形態、工作環境等也要體現企業的文化素質。這就是我們之所以講物質現象的本質是反應和體現文化內涵的原因。

2. 行為文化層

從層次看，行為文化是企業文化的淺層部分，這是相對於表層的物質文化而言的。從內容看，行為文化既包括企業的生產行為、分配行為、交換行為和消費行為所反應的文化內涵與意義，同時也包括企業形象、企業風尚和企業禮儀等行為文化因素。對企業來說，生產行為文化的建設是企業文化建設的最重要、最基礎的文化建設，生產行為的合理化、有效性直接影響分配行為、交換行為和消費行為的有效性。比如，可口可樂公司的「永遠的

Coca-Cola」，豐田公司的「以生產大眾喜愛的汽車為目標」，日產汽車公司的「以人與汽車的明天為目標」，惠普公司的「以世界第一流的高精度而自豪」，中國一汽的「永求第一」等，都是體現行為文化的重要內容與形式。

3. 制度文化層

制度文化層是企業文化建設的中層結構部分，它又是相對於表層的物質文化、淺層的行為文化建設而言的。制度文化層主要內容有組織與領導制度、工藝與工作管理制度、職工管理制度、分配管理制度等方面。應該說，不同的文化意識，就會有不同的制度建設思想。

4. 精神文化層

精神文化層是組織文化結構中的核心層次，它作為深層文化是相對於中層的制度文化、淺層的行為文化和表層的物質文化而言的。可以看出，這四個層面構成了組織文化建設的一個完整系統，比較好地把物質文明建設和精神文明建設有機地統一起來，形成了一個由內向外發散、再從外向內深入的開放網絡，從而促進組織的不斷創新與發展。精神文化是指組織文化中的核心和主體，是廣大員工共同而潛在的意識形態，包括管理哲學、敬業精神、人本主義的價值觀念、道德觀念等。

五、組織文化的類型

在形形色色的組織中，組織文化也風格迥異、各具特色。組織文化的類型根據不同的標準可以劃分為不同的類型。

1. 以組織文化的形態來劃分

以組織文化的形態可以分為兩種類型——「看得見」的文化和「看不見」的文化。前者即物質文化和制度文化，他們是有形的，是每一個組織的成員必須遵守的規則；後者即組織的精神、風貌、氛圍，是無形的，但組織的每一個成員都能感知和體會。

2. 以組織文化的內容性質與宣揚的精神來劃分

以組織文化的內容性質與宣傳的精神可以分成：人文關懷型、高度歸屬型、相互同意型、傳統習慣型、人和型、挑戰型、創業型、守成型、發展型、求和型、技術型、智力型、服務型、依賴型、規避型、反對型、權力取向型、力求至善型、成就取向型、自我實現型等。例如，海爾集團的精神符號——「海爾是海」，著名體育運動產品生產公司阿迪達斯的文化追求——「Nothing is impossible」，都屬於一種力求至善的組織文化；而日本公司強調員工與管理層的相互忠誠，這類組織文化就是高度歸屬型的。

3. 以組織文化的活力程度來劃分

以組織文化的活力程度可分為活力型組織文化、官僚僵化型組織文化、停滯型組織文化。活力型能促進組織的積極向上，官僚僵化型與停滯型的組織文化則使組織的步伐停滯不前。

4. 以不同的民族和地域來劃分

以不同的民族和地域可以分為東方的組織文化和西方的組織文化。東方的組織文化傳統韻味濃厚，強調道德與倫理，以中國的組織文化、日本的組織文化、新加坡的組織文化等為典型。例如日本的組織文化強調和魂洋才、家庭主義。西方的組織文化富於現代性，突出權利、責任與規則，以美國的組織文化、西歐的組織文化為代表。例如，美國的組織文化強調：樹立崇高的目標、追求卓越；民主參與決策和管理；個人能力主義；夥伴關係；等等。

六、組織文化的建設

1. 組織文化建設的階段

（1）研究樹立階段

研究樹立階段首先要調查研究組織的歷史和現狀，然後在此基礎上，有針對性地提出組織文化建設目標的初步設想，經各有關部門審議之後，向組織全體員工發起組織文化建設的倡議，並動員廣大群眾積極參加組織的文化建設活動。

（2）培育與強化階段

培育與強化階段是將組織文化建設的總任務分解成組織內部各部門各業務環節明確分工的工作任務，使各部門根據自己的特點而有意識地激勵本部門員工形成特有的精神風貌和行為規範，把組織文化建設變成具體的行動。

（3）分析評價階段

分析評價階段首先是根據信息反饋將整個組織文化建設工作開展以來的工作成績和存在問題進行剖析，研討深層次的原因，評價前階段的成功與失誤，具體內容應該看組織文化建設的目標和內容是否適合本組織實際需求，各基層機構的風氣、精神面貌是否體現了組織文化建設的宗旨。

（4）確立與鞏固階段

確立與鞏固階段的工作包括處理問題與歸納成效兩部分內容。前者是在評價基礎上摒棄原來組織文化中違背時代精神的內容；後者是將符合時代精神的組織文化建設經驗加以總結，並加工成通俗易懂的、有激勵作用的文字形式，用以進一步推廣。

(5) 跟蹤反饋階段

隨著組織營運環境的變化，組織文化的內容也要適應這種變化。這是意識形態上應變的需要。然而，現有業已確立的組織文化是否能及時地迎合環境變化，不應該依靠組織管理者的主觀判斷，而應依靠來源於基層實際情況的反應。這就是反饋信息。但檢驗組織文化適應性的反饋信息必須是經常性和系統性的。所以，組織文化建設程序的第五階段，或者說某一循環期的最後階段的工作是有布置的信息跟蹤。這種有意安排的跟蹤，一方面能保證及時解決組織文化應變問題，同時也是組織文化建設下一輪循環的基礎和起點。

2. 組織文化建設的方法

在上述五個階段的組織文化建設過程中，還需要有適當的具體塑造方法。塑造組織文化的方法有多種，一般而言，有成效的方法如下所示：

(1) 示範法

示範法即通過總結宣傳先進模範人物的事跡，幹部的模範帶頭作用等，並通過這種方法給廣大員工提供直觀性強的學習榜樣。這些榜樣的事跡和行為，就是組織文化中關於道德規範與行為準則的具體樣板。做好這種工作，就是把組織所要建立的文化意識告訴給廣大員工。

(2) 激勵法

激勵法即運用精神的與物質的鼓勵，或者二者相結合的鼓勵，包括開展競賽活動、攻業務技術難關活動、提口號、提目標、提要求、評先進等，這一切能使職工感到自己的事業進取心將有被滿足的機會，從而主動努力工作。與此同時，還必須從生活方面關心員工，通過不斷改革分配制度去滿足員工物質利益上的合理要求。

(3) 感染法

感染法即運用一系列的文藝活動、體育活動和讀書活動等，培養員工的自豪感和向心力，使之在潛移默化的過程中形成集體凝聚力。

(4) 自我教育法

自我教育法即運用談心活動、演講比賽、達標活動、徵文活動等形式讓員工對照組織的要求找差距，進行自我教育，轉變價值觀念和行為。

(5) 灌輸法

灌輸法即通過講課、報告會、研討會等宣傳手段進行宣教活動，把組織想要建立的文化目標與內容直接灌輸給員工。

(6) 定向引導法

定向引導法即有目的地舉行各種活動引導員工樹立新的價值觀念，並創造出新價值觀念氛圍。

練習題

一、選擇題

1. 把生產要素按照計劃的各項目標和任務的要求結合成一個整體，把計劃工作中制訂的行動方案落實到每一個環節和崗位，以確保組織目標的實現，這是管理的（　　）。
   A. 計劃職能　　　　　　　B. 組織職能
   C. 領導職能　　　　　　　D. 控制職能
2. 現代大型跨國公司廣為採用的組織形式是（　　）。
   A. 直線制　　　　　　　　B. 職能制
   C. 直線-職能制　　　　　　D. 事業部制
3. 判斷一個組織分權程度的主要依據是（　　）。
   A. 按產品設置多個事業部　B. 設置多個中層的職能機構
   C. 命令權的下放程度　　　D. 管理幅度和管理層次的增加
4. 下面哪種情況下適合採用矩陣結構？（　　）。
   A. 現場的作業管理
   B. 規模較大、決策時需要考慮的因素較多的組織
   C. 跨國公司
   D. 以上 A、B、C 都不是
5. 矩陣結構的缺點是（　　）。
   A. 適應性　　　　　　　　B. 部門間難以協調
   C. 定性較差　　　　　　　D. 多頭領導

二、名詞解釋

組織　組織文化　正式組織和非正式組織　矩陣式組織結構　事業部制　組織結構

三、簡答題

1. 什麼是組織？組織的功能是什麼？
2. 非正式組織對組織有什麼影響？
3. 組織工作有哪些內容？
4. 組織結構的基本類型有哪些？各有何特點？
5. 組織變革的動力和阻力分別是什麼？組織變革的過程有哪些？

四、案例分析題

王廠長的等級鏈

王廠長總結自己多年的管理實踐，提出在改革工廠的管理機構中必須貫徹統一指揮原則，主張建立執行參謀系統。他認為，一個人只有一個婆婆，即全廠的每個人只有一個人對其命令是有效的，其他的則是無效的。如書記有什麼事只能找廠長，不能找副廠長。下面的科長只能聽從一個副廠長的指令，其他副廠長的指令對他是不起作用的。這樣做中層幹部高興，認為是解放了。原來工廠有13個廠級領導，每個廠級領導的命令都要求下邊執行，下邊就吃不消了。王廠長說：「一次有個中層幹部開會時在桌子上放一個本子、一支筆就走了，散會他也沒回來。事後，我問他搞什麼名堂，他說有三個地方要他開會，你這裡熱，所以就放一個本子，以便應付另外的會。此事不能怨中層領導，只能怨廠級領導。後來我們規定，同一個時間只能開一個會，並且事先要把報告交到廠長辦公室統一安排。現在我們實行固定會議制度。廠長一週兩次會，每次兩小時，而且規定開會遲到不允許超過5分鐘。所以會議很緊湊，每人發言不許超過15分鐘，超過15分鐘就停止。」

王廠長認為，上下級領導界限要分明。王廠長說：「副廠長是我的下級，我做出的決定他們必須服從。副廠長和科長之間也應如此。廠長對老闆負責，我要向老闆打報告，把計劃、預算、決算弄好後，經批准就按此執行。所以我跟老闆有時一週一面也不見，跟副廠長一週只見一次面。我認為這樣做是正常的。我們規定，報憂不報喜，工廠一切正常就不用匯報，有問題來找我，無問題各忙各的事。」

王廠長認為，一個人管理的能力是有限的，所以規定領導人的直接下級只有5~6人。王廠長說：「我現在多了一些，有9個人（4個副廠長，兩個顧問，3個科長）。這9個人我可以直接布置工作，有事可直接找我，除此以外，任何人不準找我，找我也一律不接待。」

問題：

(1) 王廠長主張「一個人只有一個婆婆」，在理論上的依據是什麼？在實踐上是否可行？

(2) 你怎樣理解王廠長的「報憂不報喜」？你贊成嗎？

(3) 王廠長認為除直接下屬外，「任何人不準找我，找我也一律不接待」。請說出贊成或反對的理由。

第六章　領導

導入案例

一次重大的人事任免

某鋼鐵公司領導會議正在研究一項重大的人事任免案。總經理提議免去公司所屬的、有 2,000 名職工的主力廠———煉鋼一廠廠長姚成的廠長職務，讓他改任公司副總工程師，主抓公司的節能降耗工作；提名煉鋼二廠林徵為煉鋼一廠廠長。

姚成，男，48 歲，高級工程師。20 世紀 60 年代從南方某冶金學院畢業後分配到煉鋼廠工作，一直從事設備管理和節能技術工作，成績卓著。1986 年起任廠長至今，上任後對促使煉鋼一廠能源消耗指標的降低起了巨大的推動作用，去年被聘為高級工程師。他工作勤勤懇懇，有時半夜入廠抽查夜班工人的勞動紀律。但姚廠長一貫不苟言笑，更不用說和下屬開玩笑了。對他自己特別在行的業務，直接找下屬布置工作，總工對此已習以為常了。姚廠長手下幾位很能幹的「大將」卻都沒有發揮多大的作用。久而久之，姚廠長手下的骨幹都沒有什麼積極性了，只是推推動動、維持現有局面而已。

林徵：男，50 歲，高中畢業。在基層工作多年，腦子靈活，點子多，宣傳、鼓動能力強，具有較突出的工作協調能力。林徵善於做人的工作，善於激勵部下，據說對行為科學很有研究。他對下屬非常關心，周圍的同志遇到什麼難處都願意和他說，只要是廠裡該辦的，他總是很痛快地給予解決。林徵民主作風好，工作也講究方式方法，該他負責的事從不推三阻四。

姚、林兩人的任免事關煉鋼一廠的全局工作，這怎麼能不引起公司領導們的關注？公司領導們在心裡反覆掂量，考慮著對煉鋼廠廠長這一重大人事變動提議應如何表態。

問題：

(1) 根據姚成的性格特點和技術專長，你認為對他這次任免是否合適？

（2）對廠長的領導素質、領導風格應有什麼要求？林徵會成為一名合格的廠長嗎？

第一節　領導的概述

一、領導的概念

一般來說，「領導」一詞有兩個含義：一是名詞，是指領導者，即組織中確定和實現組織目標的首領。一個組織的領導者，猶如一個樂隊的指揮，能影響每個成員，並把他們的才能充分發揮出來。在他的指揮和引導下，整個樂隊才能相互配合，演奏出和諧優美的樂章。二是動詞，指的是一項管理工作、管理職能，通過該職能的行使，領導者能促使被領導者努力地實現既定的組織目標。

本書將領導定義為：領導是指在社會共同活動中，具有影響力的個人和集體，對組織內每個成員（個體）和全體成員（群體）的行為進行引導和施加影響的活動過程。它涉及領導活動的前提、主體、結構、手段和目標。領導活動是存在於群體之中的，一個人不能形成領導，群體活動是領導誕生的前提。領導活動的主體是由領導活動的發動者、組織者與執行者共同組成的，包括兩個要素，即領導者與被領導者。領導活動的結構是領導者發動和組織領導活動所依存的體制或規則，任何組織中的領導活動都是在一種制度化的規則中展開的。領導活動的手段是領導者調動和激勵下屬的方式。領導活動的目標是領導活動的歸宿，沒有目標的領導活動不僅沒有成效，而且會迷失方向。

在談到領導與管理時，我們常把領導者與管理者混為一談，其實它們並不完全相同。領導與管理的聯繫在於領導是管理的基本職能之一，因此，管理的範疇要大於領導。領導和管理都是在組織內部通過影響他人的協調活動，實現組織的目標。領導者和管理者都是組織層級的崗位設置結果。領導與管理的區別主要體現在：管理是對下屬的命令行為，領導是對下屬的影響力。管理者是負責把事情做正確，領導者是帶領大家做正確的事情。領導者必然是管理者，而管理者不一定是領導者。

二、領導的作用

1. 指揮作用

領導者是領導活動的主體，對領導活動的成敗起著決定性的作用。在組

織的集體活動中，需要頭腦清醒、胸懷全局、高瞻遠矚、運籌帷幄的領導者，幫助組織成員認清所處的環境和形勢，指明活動的目標和達到目標的途徑。領導就是引導者、指揮者、指導者，領導者應該幫助組織成員最大限度地實現組織目標。領導者不是站在群體的後面去推動群體中的人們，而是站在群體的前面，指引組織的發展方向，促使人們前進並鼓舞人們去實現目標。

2. 激勵作用

領導的激勵作用是指領導者通過科學的方法來激發人的動機、開發人的能力、充分調動人的積極性和創造性，使被領導者煥發出旺盛的工作熱情。

領導的任務就是把組織目標和個人目標結合起來，引導組織成員滿腔熱情、全力以赴地為實現組織目標做出最大貢獻。領導者為了使組織內的所有員工最大限度地發揮才能，實現組織的既定目標，就必須關心、愛護、尊重員工，激發和鼓舞員工的工作鬥志和熱情，充分發掘員工的潛力，不斷地充實和增強人們積極進取、奮發努力的工作動力。

3. 協調作用

領導的協調作用是指領導者為實現領導目標，採取一定的措施和方法，使其所領導的組織同環境、組織內外人員等協同一致，相互配合併高效率地完成工作任務。簡單地說，領導協調是實現領導活動中人與人、部門與部門之間協調配合，發揮最佳整體效能的活動。領導活動主要用來解決組織內部的各種矛盾，保證各個方面都朝著既定的目標前進。

4. 溝通作用

領導者是組織的各級首腦和聯絡者，在信息傳遞方面發揮著重要作用，是信息的傳遞者、傾聽者、發言人和談判者，在管理的各個層次中起到上傳下達的作用，以保證管理決策和管理活動順利進行。

三、領導的權力

一個領導者要實現有效的領導，關鍵在於他的影響力。而影響力，就是一個人在與他人的交往中，影響和改變他人心理和行為的能力。領導者的影響力主要通過權力得以體現。換句話說，權力是領導者對他人施加影響的基礎。

所謂權力，是指一個人主動影響他人行為的潛在能力。這裡「潛在」的意思就是說，一個人擁有一定的權力，儘管他可能根本就未行使這種權力。例如，一個籃球教練有權開除表現不好的球員，但是由於球員意識到了教練擁有這種權力，因而嚴格要求自己，這樣教練實際上就很少真正行使這方面的權力。沒有行使權力，並不意味著他不擁有這種權力。

在組織內部，領導者的權力一般可以分為職位權力和非職位權力。

1. 職位權力

職位權力，就是指領導者因位處組織內某一職位而擁有的權力，包括法定權力、獎賞權力以及強制權力。

（1）職位權力的類型

①法定權力，指組織賦予的各領導職位所固有的合法、正式的權力。這種權力通過領導者利用職權向下屬人員發布命令、下達指示來直接體現，有時也借助於組織內的政策、程序和規則等而得到間接體現。

②獎賞權力，指提供獎金、提薪、升職、理想的工作和其他任何令人愉悅的東西的權力。被領導者由於感覺到領導者有能力使他們的需要得到滿足，因而願意追隨和服從他。

③強制權力，指給予扣發獎金、降薪、降職、開除等懲罰性措施的權力。這種權力建立在下級的恐懼感上，下級認識到，如果不按照上級的指示辦事，就會受到上級的懲罰。與正面強化的獎賞權力相比，強制權力是一種負面強化手段，主要作用是禁止某些行為的發生。

（2）構成職位權力影響力的主要因素

在領導活動中，領導者運用權力的目的是對被領導者施加影響，使其心理和行為發生預期的改變。因此，權力是影響的基礎，影響則是權力的核心實施過程。一般來說，構成職位權力影響力的主要因素是：

①傳統觀念因素。傳統觀念是在人們長期的社會生活和實踐中形成的，認為組織中處於較高地位的人就是權威，享有支配他人的當然權力，職位低的人理所當然地服從職位高的人。在企業管理中，借助建立在法定權力基礎上的傳統觀念的影響，可以使員工對企業領導者產生敬畏感，自動聽從其指揮命令，從而有助於增強領導者影響力的強度。

②職位因素。居於領導地位的人，組織授予他一定的權力，而權力使領導者具有強制下級的力量，憑藉權力可以左右被領導者的行為、處境、前途乃至命運，使被領導者產生敬畏感。領導者的地位越高，擁有的權力也就越大，因而組織中職位較低的人就對他越敬畏，他的影響力就越強。

③資歷因素。由領導者的資格和經歷對被領導者產生的心理影響叫資歷因素。資歷因素是指個人歷史性的東西。一般人對資歷深的領導比較敬重，由此產生的影響力也屬強制性的。

2. 非職位權力

非職位權力，是與職位權力相對應的權力，包括專家權力和感召權力。

（1）非職位權力的類型

①專家權力，指由個人的特殊技能或某些專業知識而產生的權力。由於領導者具有某些符合本組織需要的專業知識、特殊技能、知識創新能力、管理能力、交際協調能力、組織指揮能力等，因而能贏得同事和下級的尊敬。

②感召權力，指與個人的品質、魅力、經歷、背景等相關的權力。這些關聯因素可以引起擁戴心理，通過模仿方式形成或加大領導者的影響力，激起人們的忠誠和熱忱。

（2）構成非職位權力影響力的主要因素

①品德因素。領導者必須具備較高的政治思想素質，準確地把握組織發展的方向，確保組織發展的方向與國家和政府指引和鼓勵的方向一致。同時，領導者較高的政治思想素質也是對組織進行政治思想教育的基礎。

②才能因素。領導者必須具有相應的知識文化素養與領導技能素養，這是培養創新能力的基礎。而且現代組織正在向知識型組織轉換，知識型員工將成為組織的主力員工，這對現代組織的領導者產生了更高的知識要求。

③感情因素。感情是聯結人和人的穩固的紐帶，也是影響他人心理和行為的有效途徑。在組織中，當員工感受到領導者的關心、尊重時，就會產生一種親密感、知己感，因而從感情上自願接受、支持其領導。

3. 職位權力與非職位權力的區別

（1）兩者的來源不同

無論什麼人，只要取得了某一領導職位，就可以獲得與這個職位相關的權力。而非職位權力是由職位以外的個體內在因素獲得的權力。

（2）兩者的作用範圍不同

職位權力的影響範圍受時間與空間的限制，既受任職時間的限制，也受任職部門或地域的限制。從這個意義上來說，沒有一種可以在任何時間與任何空間範圍內控制任何人的萬能的職位權力。但是非職位權力與此相反，它不受時間與空間的限制，具有超時空、超地域的特點。

（3）兩者的作用方式不同

職位權力是以命令、強制、服從為前提，是一種行政指揮，是下級必須順從的與此相關的一切工作行為。而非職位權力不同，其影響力是通過領導者的自身素質和自身的品行起作用的，其前提是信任、熱愛與自覺接受。

對於領導者來說，職位權力和非職位權力是對立統一的，是相互依存的。只有職位權力而無非職位權力，叫作「有權無威」；只有非職位權力，而無職位權力，叫作「有威無權」。職位權力和非職位權力的關係是：如果一個領導者的非職位權力較大，他的職位權力也會增大；反過來，如果領導者職位權

力較大，他的非職位權力影響力也會有所提高。兩者相互作用、缺一不可，缺少了任何一方，都不能實現有效地用權。

四、領導的原理

1. 指明目標原理

指明目標原理，是指領導工作越是能夠使全體人員明確理解組織的目標，則人們為實現組織目標所做的貢獻就會越大。

儘管指明目標不是有效的領導工作所能單獨完成的，但是這個原理表明，使人們充分理解組織目標和任務是領導工作的重要組成部分。這一工作越是有效，就越能使組織中的全體人員知道應該怎樣完成任務和實現目標。

2. 目標協調原理

目標協調原理，是指個人目標與組織目標如能協調一致，人們的行為就會趨向於統一，實現組織目標的效率就會越高，效果也越好。

如果個人和組織的目標相輔相成，如果大家都能信心十足地、滿腔熱情地、團結一致地去工作，就能夠最有效地實現這些目標。所以在領導下級時，管理者必須注意利用個人的需要動機去實現集體的目標。

3. 命令一致原理

命令一致原理，是指管理者在實現目標的過程中下達的各種命令越是一致，個人在執行命令時發生的矛盾就越小，領導與被領導雙方對最終成果的責任感也就越大。

命令一致又稱統一指揮，強調的是一個人越是完全地只接受一個上級的領導，在上級之間相互抵觸的指示就越少，從而個人對成果的責任感就會越強。

4. 直接管理原理

直接管理原理，是指領導者同下級的直接接觸越多，所掌握的各種情況就會越準確，從而領導工作就會更加有效。

儘管一個領導者有可能使用一些客觀的方法來評價和糾正下級的活動以保證計劃的完成，但這不能代替面對面的接觸。通過面對面的接觸，主管者往往能夠用更好的方法對下級進行指導，同下級交換意見，特別是能夠聽取下級的建議，瞭解存在的各種問題，從而更有效地採用適宜的工作方法。

5. 溝通原理

溝通原理，是指領導者與下屬之間越是有效地、準確地、及時地溝通，整個組織就越會成為一個真正的整體。

管理過程中所產生的大量信息、情報，包括組織外的信息情報，領導者

必須自己或組織他人進行分析整理，從而瞭解組織內外動態和變化。進行溝通，就是為了適應變化和保持組織的穩定，這是領導工作所採用的重要手段。

6. 激勵原理

激勵原理，是指領導者越是能夠瞭解下屬的需求和願望，並給予滿足，他就越是能調動下屬的積極性，使之能為實現組織的目標做出更大的貢獻。

在進行激勵時，如果只籠統地去確定人們的需要，並以此建立對下屬的激勵方法，往往是不能奏效的。因此，必須考慮在一定時間、一定條件下的多種因素，不能把激勵看作一種與其他因素不相干的、獨立的現象。

第二節　領導理論

一、人性的假設理論

領導職能涉及組織中人的問題，領導者為了有效地影響個人或群體達到組織的目標，就必須研究各種領導方式的效果。因此必須瞭解人，瞭解人性及人的行為模式，揭示人的活動規律，從而探索相關的管理方式。

1. 從「經濟人」到「複雜人」的假設

隨著管理實踐的發展，人們對管理中人性的認識也不斷深化，先後經歷了「工具人」「經濟人」「社會人」「自我實現人」「複雜人」「理念人」「主權人」「知識人」等假設，由於種類繁多，這裡主要討論對管理發展影響較為深遠的「經濟人」假設、「社會人」假設、「自我實現人」假設以及「複雜人」假設。

人性即是領導者對人的工作動機的根本看法，是管理者對人進行管理的指導思想。

(1)「經濟人」假設

「經濟人」假設，是指認為組織中人的行為主要是追求自身利益，工作動機是為了最大限度滿足自己的經濟利益。持「經濟人」假設的人認為，大多數人天生懶惰，盡量逃避工作；多數人沒有雄心大志，不願負責；多數人工作是為了滿足物質需要，只有物質和金錢刺激才能激勵他們工作。

最早提出「經濟人」假設的，是英國早期的經濟學家亞當·斯密。他認為，在自由經濟制度中，經濟活動的主體是體現人類利己主義本性的個人。每個人都在不懈地追求經濟收入，同時不得不考慮別人的利益，並在這樣的過程中，建立起社會秩序，創造出財富。

科學管理理論之父泰勒把「經濟人」假設作為他理論體系的基石，他的

一切管理制度，都著眼於如何根據工人的勞動量給予恰當的報酬。企業中成員的積極性問題，都是由於經濟上的原因。

對於符合「經濟人」假設的員工，我們要重視物質刺激，實行嚴格監督控制。

(2)「社會人」假設

在霍桑試驗中，梅奧發現「經濟人」假設不能解釋組織中員工積極性波動的原因，影響人們工作積極性的原因另有所在，由此梅奧總結出了「社會人」假設。「社會人」假設認為人有強烈的社會心理需要，集體夥伴的社會力量要比上級主管的控制力量更加重要。如果人們在工作、家庭、企業中與其他人的關係不協調，其工作情緒就會受到影響。職工的「士氣」是提高生產率最重要的因素。因此，管理者要調動員工的工作積極性，不僅僅要靠物質利益，更重要的是要考慮工作中員工的社會心理需要的滿足程度。管理者要重視人際關係，以培養員工的歸屬感來鼓勵員工參與組織管理。

(3)「自我實現人」假設

隨著行為科學的盛行和馬斯洛需要層次理論的提出，又出現了「自我實現人」假設。「自我實現人」假設認為人特別重視自身的社會價值，以自我實現為最高價值。員工重視的是工作的挑戰性，只要工作能發揮他的主觀能動性，達到他認為的自我價值的實現，就可以了。因此，組織所能做的就是要賦予員工更有意義、更富吸引力的工作，以激起員工的成就感，實現其自我價值。對於這類員工，我們要採取鼓勵貢獻、員工自我控制的方式，而不需要其他外來的激勵。

(4)「複雜人」假設

儘管「自我實現人」比「社會人」「經濟人」更切合實際，它們都從某一個角度反應了人的一些本質屬性，具有其合理性，但仍不能滿意地解釋員工積極性源泉問題。一方面員工的價值取向是多種多樣的，沒有統一的追求；另一方面，同一個人是在不斷變化的，今天是「經濟人」，明天可能追求良好的人際關係。因此，有學者提出了「複雜人」假設。「複雜人」假設認為人的需要是多種多樣的，人的行為會因時、因地、因條件而異。因此，不存在一套適用於任何時代、任何組織和個人的普遍有效的管理方式，只能因地制宜、靈活機動地採取合適的激勵方法。

2. X 理論和 Y 理論

在關於人性的研究中，有一個基本的分類，即人的積極性究竟是主動的還是被動的，這實際上是對「人究竟有沒有積極性」的探討，這個問題類似於哲學史上關於人性的善惡之爭。傾向於性善論者認為，職工有內在的積極

性，只要通過適當的激勵方式，員工就會自覺地去實現組織目標；傾向於性惡論者認為，員工沒有內在積極性，如果沒有外在壓力，他們是不會為組織做出貢獻的。

X 理論和 Y 理論是由美國心理學家、麻省理工學院的教授道格拉斯·麥格雷戈提出的。X 理論，是古典管理理論的人性假說。這種觀點認為人的行為在於追求本身的最大利益，工作的動機是為獲得勞動報酬。其要點是：

（1）多數人生來懶惰，總想少工作。
（2）多數人沒有工作責任心，寧可被別人指揮。
（3）多數人以我為中心，不關心組織目標。
（4）多數人缺乏自制能力。

結論是，多數人不能自我管理，因此需要用強烈的外部刺激、嚴管重罰來迫使人們工作，完成工作目標。

麥格雷戈提出的 Y 理論認為：
（1）工作和娛樂一樣。
（2）人會主動要求責任。
（3）人能夠自我控制和自我指導。
（4）個人目標與組織目標沒有根本衝突。

基於此，領導者不能局限於發布命令，而要關心滿足人的交往、歸屬需要，重視員工之間的關係，溝通上下級之間的感情，培養和形成員工的歸屬感和集體感。

顯然，以 X 理論指導和以 Y 理論指導的管理方式正好是相反的。X 理論類似於哲學史上的性惡論，強調「人之初，性本惡，要他幹，就得壓」。Y 理論傾向於性善論，強調「人之初，性本善，引導好，努力幹」。現代管理實踐越來越傾向於 Y 理論。從 X 理論到 Y 理論的變化，與從「經濟人」到「自我實現人」假設的變化趨向是一致的。

二、現代領導理論

1. 領導特質理論

領導特質理論主要是研究領導者個人最有效的品質特徵，即與領導過程的有效性相聯繫的領導者的品質特徵和個人特徵。

（1）傳統領導特質理論

傳統領導特質理論認為，領導者的品質應該是生來具有的，如果人生來不具有領導特質，就不可能成為領導者。美國心理學家吉普認為，領導者必須具有 7 個基本條件：善言、外表英俊瀟灑、智力過人、具有自信心、心理

健康、有支配他人的傾向、外向而敏感。而美國心理學家斯托格狄爾認為，領導者的先天特徵是：有良心、可靠、勇敢、責任感強、有膽略、有判斷力、力求革新進步、直率、自律、有理想、有良好的人際關係、風度優雅、勝任愉快、身體強壯、智力過人、有組織能力。

一個成功的領導者必須具有一些有效的品質特徵，這是實踐證明了的。但是，傳統觀念立足於特質是天生的，這一點顯然是錯誤的。事實上，有許多優秀的領導者都是通過後天的培養和訓練形成這些品質特徵的。

（2）現代領導特質理論

現代領導特質理論認為，領導是一個動態發展過程，領導者的品質是在實踐中逐步形成的，可以通過後天教育培養。美國企業界普遍認為，一個優秀的領導者必須具有合作精神、決策才能、組織能力、精於授權、善於應變、勇於負責、敢於求新、敢擔風險、尊重他人、品德超人等品質。日本企業界認為，有效的領導者必須具備使命感、信賴感、積極性、誠實、合作精神、進取心、忍耐、公平、熱情、勇氣等品德，以及決策力、規劃力、判斷力、創造力、洞察力、勸說力、理解力、解決力、培養力、調動力等能力。

2. 領導行為理論

由於領導特質理論的缺陷，在解釋領導行為有效性問題上出現了困難，不僅出現了對領導者特質的內容及相對重要性的認識很不一致，更重要的是忽視了被領導者及其他情境因素對領導效能的影響。於是人們把研究重點轉到領導的行為本身，謀求從工作行為的特點來說明領導的有效性，從而產生了領導行為理論，領導行為理論側重於對領導行為的分析，它關心的兩個基本問題是：第一，領導是怎麼做的，即領導的行為表現是什麼？第二，領導是以什麼方式領導一個群體的？

（1）領導作風理論

領導作風也稱領導風格，是領導在實施其職權的過程中所表現出來的特點和傾向。據此，將領導風格分為專制式、民主式、放任式三種基本形式以及仁慈專制式和支持式兩種變異形式。

①專制式領導作風。專制式又稱專權式或者獨裁式，這種領導者獨自負責決策，然後命令下屬予以執行，並要求下屬不容置疑地遵從命令。專制式領導的主要優點是，決策制定和執行速度快，可以使問題在較短時間內得到解決。其主要缺點是，下屬依賴性大，領導者負擔較重，容易抑制下屬的創造性和工作積極性。

②民主式領導作風。民主式又稱群體參與式，指領導者在採取行動方案或做出決策之前聽取下屬的意見，或者吸取下屬意見參與決策的制定，在下

屬沒有達成一致意見的情況下，往往不採取行動。這種領導風格的好處在於集思廣益，能制定出質量更好的決策，同時還能使決策得到認可和接受，減少執行阻力。另外，由於讓下屬充分參與了決策，令下屬感到得到尊重，能提高他們的工作熱情和積極性。其主要缺點在於，決策制定過程長，耗用時間多，容易造成領導周旋於各種意見之間，難以下決策。

③放任式領導作風。放任式領導作風的領導者很少行使自己的職權，而給予下屬充分的自由度，讓下屬自行處理問題。這類領導者大都處於被動地位，很少或基本上不參加下屬的活動。這種風格有助於培養下屬的獨立性和管理能力，但由於領導者不聞不問，下屬各自為政，容易造成意見分歧，決策難以統一。因此，在組織中很少利用這種領導作風，除非下屬的管理能力很強，並具有高度的工作熱忱。

④仁慈專制式領導作風。這種領導作風的領導者雖然在做出決策時可能仔細聽取下屬的意見，宣布執行命令時允許下屬提出疑問並以說服方式使下屬接受決策，但在做出最終決策的時刻他們往往表現得非常專斷，不顧意見的不統一毅然做出自己的決定。

⑤支持式領導作風。支持式領導作風比較接近民主式領導作風。這種領導者對下屬抱有相當大但並不是完全的信任，允許下屬做出具體的決策，並在某些總體的、主要的決策中進行協商，鼓勵下屬積極參與決策制定，並且盡最大的可能幫助下屬完成任務。這種領導作風對於感受挫折的員工會起到較大的支持和引導作用。

（2）領導四分圖模式

按照領導者「關心任務」和「關心人員」的不同組合，可以將領導者分為四種不同的類型組合。「關心任務」就是指把工作重點放在完成組織績效上，而「關心人員」則是指信任尊重下屬，關愛員工，關注員工的發展，通過良好的人際關係推動工作任務的完成。據此，形成了不同的領導方式，如圖6-1所示。

低關心任務 高關心人員	高關心任務 高關心人員
低關心任務 低關心人員	高關心任務 低關心人員

圖6-1　領導四分模式

(3) 管理方格理論

管理方格理論認為，領導者主要是通過處理人與工作管理來體現價值。他們從對人的關心和對工作的關心兩個方面去研究領導風格，通過99方格圖加以表述，從而創立了管理方格理論，如圖6-2所示。

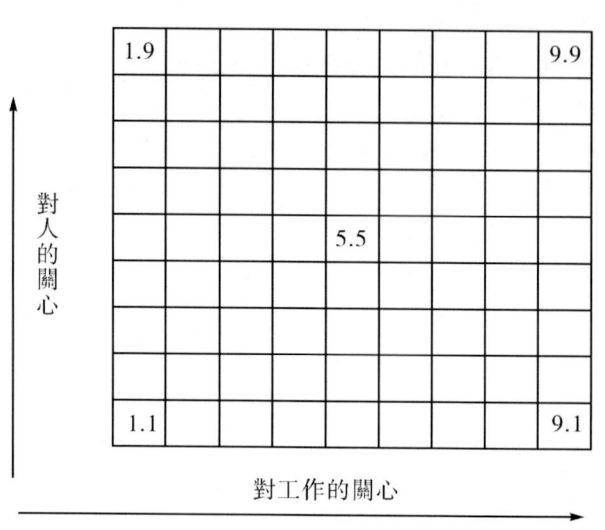

圖 6-2　管理方格圖

管理方格理論指出，以任務為中心和以人為中心這兩個方面並不是相互排斥、非此即彼的，它們可以按不同的程度結合在一起。有五種典型的管理風格：

①放任式管理（1.1）。領導者對人與工作都不關心，放任自流，既對工作完成不利，又不能處理好與下屬的關係，顯然這種方法是不可取的。

②任務式管理（9.1）。領導者只關心工作的完成情況，不關心下屬的個人因素，不利於調動下屬的工作積極性，進而影響工作效率。

③俱樂部式管理（1.9）。領導者只關心下屬，而不關注工作的完成情況，在營造的和諧環境中，每個人都輕鬆、友好並且快樂，誰也不關心做出協同努力去實現組織目標。

④團隊式管理（9.9）。領導者既關心工作，又關心下屬，領導者通過調動每個人的工作積極性，團結他們自覺、自願地為實現組織目標而協同努力，在完成任務的同時也實現自身的價值。

⑤中間道路式管理（5.5）。領導者對工作和人都是同等程度的關心，在完成工作任務和維持一定的團隊士氣中尋求平衡。

在應用管理方格理論時要注意：既要關心人，也要關心工作，忽視任何

一方都會影響組織目標的有效實現；要根據不同環境和條件而有所側重兩個「關心」。9.9是領導者追求的目標，5.5是合格領導者的基本要求，大多數領導都是處於中間狀態的各種混合型的領導者。

（4）影響領導風格的因素

①領導者的個性特徵。其主要有價值取向、性格特徵、行為習慣、興趣愛好、對下屬的信任程度等。

②下屬的個性特徵。其主要包括下屬的追隨度、知識、經驗、技能、責任感、進取精神、與領導的性格相似性等。

③組織環境。其主要體現在領導權力的穩固程度、規章制度的完善與執行情況、企業文化、工作性質、工作環境等方面。

3. 領導權變理論

領導權變理論主要是探討各種環境因素怎樣影響領導者行為及其有效性，認為在不同的情況下需要不同的素質和行為，才能達到有效的領導。

（1）領導行為連續統一體模式

美國管理學家坦南鮑姆和施米特所表述的領導行為連續統一體模式如圖6-3所示。該模式描述了從主要以領導者為中心到以下屬為中心的一系列領導方式，這些方式因領導者把權力授予下屬的大小程度而不同。因此，領導方式不是在兩種領導方式之間進行選擇，領導行為連續統一體模式提供的是一系列的領導方式，說不上哪一種方式總是正確的，而哪一種總是錯誤的。

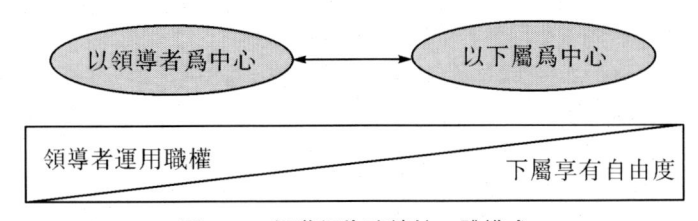

圖6-3　領導行為連續統一體模式

（2）菲德勒的權變理論

菲德勒提出的權變理論意味著領導是一種過程，在這個過程中，領導者施加影響的能力取決於群體的工作環境、領導者的風格和個性，以及領導方法對群眾的適合程度。菲德勒提出，對一個領導者的工作最有影響的三個因素是職位權力、任務結構和上下級之間的關係。

①職位權力。職位權力指的是與領導者職位相關聯的正式職權以及領導者從上級和整個組織各方面所取得的支持程度。這一職權是由領導者對下屬的實有權力所決定的。當領導者擁有一定的明確的職位權力時，則更容易使下屬成員遵從他的指導。

②任務結構。任務結構指的是任務明確程度和人們對這些任務的負責程度。當任務明確，個人對任務負責，則領導者對工作質量更易於控制，群體成員也有可能比在任務含混不清的情況下更明確地擔負起他們的工作職責。

③上下級關係。從領導者的角度看，上下級關係是最重要的因素。因為職位權力與任務結構大多可以置於組織的控制之下，而上下級關係可影響下級對一位領導者的信任和愛戴，從而樂於追隨他共同工作。

菲德勒根據這三個影響因素的情況，把領導者所處的環境從最有利到最不利，共分成八種類型，如表 6-1 所示。其中，三個條件齊備的是領導者最有利的環境；三者都缺的是最不利的環境。領導者所採取的領導方式，應該與環境類型相適應，才能獲得有效的領導。實踐證明，在最不利和最有利的兩種情況下，採取「以任務為中心」的指令型領導方式，效果較好；而對處於中間狀態的環境，採取「以人為中心」的寬容型領導方式，效果較好。

表 6-1　　　　　　　　菲德勒權變理論模型

狀態	最有利——最不利							
上下級的關係	好				差			
任務結構	明確		不明確		明確		不明確	
職位權力	強	弱	強	弱	強	弱	強	弱

(3) 領導生命週期理論

領導生命週期理論同樣認為關心人和關心工作決定領導風格，但是，這裡又增加了第三個影響因素，即被領導者的成熟程度。據此，將被領導者按成熟程度分為四個階段，即很成熟、比較成熟、初步成熟和不成熟。面對不同成熟度的被領導者，領導風格要作相應的調整，用最適合的風格去領導下屬。

①命令式。這是屬於高關心任務與低關心人組合的領導方式，適用於下屬無能力也無意願承擔責任的情形。這時，領導者需要為被領導者確定工作任務，並以下任務的方式告訴他們做什麼、怎麼做、何時何地做。

②說服式。這是屬於高關心任務與高關心人組合的領導方式，適用於下屬有意願承擔責任但缺乏應有的能力的情形。這時，領導者需要對工作任務做出決策，但在決策下達過程中宜採取說服的方式讓被領導者瞭解所做出的決策，並在決策執行過程中給予下屬大力的支持和幫助，使其高度熱忱又充滿信心地產生預期的行為。

③參與式。這是屬於低關心任務與高關心人組合的領導方式，適合於下

屬有能力但不願意承擔責任的情形。這時，領導者需要讓被領導者參與做出決策，領導者從中給予支持和幫助。

④授權式。這是屬於低關心任務與低關心人組合的領導方式，適合於下屬有能力也有意願承擔責任的情形。這時，領導者既不下達命令，也不給予支持，而是讓被領導者自己決定和控制整個工作過程，領導者只起到監督的作用。

領導生命週期理論認為，隨著下屬從不成熟走向成熟，領導者不僅可以逐漸減少對工作的控制，而且還可以逐漸減少關心行為，領導者能相應地改變自己的領導方式。

第三節　領導的原則、方法和藝術

一、領導的一般原則

領導原則是領導活動規律的體現，也是實現領導才能的根本途徑。領導的一般原則反應並貫穿領導活動的各個方面，具有普遍性的共同規律，領導的一般原則主要有：

1. 權責利一致的原則

這一原則要求各級領導者都應具有一定的職務、權力、責任和利益，努力做到事有人管、管事有權、權連其責、利益與成績相關。

職責權利是實現有效領導的必要條件。職務與權力分離，就會使領導出現工作「虛位」。如果一個領導者有明確的職務，但卻沒有授予他相應的實際權力，那麼在這種有職無權的境況下就無法履行這個職位的職能。

權利與責任的分離是官僚主義產生並泛濫的基礎，這種狀況往往會成為工作中某些掌權者濫用職權、以權謀私等腐敗現象的根基，也是那些「查無責任，不了了之」工作失敗的原因。

職務與利益相脫離會使領導者缺乏必要的工作動力，領導者比一般工作人員要完成更多的工作任務，承擔更多的責任後果，因此就應該給予其相應的待遇。如果片面強調領導者的思想覺悟而忽視了他的利益要求，就會在某種程度上改變他的工作態度、壓制他的工作熱情，造成敷衍了事、辦事拖拉的工作局面，從而降低工作效率。

2. 民主公開的原則

民主公開的原則要求在領導活動中必須高度重視發揚民主精神、公開辦事制度、公開辦事結果、接受群眾監督。在領導活動中貫徹民主公開的原則，

能夠較好地體現領導的本質就是服務。社會分工不同，領導與群眾只不過是崗位分工不同，領導從群眾中來，應該反應群眾要求，代表群眾利益，除了人民群眾根本利益，不應該有其他個人私利。領導者與群眾之間應該相互信任、相互瞭解，領導活動當然也應該光明磊落。在領導活動中貫徹民主公開的原則，辦事程序公開是群眾對領導者實行民主監督的前提，也是提高領導效率的一種行之有效的方法。

3. 集體領導與個人分工負責相結合的原則

集體領導與個人分工負責相結合的原則，主要是指工作中重大問題要由領導班子集體討論和決定，決定時嚴格執行少數服從多數的原則；集體決定的事情就要分頭去做、各負其責，失職者要追究責任。這個原則實際上是民主集中制原則的具體表現。

4. 統一領導的原則

統一領導的原則要求領導活動在一定時期內，必須有統一的意志、統一的目標、統一的行動規範。統一領導的原則是領導的實質內涵，是領導活動成功的保證。為了實現統一領導，必須解決這樣兩種關係：一是處理好集權和分權的關係。在這裡，統一領導主要指在複雜的領導系統中，對那些事關全局的指揮權和決斷權必須集中把握，沒有集權就沒有統一。而對於那些涉及局部的、在下級職權範圍內的則需要分權，沒有適度的分權，只能是一潭死水。二是處理好原則性和靈活性的關係。統一領導要求在總的目標方向上、共同的行動規範上達到統一，並不是說事無鉅細都要做到絕對一致。統一意志、統一目標、步調一致與因地制宜、各具特點、創造升級是相輔相成的。真正的統一領導應該是「統而不死」和「活而不亂」。

二、領導方法

現代社會中的組織，常常是由一個多種要素組成的比較複雜的社會性組織，不可能脫離社會。現代經營管理活動對領導者的領導方法提出了更高的要求，僅靠領導良好的個人素質已經不能跟上社會飛速發展的腳步，因此領導必須靈活運用各種領導方法、原則和藝術，才能帶領和引導下屬克服前進道路上的障礙，順利實現預定的共同目標。

領導的方法有如下幾種類型：

1. 按領導工作側重點可以分為以事為中心的領導、以人為本的領導和人事並重式的領導

(1) 以事為中心的領導。這種領導者認為，應以工作為中心，強調工作效率，以最經濟的手段取得最大工作成果，以工作的數量與質量及達成目標

的程度作為評價成績的指標。

（2）以人為中心的領導。這種領導者認為，只有員工是愉快的、願意工作的，才會產生最高的效率、最好的效果。因此，領導者尊重員工的人格，不濫施懲罰，注重積極的鼓勵和獎賞，注意發揮員工的主動性和積極性，注意改善工作環境，注意給予部屬合理的物質待遇，從而保持其身心健康和精神愉快。

（3）人事並重式的領導。這種領導者認為，既要重視員工，也要重視工作，兩者並重。既要充分發揮員工的主觀能動性，也要改善工作的客觀條件，使部屬既有飽滿的工作熱情，又有主動負責的精神。

2. 按決策權力大小可以分為專權型領導、民主型領導和自由型領導

（1）專權型領導。領導者把決策權集於一人手中，以權力推行工作。由於決策錯誤或客觀條件變化，當貫徹執行發生困難時，該類型領導往往不查明原因，多歸罪下級。對下級獎懲缺乏客觀標準，只是按照領導者的喜惡決定。

（2）民主型領導。領導者同被領導者互相尊重，彼此信任。領導者通過交談、會議等方式同被領導者交流思想，商討決策，注意按職授權，培養員工的主人翁思想。獎懲有客觀標準，並不以個人好惡行事。

（3）自由型領導。領導者有意放開領導權，給員工以極大的自由度，只是提供和傳遞消息，最後檢查工作成果，除非員工要求，不作主動指導。

三、領導藝術

領導者的工作效率和效果在很大程度上取決於他們的領導藝術，領導藝術是一門博大精深的學問，其內涵極為豐富。對於希望提升到領導崗位上的管理者，至少有以下幾點值得注意：

1. 領導的本職工作

領導的事包括了決策、用人、指揮、協調和激勵。這些都是大事，是領導者應該做的，但絕不是說都應該由單位的最高領導人來做，而應當分清輕重緩急、主次先後，分別授權給下屬各級領導去做，讓每一級去管本級應該管的事。企業的最高領導者應該只抓重中之重、急中之急，並且嚴格按照「例外原則」辦事，也就是說，凡是已經授權給下屬去做的事，領導者就要克制自己，不要再去插手，領導者只需要管那些沒有對下屬授權的例外事情。有些領導者太看重自己的地位和作用，不分鉅細、事必躬親，其結果不僅浪費了自己的寶貴時間和精力，還挫傷了下屬的積極性和責任感，反過來又會加重自己的負擔。

2. 善於與下屬交談，傾聽下屬的意見

沒有人際的信息交流，就不可能有領導。領導者在實施指揮和協調的職能時，必須把自己的想法、感受和決策等信息傳遞給被領導者，才能影響被領導者的行為。同時，為了進行有效的領導，領導者也需瞭解被領導者的反應、感受和困難。這種雙向的信息交流十分重要。交流信息可以通過正式的文件、報告、書信、會議、電話和非正式的面對面會談。其中，面對面的個別交流是深入瞭解下屬的最好方式之一，因為通過交談不僅可以瞭解到更多、更詳細的情況，並且可以通過察言觀色來瞭解對方心靈深處的想法。不過，和下屬交談也是一種領導藝術。有些領導者在和下屬談話時，往往同時批閱文件、尋找東西、亂寫亂畫、左顧右盼、精力不集中、精神不耐煩，其結果不僅不能瞭解對方的思想，反而會傷害對方的自尊，失去同事和下屬對自己的尊重和信任，甚至還會造成衝突和隔閡。所以，領導者必須掌握善於同下屬交談、傾聽下屬意見的藝術。

3. 爭取眾人的友誼和合作

企業的領導者不能只依靠自己手中的權力，還必須取得同事和下屬的友誼和合作。有些剛踏上領導崗位的領導，往往只會自己埋頭苦幹，不善於爭取自己與別人的友誼和合作；也有個別人是想利用手中權力來使副手和下屬懾服，而比較少考慮如何取得他們的支持和友誼。其實，領導者和被領導者之間的關係不應當只是一種刻板和冷漠的上下級關係，而應當建立起如同戰爭年代那樣的真誠合作的同志關係。因此，除了要求領導者的品質高尚、作風正派以外，還要求領導者精通領導藝術，如平易近人、信任對方、關心他人、一視同仁等。

4. 做自己時間的主人

做任何事情都需要占用時間。創造一切財富也都要耗用時間，時間似乎是一種用之不竭的資源，但對個人來講，時間又是一個常數。因此，「時間就是金錢、時間就是生命」是一條實實在在的真理。領導者應該特別珍惜自己的時間，但實際上，領導者的地位越高，往往越不能自由支配自己的時間。

領導者要做時間的主人，首先要科學地組織管理工作，合理地分層授權，把大量的工作分給副手、助手、下屬去做，以擺脫繁瑣事務的糾纏，騰出時間來做真正應該由自己做的事。

表6-2表明，企業領導者的大部分時間花在4、5、6項上，而用於學習、思考、研究業務、研究決策的時間太少，這是應該注意改進的。

表 6-2　　　　　　　　領導者每週工作時間的分配

項	工作內容	每週小時數	時間使用方式
1	瞭解情況，檢查工作	6	每天 1 小時
2	研究業務，進行決策	12	每次 2~4 小時
3	與主要業務骨幹交談、做人的工作	4	每次 0.5~1 小時
4	參加社會活動（接待、開會等）	8	每次 0.5~2 小時
5	處理企業與外部的重大業務關係	8	每次 0.5~2 小時
6	處理內部各部門的重大業務關係	8	每次 0.5~3 小時
7	學習與思考	4	集中一次進行

只有充分瞭解並熟練地運用上述領導藝術，領導者才可以充分地利用自身的良好素質取得比較理想的領導效果。

練習題

一、選擇題

1. 領導理論的發展大致經歷了三個階段，（　　）側重於研究領導者的性格、素質方面的特徵。

　　A. 特質理論階段　　　　　　B. 行文理論階段
　　C. 效用領導階段　　　　　　D. 權變理論階段

2. 領導者以自身的專業知識、個性特徵影響被領導者的權力是他的（　　）。

　　A. 法定權力　　　　　　　　B. 獎懲權力
　　C. 職位權力　　　　　　　　D. 個人權力

3. 管理方格理論提出了五種最具代表性的領導類型，（　　）領導方式對生產和工作的完成情況很關心，卻很少關心人的情緒，屬於任務式領導。

　　A. 1.1 型　　　　　　　　　B. 9.1 型
　　C. 1.9 型　　　　　　　　　D. 5.5 型

4. 「士為知己者死」這一古訓反應了有效的領導始於（　　）。

　　A. 上下級之間的友誼
　　B. 為下屬設定崇高的目標
　　C. 為了下屬的利益不惜犧牲自己

D. 瞭解下屬的慾望和需要

5. 某領導這樣說：「走得正、行得端，領導才有威信，說話才有影響，群眾才能信服，才能對我行使權力頒發『通行證』。」這位領導在這裡強調了領導的力量來源於（　　）。

　　A. 法定權力　　　　　　B. 獎懲權力
　　C. 專家權力　　　　　　D. 感召權力

二、名詞解釋

領導者權力　專制式領導風格　民主式領導風格　放任式領導風格

三、簡答題

1. 領導者的影響力來源於何處？
2. 你如何看待領導的特質理論？你認為有效的領導者是先天的還是後天造就的？
3. 領導方式的連續統一理論的含義是什麼？
4. 領導集體的構成是什麼？

四、案例分析題

看球賽引起的風波

東風機械廠發生了這樣一件事。金工車間是該廠唯一進行倒班的車間。一個星期六晚上，車間主任去查崗。發現二班的年輕人幾乎都不在崗位。據瞭解，他們都去看電視直播的足球比賽去了。車間主任氣壞了，在星期一的車間大會上，他一口氣點了十幾個人的名。沒想到他的話音剛落，人群中不約而同地站起幾個被點名的青年，他們不服氣地異口同聲地說：「主任，你調查了沒有，我們並沒有影響生產任務，而且……」主任沒等幾個青年把話說完，就嚴厲地警告說：「我不管你們有什麼理由，如果下次再發現誰脫崗去看電視，扣發當月的獎金。」

誰知，就在宣布「禁令」的那個星期的星期六晚上，車間主任去查崗時又發現，二班的10名青年中竟有6名不在崗。主任氣得直跺腳，質問當班的班長是怎麼回事，班長無可奈何地從口袋中掏出三張病假條和三張調休條，說：「昨天都好好的，今天一上班都送了。」說著，班長瞅了瞅在大口吸菸的車間主任，然後朝圍上來的工人擠了擠眼兒，湊到主任身邊討了根菸，邊吸邊勸道：「主任，說真的，其實我也是身在曹營心在漢，那球賽太精彩了，

您只要靈活一下,看完了電視大家再補上時間,不是兩全其美嗎?上個星期的二班,據我瞭解,他們為了看電視,星期五就把活提前幹完了,您也不……」車間主任沒等班長把話說完,扔掉還燃著的半截香菸,一聲不吭地向車間對面還亮著燈的廠長辦公室走去。剩下在場的十幾個人,你看看我,我看看你,都在議論著這回該有好戲看了。

問題:
(1) 車間主任會採取什麼舉動?
(2) 你認為二班年輕人的做法合理嗎?
(3) 在一個組織中,如何採取有效措施解決群體需要與組織目標的衝突?
(4) 如果你是這位車間主任,應如何處理這件事?

第七章 激勵

導入案例

林肯電氣公司的激勵制度

　　林肯電氣公司總部設在克利夫蘭，年銷售額為44億美元，擁有2,400名員工，並且形成了一套獨特的激勵員工的方法。他們的生產工人按件計酬，沒有最低小時工資。員工為公司工作兩年後，便可以分享年終獎金。該公司的獎金制度有一整套計算公式，全面考慮了公司的毛利潤及員工的生產率與業績，可以說是美國製造業中對工人最有利的獎金制度。在過去的56年中，平均獎勵額是基本工資的95.5%，該公司有相當一部分員工的年收入超過10萬美元。公司全體員工的年均收入為44,000美元左右，遠遠超出製造業員工年收入17,000美元的平均水準。

　　公司自1958年開始一直推行職業保障政策，從那時起，他們沒有辭退過一名員工。當然，作為對此政策的回報，員工也要相應做到以下的幾點：在經濟蕭條時他們必須接受減少工作時間的決定；要接受工作調換的決定；有時甚至為了維持每週30小時的最低工作量，而不得不調整到一個報酬更低的崗位上。

　　林肯電氣公司極具成本和生產率意識，如果工人生產出一個不符合標準的部件，那麼除非這個部件修改至符合標準，否則這個產品就不能計入該公司的工資中。嚴格的計件制度和高度競爭型的績效評估系統，形成了一種很有壓力的氛圍，有些工人還因此產生了一定的焦慮感，但這種壓力有利於生產率的提高。據該公司的一位管理者估計，與國內的競爭對手相比，林肯電氣公司的總體生產率是他們的兩倍。自20世紀30年代經濟大蕭條以後，公司年年獲利豐厚，沒有缺過一次分紅。該公司還是美國工業界中工人流動率最低的公司之一。該公司的兩個分廠甚至還被《財富》雜誌評為全美十家管理企業。

　　問題：
　　你怎麼看待林肯電氣公司的激勵制度的？

第一節　激勵概述

一、激勵過程與激勵模式

所謂激勵，是指人類活動的一種內心狀態。它具有加強和激發動機、推動並引導行為朝向預定目標的作用。一切內心要爭取的條件，包括慾望、需要、希望、動力等構成了對人的激勵。

心理學家一般認為，人的一切行為都是由動機支配的，動機是由需要引起的，行為的方向是尋求目標、滿足需要。動機是人們付出努力或精力去滿足某一需要或達到某一目的的心理活動。動機的根源是人內心的緊張感，這種緊張感是因人的一種或多種需要沒有得到滿足而引起的。動機驅使人們向滿足需要的目標前進，以消除或減輕內心的緊張感。

激勵過程就是一個由需要開始，到需要得到滿足為止的連鎖反應。當人產生需要而未得到滿足時，會產生一種緊張不安的心理狀態，在遇到能夠滿足需要的目標時，這種緊張不安的心理就轉化為動機，並在動機的驅動下向目標努力。目標達到後，需要得到滿足，緊張不安的心理狀態就會消除。隨後，又會產生新的需要，引起新的動機和行為。這就是激勵過程。可見，激勵實質上是以未滿足的需要為基礎，利用各種目標激發動機，驅使和誘導行為，促使實現目標，提高需要滿足程度的連續心理和行為過程。整個過程如圖7-1所示。

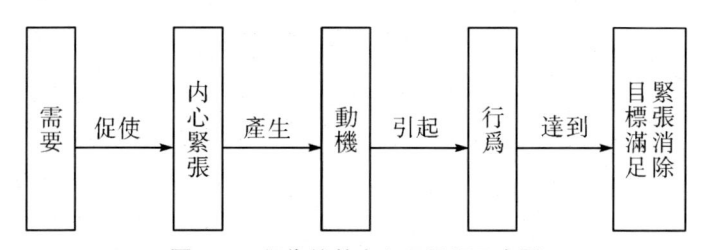

需要 →促使→ 內心緊張 →產生→ 動機 →引起→ 行為 →達到→ 目標滿足緊張消除

圖7-1　行為的基本心理過程示意圖

滿足人們需要的目標，並非每次都能實現。在需要沒有得到滿足、目標沒有實現的情況下，人會產生挫折感。所謂挫折，是指人們在通向目標的道路上所遇到的障礙。對挫折的反應是因人而異的。根據心理學家的研究，當一個人遇到挫折時，他可能會採取一種積極適應的態度，也可能會採取一種消極防範的態度。一般來講，最常見的防範態度有：撤退、攻擊、取代、補

償、抑制、退化、投射、文飾、反向、固執等。總之，人們在遇到挫折時，心理上和生理上的緊張狀態是不能持續下去的，自身會採取某種防範措施，以緩解或減輕這種緊張狀態。

上述激勵過程也可以歸納成圖7-2所示的激勵模式。

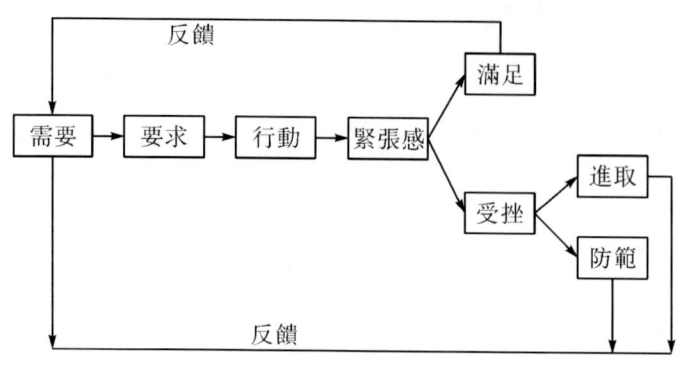

```
                          反饋
    ┌──────────────────────────────────────┐
    │                              ┌─→ 滿足
    ↓                              │
  需要 → 要求 → 行動 → 緊張感 ─────┤        ┌─→ 進取
                                   │        │
                                   └─→ 受挫 ┤
                                            │
                                            └─→ 防範
    ↑                                        │
    └────────────────反饋─────────────────────┘
```

圖7-2　激勵模式

二、激勵的作用

激勵作為一種內在的心理活動過程或狀態，雖不具有可以直接觀察的外部形態，但可以通過行為的表現及效果對激勵的程度加以推斷和測定。由於人們的行為表現和行為效果很大程度上取決於他們所受到的激勵程度和激勵水準，所以，激勵水準越高，人們的行為表現就越積極，行為效果也就越大。

現代管理高度重視激勵問題，並把它視為管理的主要職能之一。一個管理者如果不懂得怎樣去激勵員工，是無法勝任其工作的。激勵在組織管理中具有十分重要的作用。

1. 有助於激發和調動員工的積極性

積極性是員工在工作時一種能動的自覺的心理和行為狀態，這種狀態可以促使員工智力和體力得到充分的釋放，並出現一系列積極的行為，如提高勞動效率、超額完成任務、良好的服務態度等。美國哈佛大學心理學家威廉·詹姆士在對員工的研究中發現，按時計酬的員工其能力僅能發揮20%~30%；而受到激勵的員工，由於思想和情緒處於高度激發狀態，其能力可以發揮到80%~90%。這就是說，同樣一個人，在受到充分激勵後所發揮的作用相當於激勵前的三四倍。

2. 有助於將員工的個人目標與組織目標統一起來

個人目標及個人利益是員工行為的基本動力，它們與組織的目標有時是一致的，有時是不一致的。當二者發生背離時，個人目標往往會干擾組織目

標的實現。激勵的功能以個人利益和需要的滿足為前提，誘導員工把個人目標統一於組織的整體目標，激發和推動員工為完成工作任務做出貢獻，從而促使個人目標與組織整體目標的共同實現。

3. 有助於增強組織的凝聚力，促進組織內部各組成部分的協調統一

任何組織都是由各個個體、工作群體及各種非正式群體組成的有機結構。為保證組織整體能夠有效、協調地運轉，除了必需的良好的組織結構和嚴格的規章制度外，還需運用激勵的方法，分別滿足員工的物質、安全、尊重、社交等多方面的需要，以鼓舞員工士氣、協調人際關係，進而增強組織的凝聚力和向心力，促進各部門、各單位之間的密切協作。

第二節　激勵理論

自 20 世紀二三十年代以來，國外許多管理學家、心理學家和社會學家從不同的角度對怎樣激勵人的問題進行了深入的研究，並提出了相應的激勵理論。通常我們把這些激勵理論分為三大類：內容型激勵理論、過程型激勵理論和行為改造型激勵理論。

一、內容型激勵理論

需要和動機是推動人們行為的原因。內容型激勵理論是著重研究需要的內容和結構及其如何推動人們行為的理論。其中有代表性的理論有：需要層次理論、雙因素理論和成就需要激勵理論等。

1. 需要層次理論

需要層次理論是美國著名心理學家和行為學家亞伯拉罕·馬斯洛提出來的。他認為，人是有需要的「動物」，需要產生了人們的動機，需要是激勵人們工作的因素。馬斯洛把人類的需要歸為五大類，這些需要之間相互緊密聯繫。需要層次理論按照需要的重要性及其先後順序排列成人的需要層次圖，如圖 7-3 所示。

從圖 7-3 可以看出：

第一層次的需要是生理需要。這是維持人類自身生命的基本需要，如食物、水、衣著、住所和睡眠。馬斯洛認為，在這些需要還沒有得到滿足之前，其他的需要都不能起到激勵的作用。

第二層次的需要是安全需要。這是有關人類避免危險的需要。如生活要得到基本保障，避免人身傷害，不會失業，生病和年老時有所依靠，等等。

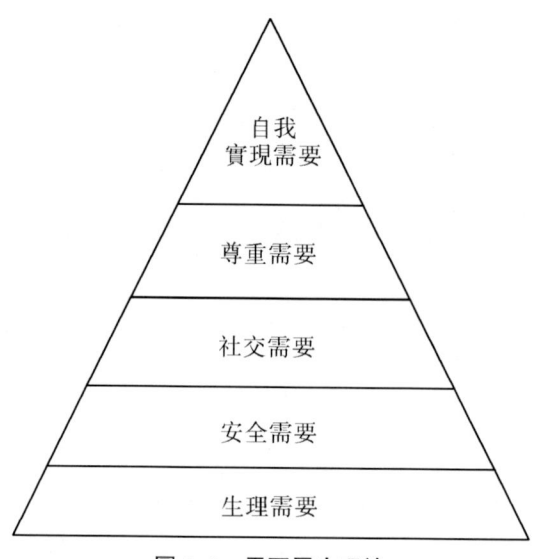

```
        自我
       實現需要
      ─────────
        尊重需要
      ─────────
        社交需要
      ─────────
        安全需要
      ─────────
        生理需要
```

圖 7-3　需要層次理論

第三層次的需要是社交需要。當生理及安全需要得到相當的滿足後，友愛和歸屬方面的需要便占據主要地位。因為人是感情動物，願意與別人交往，希望與同事保持良好的關係，希望得到別人的友愛，以使自己在感情上有所寄托和歸屬。總之，人們希望歸屬於一個團體以得到關心、愛護、支持、友誼和忠誠，並為達到這個目的而積極努力。雖然友愛和歸屬的需要比前兩種需要更難滿足，但對大多數人來說，這是一種更為強烈的需要。

第四層次的需要是尊重需要。根據馬斯洛的理論，人們一旦滿足了歸屬的需要，就會產生尊重的需要，即自尊和受到別人的尊重。自尊意味著在現實環境中希望有實力、有成就、能勝任和有信心，以及要求獨立和自由；受人尊重是指要求有名譽或威望，並把它看成別人對自己的尊重、賞識、關心、重視或高度評價。自尊需要的滿足使人產生一種自信的感情，覺得自己在這個世界上有價值、有實力、有能力、有用處。而這些需要一旦受挫，就會使人產生自卑感、軟弱感、無能感。

第五層次的需要是自我實現需要。馬斯洛認為，在他的需要層次理論中，這是最高層次的需要。它具體是指一個人需要從事自己最適宜的工作，發揮最大的潛力，實現自己所希望的目標等。如科學家、藝術家等往往把自己的工作當作是一種創造性的勞動，竭盡全力去做好它，並使自己從中得到滿足。

馬斯洛認為，一般的人都是按照這個層次從低級到高級，一層一層地去追求並使自己的需要得到滿足的。不同層次的需要不可能同時發揮激勵作用，在某一特定的時期內，總有某一層次的需要在起著主導的激勵作用。人類首

先是追求最基本的生理上的吃、穿、住等方面的需要。處於這一級需要的人們，基本的吃、穿、住就成為激勵他們的最主要的因素。一旦這一層次的需要得到滿足，那麼這一層次的需要就不再是人們工作的主要動力和激勵因素，人們就會追求更高一層次的需要。這時，如果管理者能根據各自的需要層次，善於抓住有利時機，用人們正在追求的那級層次的需要來激勵他們的話，將會取得極好的激勵效果。

2. 雙因素理論

弗雷德里克・赫茨伯格圍繞著馬斯洛的需要層次理論對人的需要進行了研究，提出了有名的雙因素理論。

20 世紀 50 年代後期，赫茨伯格等人採用「關鍵事件法」對他們所在地區的 9 個企業中的 203 名會計師和工程師進行了調查訪問，要求被訪者回答兩個問題：第一，什麼原因使你願意做你的工作？第二，什麼原因使你不願意做你的工作？通過調查，他們發現，對於本組織的政策、管理、監督系統、工作條件、人際關係、薪金、地位和職業安定以及個人生活所需等，如得不到基本的滿足會導致人們的不滿，如果得到滿足則沒有不滿。赫茨伯格把這類和工作環境或工作條件相關的因素稱為保健因素。而對於成就、賞識、艱鉅的工作以及工作中的成長、晉升、責任感等，如得到滿足則會給人們以極大的激勵，產生滿意感，有助於充分、有效、持久地調動人們的積極性。赫茨伯格把這類與工作內容緊密相連的因素稱為激勵因素。

赫茨伯格認為，保健因素不能直接起到激勵人們的作用，但能防止人們產生不滿情緒。作為管理者，首先必須確保滿足員工保健因素方面的需要。要給員工提供適當的工資和安全保障，改善他們的工作環境和條件；對員工的監督要能為他們所接受，否則，就會引起職工的不滿。但是，即使滿足了上述條件，也不能產生激勵效果，因此，管理者必須充分利用激勵方面的因素，為員工創造工作的條件和機會以及豐富的工作內容，加強員工的責任心，使其在工作中取得成就，得到上級和人們的賞識，這樣才能促使其不斷進步和發展。

赫茨伯格的雙因素理論與馬斯洛的需要層次理論大體上是相符的。他的保健因素相當於馬斯洛的較低層次的需要，而激勵因素則相當於中高層次的需要。當然，他們的具體分析和解釋是不同的。馬斯洛的需要層次理論與赫茨伯格的雙因素理論的比較如圖 7-4 所示。

赫茨伯格的研究在國外也有很多爭議。持批評意見的人認為，赫茨伯格的研究方法有局限性，因此對他所引申出來的結論表示懷疑。即便如此，並沒有人懷疑赫茨伯格為工作激勵研究所做出的實質性的貢獻。

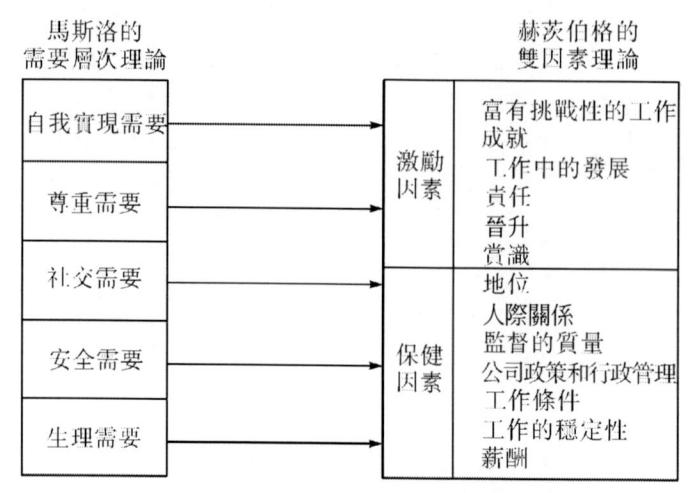

圖 7-4　馬斯洛與赫茨伯格的激勵理論對比

3. 成就需要激勵理論

20世紀50年代以來，美國哈佛大學心理學家戴維·麥克利蘭對成就需要這一因素做了大量的調查研究，提出了成就需要激勵理論。它主要研究生理需要得到基本滿足以後，人還有哪些需要。麥克利蘭認為，人們在生理需要得到滿足以後，還有三種基本的激勵需要：

（1）對權力的需要

具有較高權力欲的人對施加影響和控制表現出極大的關心。這樣的人一般會尋求領導者的地位，健談、好爭辯、直率、頭腦冷靜、善於提出要求、喜歡演講、愛教訓人等。

（2）對社交的需要

極需社交的人通常能從人際交往中得到快樂和滿足，並總是設法避免因被某個團體拒之門外而帶來的痛苦。作為個人，他往往喜歡保持一種融洽的社會關係，享受親密無間和相互諒解的樂趣，隨時準備安慰和幫助危難中的夥伴，並喜歡與他人保持友善的關係。

（3）對成就的需要

有成就需要的人對勝任工作和取得成功有強烈的要求，同時也非常擔心失敗。他們樂於接受挑戰，往往為自己樹立有一定難度但又不是高不可攀的目標。對風險他們採取現實主義的態度，不怕承擔個人責任；對正在進行的工作情況，他們希望得到明確而又迅速的反饋。他們一般喜歡表現自己。

二、過程型激勵理論

過程型激勵理論著重研究人們選擇其所要進行的行為的過程，即研究人們的行為是怎樣產生的，是怎樣向一定方向發展的，如何能使這個行為保持下去，以及怎樣結束行為的發展過程。它主要包括弗魯姆的期望理論和亞當斯的公平理論。

1. 期望理論

期望理論是美國心理學家弗魯姆於 1964 年在《工作與激勵》一書中提出來的。它是通過考察人們的努力行為與其所獲得的最終獎酬之間的因果關係，來說明激勵過程的理論。這種理論認為，當人們有需要，又有達到目標的可能時，其積極性才會高。激勵水準取決於期望值和效價的乘積：

M（Motivation）＝E（Expectancy）·V（Valence）

即激勵水準的高低＝期望值×效價

激勵水準的高低，表明動機的強烈程度，被激發的工作動機的大小，也就是為達到高績效而努力的程度。

期望值是指員工對自己的行為能否導致所想得到的績效和目標（獎酬）的主觀概率，即主觀上估計達到目標、得到獎酬的可能性。

效價是指員工對某一目標（獎酬）的重視程度與評價高低，即員工在主觀上認為這項獎酬的價值大小。

這個公式表明，激勵水準的高低與期望值和效價有密切的關係。效價越高，期望值越大，激勵水準就越高；反之，亦然。如果一個人對達到某一目標漠不關心，那麼效價是零。而當一個人寧可不要達到這一目標時，那麼效價為負，激勵水準當然為零。同樣期望值如果為零或負值時，一個人也就無任何動力去達到某一目標。因此，為了激勵員工，管理者應當一方面提高員工對某一成果的偏好程度，另一方面幫助員工實現其期望值。

2. 波特–勞勒模式

波特和勞勒以期望理論為基礎，引申出一個更為完善的激勵模式，並把它主要用於對管理人員的研究中。

如圖 7-5 所示，努力的程度（即激勵的強度和發揮出來的能力）取決於報酬的價值，以及他個人認為需做出的努力和獲得報酬的概率。但需做出的努力和實際得到報酬的可能性要受實際工作成績的影響。顯然，如果人們知道他們能做某件工作或者已經做過這樣的工作，他們就能更好地評價所需做出的努力，並更清楚地知道得到報酬的可能性。

一個人在一項工作中的實際業績（所做的工作或實現的目標）主要取決

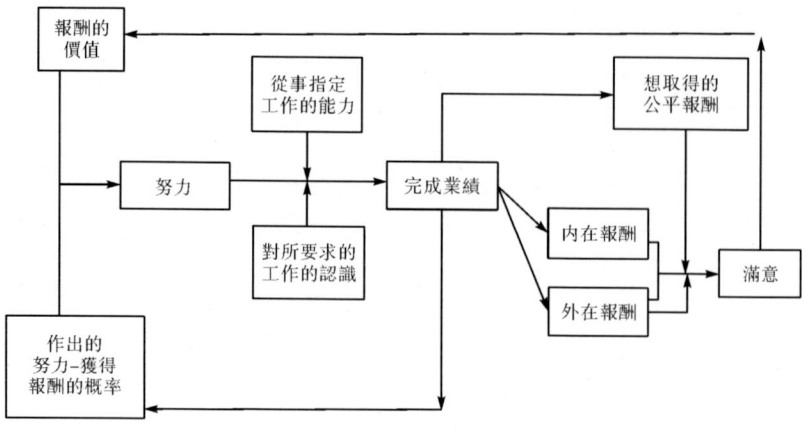

圖 7-5　波特-勞勒的激勵模式

於他所做出的努力。不過，實際業績在很大程度上也受這個人做該項工作的能力（知識和技能）和他對所做工作的理解力（對目標、所需進行的活動和有關任務的其他內容的理解程度）的影響。而工作成績又可以帶來內在報酬（如一種成就感或自我實現感）和外在報酬（如工作條件和身分地位）。而這些又和個人對公平的報酬的理解糅合在一起，從而給人滿足感。工作成績的大小也會影響到個人想取得的公平報酬。

從波特-勞勒的激勵模式中可以看出，激勵不是一種簡單的因果關係。管理人員應該仔細評價他的報酬結構，並通過周密的規劃、目標管理以及由良好的組織結構所明確規定的職位和責任，將努力-業績-報酬-滿意這一連鎖關係融入整個管理系統。

3. 公平理論

公平理論又稱社會比較理論，是由美國心理學家亞當斯於 20 世紀 60 年代首先提出來的。亞當斯認為，激勵中的一個重要因素是個人的報酬是否公平。一個人對所得到的報酬是否滿意是通過公平理論來說明的，即個人主觀地將自己的投入（如努力、經濟、教育等許多因素）同別人相比，看自己的報酬是否公平或公正。

在一個組織裡，大多數人往往喜歡與他人進行比較，並對公平與否作出判斷。從某種意義上說，工作動機激發的過程，實際上就是人與人之間進行比較、判斷並據以指導行動的過程。如果人們覺得自己所獲得的報酬不公平，就可能產生不滿，降低產出的數量和質量，或者離開這個組織；如果人們覺得自己所獲得的報酬是公平的，他們就可能繼續在同樣的產出水準上工作；如果人們認為自己所獲得的報酬比公平的報酬要多，人們就可能會更加努力

地工作。這三種情況如圖 7-6 所示。

　　值得指出的是，員工對某些不公平感可以忍耐一時，但是時間長了，一樁不明顯的小事也會引起員工強烈的反應。例如，一個員工因受到了批評而很生氣，並且決定辭去這個工作，其中真正的原因也許並不是他受了批評，而是由於同別人相比，長期以來給他個人的報酬是不公平的。

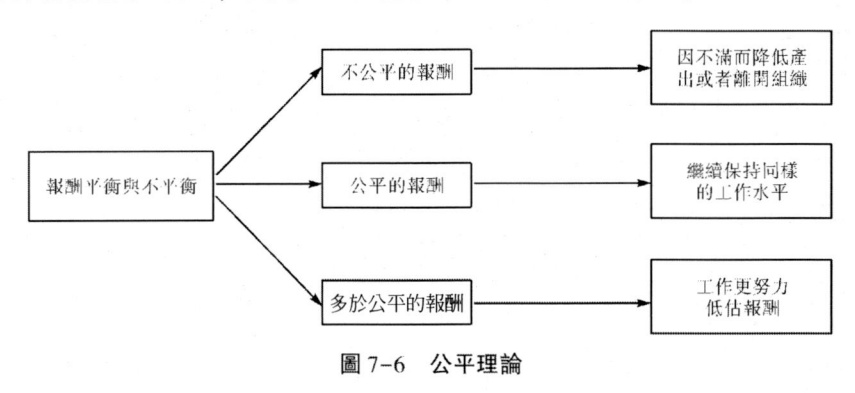

圖 7-6　公平理論

三、行為改造型激勵理論

　　行為改造型激勵理論是一種主要研究如何改造和修正人的行為，變消極為積極的理論。該理論認為，當行為的結果有利於個人時，行為會重複出現；反之，行為則會削弱或消退。這種理論主要包括強化理論和歸因理論。

1. 強化理論

　　強化理論是由美國心理學家斯金納首先提出來的。該理論認為，人的行為因外部環境的刺激而調節，也因外部環境的刺激而控制，改變刺激就能改變行為。強化是指通過不斷改變環境的刺激因素來達到增強、減弱或消除某種行為的過程。主管人員可以採用四種強化類型來改變下屬的行為：

（1）積極強化

　　在積極行為發生後，管理者立即用物質或精神的鼓勵來肯定這種行為。在這種刺激作用下，個體會感到這種行為對自己很有利，從而增加以後的行為反應的頻率，這就是積極強化。通常積極強化的因素有獎酬，如表揚、贊賞、增加工資、發獎金及獎品、分配有意義的工作等。

（2）消極強化

　　消極強化，又稱逃避性學習。能夠避免產生個人所不希望的刺激的強化，叫作消極強化。如員工努力工作是為了避免不希望得到的結果，如不挨上級的批評，這就是消極強化。

(3) 懲罰

在消極行為發生以後，管理者採取適當的懲罰措施，以減少或消除這種行為，就叫作懲罰。

(4) 自然消退

當某種管理者不希望看到的行為發生後，管理者視而不見、聽而不聞，既不進行積極強化，也不給當事者以懲罰，那麼員工可能會感到自己的行為得不到承認，這個行為慢慢地也就消失了。

主管人員可以根據下屬的行為情況不同而採用連續的或間歇的兩種不同的強化方式。連續強化是指對每次發生的行為都進行強化。間歇強化是非連續強化，它不是對每次發生的行為都進行強化。間歇強化有四種形式：固定間隔、可變間隔、固定比率、可變比率。間歇強化類型如圖7-7所示。

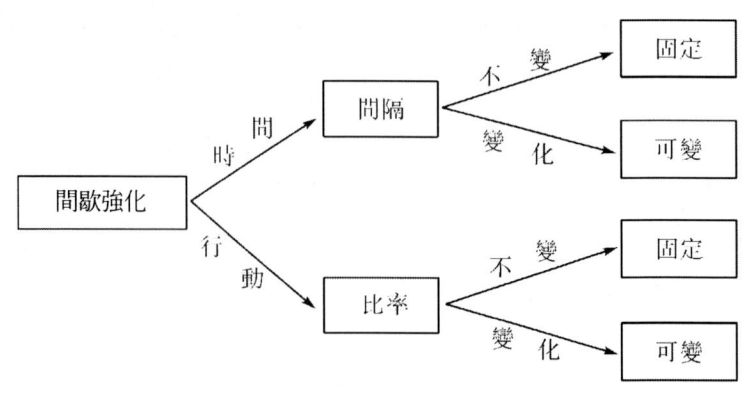

圖7-7　間歇強化類型示意圖

2. 歸因理論

歸因理論最初是在研究社會知覺的實驗中提出來的，之後隨著歸因問題研究的不斷深入，它逐漸被應用到管理領域之中。

目前，在管理領域，歸因理論主要研究兩方面的問題：一是對引發人們某一行為的因素作分析，看其應歸結為內部原因還是外部原因；二是研究人們獲得成功或遭受失敗的歸因傾向。

心理學家維納認為，人們把自己的成功和失敗主要歸結為四個因素：努力程度、能力、任務難度和機遇。這四個因素可以按照三方面劃分：

(1) 內部原因和外部原因。努力程度和能力屬於內部原因，而任務難度和機遇屬於外部原因。

(2) 穩定性。能力和任務難度屬於穩定因素，努力程度和機遇則屬於不穩定因素。

（3）可控性。努力程度是可控的，而任務難度和機遇則是不可控的。能力在一定條件下是不可控的，但人們可以提高自己的能力水準，在這個意義上能力是可控的。

歸因理論認為，人們把成功和失敗歸於何種因素，對以後的工作態度和積極性，進而對人們的行為和工作績效有很大的影響。例如，把成功歸於內部原因會使人感到滿意和自豪，歸於外部原因會使人感到幸運和感激。把失敗歸於穩定因素會降低以後工作的積極性，歸於不穩定因素可以提高工作的積極性等。

總之，利用歸因理論可以幫助管理者很好地瞭解下屬的歸因傾向，以便正確地指導和訓練下屬的歸因傾向，調動和提高下屬的積極性。

第三節　激勵的基本途徑與手段

在介紹了各種激勵理論之後，大家可能會問，它們對管理者有什麼重大意義？管理者又該如何利用這些理論去激勵員工呢？或者說管理者能夠採用的激勵手段和激勵方法有哪些呢？雖然激勵是如此的複雜且因人而異，也不存在唯一的最佳方案，不過還是可以找到一些基本的激勵手段和激勵方法的。

一、物質激勵

在物質激勵中，最突出的就是金錢的激勵。金錢雖不是唯一能激勵人的力量，但金錢作為一種很重要的激勵因素是不可忽視的。無論採取工資的形式，還是採取獎金、優先認股權、紅利等其他鼓勵性形式，金錢都是重要的因素。金錢是許多激勵因素的反應。金錢往往有比金錢本身更大的價值，它可能意味著地位和權力。金錢的經濟價值使其成為能滿足人們的生理需要和安全需要的一種重要手段；金錢的心理價值對許多人來講，也是滿足較高的社會需要和尊重需要的一種手段，它往往象徵著成功、成就、地位和權力。

對不同的人來講，金錢的激勵作用是有區別的。對那些需要撫養一個家庭的人來說，金錢是非常重要的；而對那些已經功成名就，在金錢的需要方面已不那麼迫切的人來說，金錢就不那麼重要。金錢是獲得最低生活標準的主要手段，這種標準隨著人們生活水準的提高而提高。對於某些人來說，金錢是極其重要的；而對另外一些人，金錢可能從來就不那麼重要。

當金錢被一個組織用作吸引和留住人才的手段，或當組織中各類管理人員的薪金收入大體相同時，金錢的激勵作用往往會有所削弱。

要使金錢成為一種有效的激勵手段，必須使薪金和獎金能夠反應出個人的工作業績，否則，即使支付了獎金，也不會有很大的激勵作用。並且，只有當預期得到的報酬遠遠高於目前的個人收入時，金錢才能成為一個強有力的激勵因素。

二、精神激勵

精神激勵與物質激勵往往是密不可分的，目前組織經常採用的精神激勵方法主要有：

1. 目標激勵法

目標是組織及其成員一切活動的總方向。組織目標有物質性的，如產量、品種、質量、利潤等；也有精神性的，如組織信譽、形象、文化等。

2. 環境激勵法

調查發現，如果一個組織中的員工缺乏良好的工作環境和心理氛圍，人際關係緊張，就會使許多員工不安心工作，造成人心思離；相反，如果組織是一個人人相互尊重、關心和信任的工作場所，員工群體人際關係融洽，就能激勵每個員工在組織內安心工作、積極進取。

3. 領導行為激勵法

有關研究表明，一個人在報酬引誘及社會壓力下工作，其能力僅能發揮60%，其餘的40%有待領導者去激發。

4. 榜樣典型激勵法

人們常說，榜樣的力量是無窮的。絕大多數員工都是力求上進而不甘落後的，有了榜樣，員工就會有方向、有目標，並從榜樣的成功經驗中得到激勵。

5. 獎勵、懲罰激勵法

獎勵是對員工某種良好行為的肯定與表揚，目的是使員工獲得新的物質上和心理上的滿足。懲罰是對員工某種不良行為的否定和批評，目的是使員工從失敗和錯誤中汲取教訓，以克服不良行為。獎勵和懲罰得當，有利於激發員工的積極性和創造性，所以有人把批評和懲罰看作一種負強化的激勵。

三、員工參與管理

所謂參與管理，是指讓員工不同程度地參與組織決策及各級管理工作的研究和討論。讓員工參與管理，可以使員工感受到上級主管的信任、重視和賞識，能夠滿足他們歸屬和受人賞識的需要，使他們認識到自己的利益同組織的利益及發展密切相關，從而增強責任感。同時，主管人員與下屬商討組

織發展問題，對雙方來說都是一個機會。事實證明，參與管理會使多數人受到激勵。參與管理既是對個人的激勵，又為組織目標的實現提供了保證。

目標管理是員工參與管理的一種很好的形式。目標管理鼓勵員工參與目標的制定工作，是一種在組織的政策或有關規定的限度內，由員工自己決定所要達到的目標的最佳方法。目標管理要求員工發揮自己的想像力，有創造性地工作，這可以使員工產生獨立感和參與感，激發他們完成目標的積極性。

合理化建議是員工參與管理的另一種形式。鼓勵員工積極提出改進工作和作業方法的建議，也能起到激勵作用。據美國的一家公司估計，該公司在生產率的提高方面只有20%得益於工人提出的建議，其餘80%來自技術的進步。但該公司的經理認為，如果把精力集中於那80%上就大錯特錯了。如果不是首先徵詢工人的建議並使整個公司在生產率問題上達成一致的認識，公司的生產率就絕不會有任何改變。

當然，鼓勵員工參與管理，並不意味著主管就可以放棄自己的職責。相反，主管人員必須在民主管理的基礎上，努力履行自己的職責，需要由主管決策的事情，主管必須決策。

四、工作豐富化

工作豐富化是一種有效的激勵方法，不僅適用於管理工作，也適用於非管理工作。工作豐富化和赫茨伯格的激勵理論有密切的關係，在這一理論中，諸如挑戰性、成就、賞識和責任等都被視為真正的激勵因素。工作豐富化的目的，是為員工提供富有挑戰性和成就感的工作。

1. 工作豐富化的方法

工作豐富化不同於工作內容的擴大。工作內容的擴大是企圖用工作內容多變的辦法，來消除因重複操作而帶來的單調乏味感。工作內容的擴大，只是增加了一些類似的工作，並沒有增強員工的責任感。工作豐富化則試圖使工作具有更高的挑戰性，它通過賦予工作多樣化的內容使其豐富起來。我們也可以用下列方法使工作豐富起來。

（1）在工作方法、工作程序和工作速度的選擇等方面給員工以更大的自由，或者讓他們自行決定接受還是拒絕某些材料或資料。

（2）鼓勵員工參與管理，鼓勵人們之間相互交往。

（3）放心大膽地任用員工，以增強其責任感。

（4）採取措施以確保員工能夠看到自己為工作和組織所做出的貢獻。

（5）最好是在基層管理人員得到反饋以前，把工作完成的情況反饋給員工。

（6）在改善工作環境和工作條件方面，如辦公室或廠房、照明和清潔衛生等，要讓員工參與並讓他們提出自己的意見或建議。

2. 增強工作豐富化激勵效果的措施

工作豐富化有其局限性，比如一些對技術水準要求比較低的職務，工作就難以做到豐富化。另外，在採用專用機器和裝配技術的情況下，要使所有工作都很有意義也是不大可能的。既然如此，那麼如何使工作豐富化卓有成效呢？下列措施可以使工作豐富化發揮更高水準的激勵作用。

（1）更好地瞭解員工需要什麼，做到有的放矢。研究表明，技術水準要求低的員工更需要工作穩定、工資報酬較高、廠規限制較少以及富有同情心、能體諒人的基層領導。而高層次的專業人員和管理人員，則不是工作豐富化的重點對象。

（2）管理人員要真正關心員工的福利，並讓員工感覺到管理人員正在關注他們。人們喜歡及時得到有關自己工作成績的反饋，獲得正確的評價和贊賞。

（3）人們願意參與管理，歡迎上級同他們商量問題並給予他們提出建議的機會。

（4）讓員工瞭解工作豐富化的主要目標及由此帶來的好處。

練習題

一、選擇題

1. 預先告知人們某種不符合要求的行為或不良績效可能引起的後果，允許人們通過按要求行事或避免不符合要求的行為來迴避一種令人不愉快的處境的激勵方式屬於（　　）。

  A. 積極強化　　　　　　B. 懲罰
  C. 消極強化　　　　　　D. 衰減

2. 被稱為激勵因素的有（　　）。

  A. 與工作環境或條件相關的因素
  B. 與工作內容相關的因素
  C. 與個人利益相關的因素
  D. 本組織的政策和管理、監督系統

3. 用雙因素激勵理論分析，下列因素中（　　）是激勵因素。

  A. 工資　　　　　　　　B. 工作安全性

  C. 工作富有成就感　　　　D. 工作環境

4. 側重於研究分配的相對合理性、公平性對職工工作積極性的影響的激勵理論是（　　）。

  A. 期望理論　　　　　　　B. 公平理論
  C. 雙因素激勵理論　　　　D. 需求層次理論

5. 以下哪種現象不能在需求層次理論中得到合理的解釋？（　　）。

  A. 一個饑餓的人會冒著生命危險去尋找食物
  B. 窮人很少參加排場講究的社會活動
  C. 在陋室中苦攻「哥德巴赫猜想」的陳景潤
  D. 一個生理需要占主導地位的人，可能因為擔心失敗而拒絕接受富有挑戰性的工作

二、名詞解釋

激勵　馬斯洛需求層次理論　期望理論　強化理論　環境激勵法

三、簡答題

1. 簡述激勵的概念。
2. 簡述激勵的原則。
3. 進行有效激勵有哪些主要要求？
4. 激勵有哪些主要手段和方法？
5. 簡述公平理論。

四、案例分析題

優秀員工為啥辭職

  助理工程師趙一，一個名牌大學高才生，畢業後工作已八年，於四年前調到一家大廠工程部負責技術工作，工作誠懇負責，技術能力強，很快就成為廠裡有口皆碑的「四大金剛」之一，名字僅排在廠技術部主管陳工之後。然而，其工資水準卻與倉管人員不相上下，夫妻小孩三口尚住在來時住的那間平房。對此，他心中時常有些不平。

  廠長張二，一個有名的識才的老廠長，「人能盡其才，物能盡其用，貨能暢其流」的名言，在各種公開場合不知被他引述了多少遍，實際上他也是這樣做了。四年前，趙一調來報到時，工廠門口用紅紙寫的「熱烈歡迎趙一工程師到我廠工作」幾個不凡的顏體大字，是張廠長親自吩咐人秘部主任落實

的，並且交代要把「助理工程師」的「助理」兩字去掉。這確實使趙一當時工作更賣力。

兩年前，廠裡有指標申報工程師，趙一屬於有條件申報之列，但名額卻被一個沒有文憑、工作平平的老員工占了。他想問一下廠長，誰知他未去找廠長，廠長卻先來找他了：「趙工，你年輕，機會有的是。」去年，他想反應一下工資問題，這問題確實重要，來這裡的其中一個目的不就是想得到高一點的工資、提高一下生活水準嗎？但是幾次想開口，都沒有勇氣講出來。因為廠長不僅在生產會上大誇他的成績，而且，有幾次外地人來取經時，張廠長總是當著客人的面贊揚他：「趙工是我們廠的技術骨幹，是一個有創新的⋯⋯」哪怕廠長再忙，路上相見時，總會拍拍趙工的肩膀說兩句，諸如「趙工，幹得不錯」「趙工，你很有前途」，這的確讓趙一興奮。「張廠長確實是一個伯樂」，此言不假，前段時間，他還把一項開發新產品的重任交給他呢，大膽起用年輕人，然而⋯⋯

最近，廠裡新建好了一批職工宿舍，聽說數量比較多，趙一決心要反應一下住房問題，誰知這次張廠長又先找他，還是像以前一樣，笑著拍拍他的肩膀：「趙一，我們有個組織希望你也來參加」他又不好開口了，結果家也沒有搬成。深夜，趙一對著一張報紙的招聘欄出神。第二天一早，張廠長辦公臺面上放著一張小紙條：張廠長，您是一個懂得使用人才的好領導，我十分敬佩您，但我決定走了。

思考題：
(1) 請談談張廠長在激勵員工的時候都採取了什麼方式。
(2) 請說說趙一為什麼會留書離職。
(3) 如果你是張廠長，你會採取什麼行動來挽留趙一？

第八章　溝通

導入案例

太平洋煤氣電力公司

　　1992 年，因受暴風雪的影響，加利福尼亞州整個北部地區的供電全部中斷。該公司以前一直採用播放錄音回答客戶詢問的方式介紹整個供電系統的狀況，如檢修人員在什麼地方、檢修工作要多長時間等。錄音的內容定期更換，反應事件發展變化的情況相當及時。然而，客戶還是不斷提出意見。之後，該公司改變了這種做法，開始由人工直接答覆客戶的電話。實際上，無論是反應情況的及時性，還是提供的具體信息，這些專職人員都比不上定期變換內容的錄音介紹。但是，該公司的這一做法受到了客戶的熱烈好評。客戶所感受到的現實是，值班人員回答時富有同情的口氣使顧客感到一點安慰，而這是錄音機所無法做到的。

　　問題：
　　你認為太平洋煤氣電力公司改善情況的原因是什麼？

第一節　溝通概述

一、溝通的特點

　　溝通以人際溝通為主要形式，其特點主要體現在以下三個方面：
　　1. 溝通受心理因素影響
　　由於人都具有愛與恨、喜好與厭惡等情感，並且人又具有豐富的想像力，因此，人們在進行交流的時候都會不由自主地受到這些情感及心理因素的支配，從而對溝通的效果產生很大的影響。首先，心理因素會影響信息發送者發送信息所選用的語言、表達方式、溝通形式。比如，當信息發送者對接受者有好感時，他會詳細、完整甚至不厭其煩地解釋需要傳遞的信息，反之，

則有可能生硬、模糊地傳遞信息。其次，心理因素也會影響信息接受者對信息的理解和把握。同樣一句話，在不同人的口中，在不同的場合，以不同的方式表達，會代表不同的信息，與此相對應的是，同樣一句話，不同的人會有不同的理解，其原因除了個人能力、水準、經驗等方面的差異外，主要是心理因素在起作用。所以，溝通不是簡單、機械式的語言傳遞，而是帶有豐富的感情色彩的人際交流。

2. 溝通有助於建立良好的人際關係

溝通既是信息傳遞過程又是感情交流過程。正因為溝通中人的心理因素會起作用，因此，伴隨信息傳遞產生的是人與人之間感情和思想的交流。如果溝通好，不僅有利於信息及時、準確、完整地傳遞，而且有利於人與人之間進行感情和思想的交流，建立良好的人際關係。這對組織來說具有十分重要的意義。因此，組織在建立溝通網絡、選擇溝通方式時，應十分注意溝通對情感交流、對人際關係創造所起的積極作用。

3. 溝通主要以語言為載體

人與人的交流中，語言是最基本的工具，這裡所說的語言包括口頭語言、書面語言，甚至可以是體語，如一個動作、一種手勢等。選擇何種語言進行溝通，對溝通的效果有直接影響，因此，選擇的形式要適當。例如，領導者下達一項指令，可以用文件形式，可以派秘書傳達，也可以親自傳達，其效果往往不一樣，領導者親自傳達，下級還可以從其體語如表情、語氣、動作等方面感受和判斷這一指令的意義。

二、溝通的過程

在信息溝通中，溝通的程序就是信息的發送者將要發送的信息通過一定的渠道傳送，信息的接受者在接到信息之後，對信息進行理解，並按接收到的信息採取行動，其中包括信息反饋。這個過程可分為如下五個步驟（見圖8-1）。

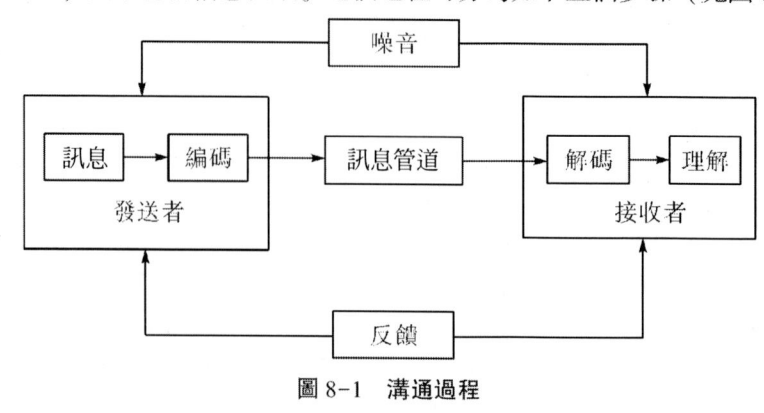

圖 8-1　溝通過程

1. 信息的發出

信息溝通過程是從信息的發出和發送開始的。發送者有某種意思或想法，但需要納入一定的形式才能傳送，此為編碼。編碼中常用的符號有語言、文字、圖片、照片、手勢等。編碼最常用的是口頭語言和書面語言，除此之外還有體語，即身體語言（如表情）和動作語言（如手勢）等，通稱為非語言因素，與之相對應，信息溝通可分為口頭溝通、書面溝通和非言語溝通三種。

2. 信息的傳遞

這是指通過一條連接信息發送者與接受者雙方的渠道、通道或路徑而將信息發送出去。傳送信息可以通過談話、演講、信函、報紙、電話、電視節目等來實現。不同的溝通渠道適用於傳遞不同的信息。比如，生產主管布置生產作業，使用報紙或電視節目傳遞信息顯然不合適。溝通過程有時需要兼用兩條甚至更多的溝通渠道。例如，面對面交談可以同時使用口頭語言和身體語言、動作語言；下級向上級匯報工作時，可以口頭匯報之後再提供一份書面材料。在現代通信技術迅速發展的今天，一條溝通渠道通常可以同時傳送多種形式的信息，例如，計算機網絡可以把語言、文字、圖像、數字等融合在一起傳送，這大大便利了複雜信息的傳送。同時也應注意到，信息傳送中的障礙經常會出現，例如電話中斷。溝通渠道選擇不當，或者溝通渠道超載，或者溝通手段本身出現問題等，都可能導致信息傳遞中斷、失真或根本無法傳送至接收者。

3. 信息的接收

信息的接收是指從溝通渠道傳來的信息，需要經過接收者接收之後，才能達到共同的理解。信息的接收包括接收、解碼和理解三個步驟。首先，收受信息的人必須處於接收準備狀態才可能收受傳來的信息。例如，某個員工外出辦事，隨身未帶通信工具，領導急需找他瞭解情況然而聯繫不上，就可能導致溝通失敗。其次為解碼，即將收到的信息符號理解、恢復為思想，然後用自己的思維方式去理解這一思想。只有當信息接收者對信息的理解與信息發送者傳遞出信息的含義相同或相近時，才可能產生正確的信息溝通。缺乏共同語言、先入為主和心理恐懼等，都可能導致接收者對信息產生錯誤的理解。另外，有些人在溝通時喜歡用專門術語和「行話」、簡稱，這往往會造成「外行人」在理解上的困難和障礙，造成溝通失敗，甚至產生嚴重後果。

4. 信息的反饋

為了檢查、核實溝通的效果，往往還需要有信息反饋。沒有反饋的溝通過程容易出現溝通失誤或失敗。反饋是指接收者把收到並理解了的信息返送給發送者，以便發送者對接收者是否正確理解了信息進行核實。在沒有得到

反饋以前，信息發送者無法確認信息是否已經得到有效的編碼、傳遞、解碼與理解。只有通過反饋，信息發送者才能最終瞭解和判斷信息的傳遞效果。但並不是所有的溝通都會伴隨著信息的反饋。我們將不出現信息反饋的溝通稱為單向溝通，出現了信息反饋的溝通稱為雙向溝通，即發送者與接受者發生了角色互換，信息的接收者變成了發送者，發送者則成了接收者。一般而言，我們將傳遞反饋信息的渠道稱為反饋渠道。自然，信息反饋過程中也同樣可能出現信息傳遞過程的障礙。

5. 噪音

噪音被認為是扭曲目標信息的因素，它會破壞溝通的有效性。所謂噪音是指一切干擾、混淆或模糊溝通的因素，它既包括來自溝通過程系統外在因素的影響，也包括系統內部功能上的擾動因素。例如，由於發送者、接收者自身的知識和能力不足，會造成對有效溝通的干擾等。噪音會發生在溝通過程的任意一個環節中。

三、溝通的原則

溝通具有社會性，與其他社會活動一樣，都有著必須依據的規則。只有溝通雙方都承認並尊重這些規則時，溝通才有可能協調、順利地進行。

1. 尊重原則

受尊重是人的高層次需要。心理學研究表明，人都有自尊心，都有受尊重的需要，都期望得到別人的認可、注意和欣賞。如果這種需要得到滿足，就會增強人的自信心和上進心；反之，則會使人失去自信，產生自卑感，甚至影響其人際交往。因此，在溝通中首先要遵循相互尊重的原則。

尊重原則要求溝通者講究言行舉止的禮貌，尊重對方的人格和自尊心，尊重對方的思想與言行方式。這裡既包括要善於運用禮貌用語，如稱呼語、迎候語、致謝語、致歉語、告別語、介紹語等，也包括遣詞造句的謙恭得體、恰如其分，如多用委婉徵詢的語氣，還包括平易近人、親切自然的態度。當然，對對方的尊重不僅僅表現在溝通形式上，更表現在溝通中所交流的信息和思想觀念上，要把對方放在平等的地位，以誠相待，摒棄偏見，要講真話。正如古人所說，要做到「以誠感人者，人亦誠而應」。

2. 相容原則

在溝通中難免會發生意見分歧，引起爭論，有時還會牽涉到個人、團體或組織的利益。如果事無大小，動輒就激昂動怒，以針尖對麥芒，則雙方心理距離就會越拉越大，正常的溝通就會轉化為失去理智的口角，這種後果顯然是與溝通的目的背道而馳的。因此，在溝通中心胸開闊、寬宏大量，把原

則性和靈活性結合起來，顯得至關重要。

只要不是原則性的重大問題，應力求以謙恭容忍、豁達超然的大家風度來對待各項工作中的分歧、誤會和矛盾，以謙辭敬語、詼諧幽默、委婉勸導等與人為善的方式來緩解緊張氣氛，消除隔閡。中國自古以來就將這種相容的品格視為立身處世的一種美德，君子應能「忍人所不能忍，容人所不能容，處人所不能處」。事實證明，溝通中得理且讓人，態度寬容、謙讓得體、誘導得法，會使溝通更加順暢並贏得對方的配合與尊重。

3. 理解原則

由於人們在社會上所處的地位各異，其人生經歷、思想觀念、性格愛好、心理需要、行為方式、利益關係等不同，所以在溝通中對同一事物常會表現出不同的看法、情感和態度，尤其在涉及自身利益的問題上，更會反應出從特定地位和立場出發的價值觀念與利益追求，因而必定會給溝通帶來許多複雜的矛盾和衝突。如果雙方缺乏必要的相互理解，各執一端，互不相讓，不僅會導致溝通失敗，還會影響雙方的感情，一切合作與互助就無從談起了。按照社會心理學的原理，理解原則首先是指溝通者要善於進行心理換位，嘗試站在對方的立場上設身處地地考慮和體會對方的心理狀態、需求、感受，以產生與對方趨向一致的共同語言。即使是最有效的發信者傳播最有效的信息內容，如果不考慮受信者的態度及條件，也不能指望獲得最大效果。另外，要耐心、仔細傾聽對方的意見，準確領會對方的觀點、依據、意圖和要求，這既可以表現出對對方的尊重和重視，也可以更加深入地理解對方。

第二節　溝通的基本類型

鑒於組織中的人都身居一定的職位，都處在上下左右的各種關係中，擔任一定的社會角色，並受到正式和非正式權力關係的影響，因此，對組織中發生的溝通方式可以從各種不同的角度進行分類。

一、人際溝通與組織溝通

人際溝通就是指人與人之間的信息傳遞與交流，它是群體溝通和組織溝通的基礎。從某種程度上說，組織溝通是人際溝通的一種表現和應用形式，有效的管理溝通是以人際溝通為保障的。

根據信息載體的不同，人際溝通可分為語言溝通和非語言溝通，如圖8-2所示。

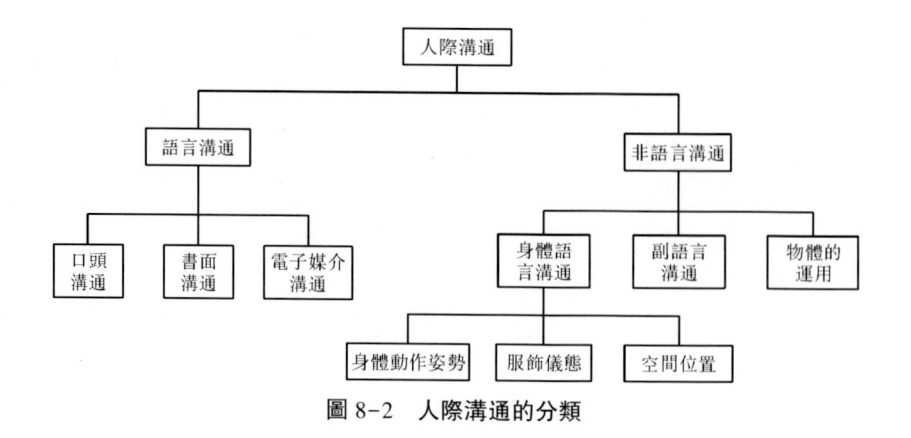

```
                      人際溝通
                         │
         ┌───────────────┴───────────────┐
       語言溝通                        非語言溝通
         │                                │
   ┌─────┼─────┐              ┌───────────┼───────────┐
  口頭   書面  電子媒介       身體語      副語言      物體的
  溝通   溝通   溝通          言溝通       溝通         運用
                                │
                       ┌────────┼────────┐
                    身體動作姿勢  服飾儀態  空間位置
```

圖 8-2　人際溝通的分類

　　組織中最普遍使用的語言溝通方式有口頭溝通、書面溝通和電子媒介溝通；非語言溝通主要是指利用身體語言及其他手段的溝通。下面我們對每一種方式進行簡要的介紹。

　　1. 口頭溝通

　　人們之間最常見的交流方式是交談，也就是口頭溝通。它的形式靈活多樣，包括交談、講座、討論會、辯論會、演講、打電話、QQ 聊天、傳聞等。

　　口頭溝通的優點是用途廣泛、信息量大、快速傳遞和快速反饋。在這種方式下，信息會在最短的時間裡被傳送出去，並在最短的時間裡得到對方的回覆。如果接受者對信息有疑問，迅速反饋可使發送者及時檢查其中不夠明確的地方並進行改正。

　　但是，當信息經過人傳送時，口頭溝通的主要缺點便會暴露出來。在此過程中，捲入的人越多，信息失真的潛在可能性就越大。每個人都以自己的方式解釋信息，當信息到達終點時，其內容常常與最初大相徑庭。如果組織中的重要決策僅僅通過口頭方式在權力金字塔中上下傳送，則信息失真的可能性相當大，有的時候反饋和核實也比較困難。

　　有關研究表明，知識豐富、自信、發音清晰、語調和善、有誠意、邏輯性強、有同情心、心態開放、誠實、儀表好、幽默、機智、友善等是發送者進行有效溝通的特質，將有助於增進溝通的效果。

　　2. 書面溝通

　　當所傳送的信息必須廣泛地向他人傳播或信息必須保留時，口頭溝通形式就無法替代報告、備忘錄、信函等書面文字形式的溝通了。書面溝通是以文字為媒體的信息進行的溝通，包括文件、報告、信件、書面合同、備忘錄、組織內發行的期刊、公告欄及其他任何傳遞書面文字或符號的手段。

　　書面溝通的優點是比較規範、信息傳遞準確度高、傳遞範圍廣、有據可

查、便於長期保存等。如果對信息的內容有疑問，過後的查詢是完全可能的。對於複雜或長期的溝通來說，這尤其重要。一個新產品的市場推行計劃可能需要好幾個月的大量工作，以書面方式記錄下來，可以使計劃構思者在整個計劃的實施過程中有一個參考。書面溝通的優勢來源於其過程本身。除個別情況外（如準備一個正式演說），書面語言比口頭語言考慮得更為周全，把東西寫出來會促使人們認真思考自己要表達的東西。因此，書面溝通顯得更為周密，邏輯性強，條理清楚。

當然，書面溝通也有自己的缺陷。書面溝通更為精確，但耗時也更多。同樣是1小時的員工素質測驗，通過口試傳遞的信息遠比筆試多很多。事實上，花費1個小時寫出來的東西往往只需10~15分鐘就能說完。書面溝通的另一個主要缺點是不能及時反饋。口頭溝通能使接受者對其所聽到的東西及時提出自己的看法，而書面溝通則不具備這種內在的反饋機制，其結果是無法確保所發生的信息能被接收到，即使被接收到，也無法保證接收者對信息的解釋正好是發送者的本意。

3. 電子媒介溝通

所謂電子媒介溝通，是指將包括圖表、圖像、聲音、文字等在內的書面語言性質的信息通過電子信息技術轉化為電子數據來進行信息傳遞的一種溝通方式或形式。它的主要特點和優勢是，可以將大量信息以較低成本快速地進行遠距離傳送。缺點是有時受技術因素影響較大，很多交流需要技術成本來支撐，需要具備一定的專業知識、操作技能才能進行。電子媒介溝通形式只存在於工業革命之後，即電子、信息技術得到人類認識和應用之後。按照電子數據採用的具體設施和工具、媒介不同，電子數據溝通又可細分為電話溝通、電報溝通、電視溝通、電影溝通、電子數據溝通、網絡溝通、多媒體溝通等七種主要形式。電話溝通又可細分為有線電話和無線電話溝通形式，或電話交談、電話會議、電話指令等多種形式。

4. 非語言溝通方式

一些極有意義的溝通既非口頭形式也非書面形式，如聲光信號、體態、語調等是通過非文字告訴我們信息。其優點是信息內涵豐富、含義比較靈活；缺點是傳遞距離有限、信息模糊，而且很多時候只可意會不可言傳。如培訓講師給員工培訓時，當看到員工們眼神無精打採或者有人開始翻閱報紙、接打手機時，無須語言說明便知員工已經厭倦了。同樣，當紙張沙沙作響、筆記本開始合上時，所傳達的信息意義也十分明確，該下課了。又如管理者所用的辦公室和辦公桌的大小以及其穿著打扮都向別人傳遞著某種信息。人們熟知的非語言溝通主要包括體態語言、語調和距離。

(1) 體態語言。體態語言包括手勢、面部表情、目光或靜態無聲的身體姿勢、空間距離及衣著服飾等其他身體動作形式。比如，課堂上學生們的眼神可以反應出他們對教師的教學理解與否；對於一位你沒興趣跟他交談但又出於禮貌不得不聽他與你閒聊的同事，你通常會採取向別處移動眼神或不耐煩地收拾桌上文件等體態語言來表示你不想繼續聽其談話的信息；一副咆哮的面孔所表示的信息顯然與微笑不同。手的動作、面部表情及其他姿態能夠傳達諸如攻擊、恐懼、傲慢、愉快、憤怒等情緒或感情。

(2) 語調。語調是指個體對詞彙或短語的強調。下面我們舉例說明語調如何影響信息。假設員工問經理一個問題，經理反問道：「你這是什麼意思？」反問的聲調不同，員工的反應也就不同。輕柔平和的聲調和刺耳尖利、重音放在最後一詞所產生的意義完全不同。大多數人會覺得第一種語調表明某人在尋求更清楚的解釋，而第二種語調則表明此人的攻擊性和防衛性。

(3) 距離。距離是指人與人交往過程中彼此之間空間的遠近。研究表明，距離是一種無聲的語言，在管理過程中，人與人之間距離的遠近所表示的含義不相同，心理距離越近，交往的空間距離也就越近。因此，管理者要善於利用距離來進行有效的溝通。

任何口頭溝通都包含了非語言信息，這一事實應引起極大的重視。這是因為，非語言要素有可能給溝通造成極大的影響。研究者發現，在口頭交流中，信息的55%來自面部表情和身體姿態，38%來自語調，而僅有7%來自真正的詞彙。我們都知道動物是對我們怎麼說做出反應的，而不是對我們所說的內容做出反應，人類與此並無太大差異。

當今時代，我們依賴於各種各樣複雜的電子媒介傳遞信息。除了極為常見的媒介（報紙及雜誌）之外，我們還擁有電視、電話、廣播、計算機、公共郵寄系統、靜電複印機、傳真機等。將這些設備與言語和紙張結合起來就產生了更有效的溝通方式。其中，發展最快的應該是電子郵件了。只要計算機之間通過網絡相連接，個體就可以通過計算機迅速傳達書面信息。存儲在接受者終端的信息可供接受者隨時閱讀。電子郵件迅速而廉價，並可以同時將一份信息傳遞給多人，它的其他優缺點與書面溝通相同。

二、正式溝通與非正式溝通

組織溝通是指在組織內部進行的信息交流、聯繫和傳遞活動。在一個組織內部，既存在著人與人之間的溝通，也存在著部門與部門之間的溝通。作為管理者，除了要搞好人際溝通之外，還應關心部門間的溝通問題。良好的組織溝通是疏通組織內外部渠道、協調組織內外部關係的重要條件。由於組

織中人們各自有不同的角色，並且受到權力系統的制約，因而組織內部的溝通比單純的人際溝通更為複雜。

組織既是一個由各種各樣的人所組成的群體，又是一個由充當著不同角色的組織成員所構成的整體。在一個組織中，既有正式的人際關係，又有正規的權力系統。因此，組織溝通可分為兩大類：正式溝通和非正式溝通。

1. 正式溝通

正式溝通就是按照組織設計中事先規定好的結構系統和信息系統的路徑、方向、媒體等進行的信息溝通，如組織之間的信函來往、文件、召開會議、上下級之間的定期情報交換以及組織正式頒布的法令、規章、公告等。其優點主要是，正規、嚴肅、富有權威性；參與溝通的人員普遍具有較強的責任心和義務感，從而容易保持所溝通信息的準確性及保密性。其缺點主要是，對組織機構依賴性較強，造成溝通速度遲緩、溝通形式刻板，存在信息失真或扭曲的可能性；由於缺乏靈活性，信息傳播範圍也受到限制，傳播速度比較慢。

2. 非正式溝通

非正式溝通是指正式組織途徑以外的信息溝通方式。企業除了正式溝通外，需要並且客觀上存在著非正式溝通。這類溝通主要是通過個人之間的接觸以小道消息傳播方式來進行。它一方面滿足了員工的需求，另一方面彌補了正式溝通的不足，帶有一種隨意性和靈活性，並沒有一種固定的模式或方法，但它要求管理人員要在日常人際交往活動中把握分寸，適時溝通，相互交流思想，減少心理上的隔閡，這也是對管理人員更高層次的要求。非正式溝通的主要功能是傳播員工（包括管理人員和非管理人員）所關心的與他們有關的信息，它取決於員工的個人興趣和利益，與企業正式與否無關。非正式溝通的優點是，速度快，形式不拘，效率高，而且能夠滿足員工的社會需要；它的缺點是，難以控制，信息容易失真，容易導致拉幫結派，影響組織的凝聚力和人心的穩定。與正式溝通相比，非正式溝通有下列五個特點：

（1）非正式溝通信息交流速度較快。由於這些信息與員工的利益相關或者是員工比較感興趣的問題，其信息內容要比一般正式溝通更容易讓員工知道，信息傳播速度大大加快。

（2）非正式溝通的信息比較準確。據研究，它的準確率高達95%。一般來說，非正式溝通中信息的失真主要來源於形式上的不完整，但並不是提供無中生有的謠言。人們常常把非正式溝通與謠言混為一談，這是缺乏根據的。

（3）非正式溝通可以滿足員工的需要。由於非正式溝通不是基於管理者的權威，而是出於員工的願望和需要，因此，這種溝通常常是積極的、卓有

成效的，並且可以滿足員工的安全需要、社交需要、尊重需要。

（4）非正式溝通效率較高。非正式溝通一般是有選擇地、針對個人的興趣傳播信息，正式溝通則常常將信息傳遞給本不需要它們的人。如企業管理人員的辦公桌上往往堆滿了一大堆毫無價值的文件就是證明。

（5）非正式溝通有一定的片面性。非正式溝通中的信息常常被誇大、曲解，因而需要慎重對待。

總之，與正式溝通相比，非正式溝通具有彈性，只要時間許可，彼此隨時都可進行信息交流，而且也可隨時結束信息交流。非正式溝通打破了層級界限，不受層級影響，不受時空限制，信息的發送者與接收者居於平等的地位，溝通時不易感受到壓力的存在。它可以彌補正式溝通的不足，可以收集到正式溝通以外的信息，協助組織改進，可以澄清正式溝通的信息，避免信息遭到曲解或誤解，可以獲取組織成員對於政策的反應，提供給決策者參考，也可以增進成員互動的機會，促進組織成員的情感交流，還可以提供組織成員發洩其不滿的渠道，協助成員進行情緒管理。

但非正式溝通也有其負面影響，主要有：散布錯誤信息，以訛傳訛，製造組織內部矛盾，影響團隊士氣；容易造成組織革新的阻力，阻礙組織的進步與發展；信息不易澄清，導致人際關係緊張與猜忌；等等。總之，非正式溝通猶如一把雙刃劍，善用之則可增強組織的效能，否則反之。因此，身為組織的領導者，為發揮良好的溝通效果，應該學習整合正式溝通與非正式溝通的功能，以幫助組織的改進與發展。

對非正式溝通的管理方面，首先要對非正式溝通進行引導，發揮它的積極作用。比如，作為一個領導者，要瞭解下情，可以隱蔽自己的身分直接融入實踐中，這就是傳統的「微服私訪」。其次，還要加強對信息的辨別能力，中國有句俗話叫「無風不起浪」，有時小道消息是有一定依據的；但另一些時候，小道消息可能是出於一些人的惡意，故意擾亂局面，這個時候就應加強對信息的辨別，以防止虛假信息對決策的影響。最後，應正確對待不利於組織的信息，對於這種信息要迅速收集，並採取有力措施加以控制，最好的辦法就是用真實的信息跟它加以比較。真實的信息一出，謠言自然不攻自破。

三、下行溝通與上行溝通

按照組織內部信息溝通流向可將溝通分為下行溝通和上行溝通。

1. 下行溝通

下行溝通即自上而下的溝通，指管理者通過向下溝通的方式傳送各種指令及政策給組織的下層。其中的信息一般包括：有關工作的指示；工作內容

的描述；員工應該遵循的政策、程序、規章等；有關員工績效的反饋；希望員工自願參加的各種活動等。下行溝通渠道的優點是，它可以使下級主管部門和團體成員及時瞭解組織的目標和領導意圖，增加員工對所在團體的向心力與歸屬感。它也可以協調組織內部各個層次的活動，加強組織原則和紀律性，使組織機器正常運轉下去。其缺點是，如果這種渠道使用過多，會在下屬中造成高高在上、獨裁專橫的印象，使下屬產生心理抵觸情緒，影響團體的士氣。此外，由於來自最高決策層的信息需要經過層層傳遞，容易被耽誤、擱置，有可能出現信息曲解、失真的情況。

常見的下行溝通方式有工作指示、談話、會議紀要、廣播、年度報告、政策陳述、程序、手冊和公司出版物等。其通常的表現形態是，在組織職權層級鏈中，信息由高層次成員向低層次成員流動，如上級向下級發布各種指令、命令、指導文件和規定等。這種自上而下的溝通在實行專制式領導的組織中尤為突出。

2. 上行溝通

上行溝通即自下而上、點面結合的溝通，是指在組織職權層級鏈中信息由下層向上層流動。如下級向上級提出自己的意見和建議；組織成員和基層管理人員通過一定的渠道與管理決策層所進行的信息交流等。它通常存在於參與式或民主式領導的組織環境中。

上行溝通有兩種表達形式：一是層層傳遞，即依據一定的組織原則和組織程序逐級向上反應；二是越級反應，這指的是減少中間層次，讓決策者和團體成員直接對話。上行溝通的優點是：員工可以直接把自己的意見向領導反應，獲得一定程度的心理滿足；管理者也可以利用這種方式瞭解企業的經營狀況，與下屬形成良好的關係，提高管理水準。上行溝通的缺點是：在溝通過程中，因級別不同而產生心理距離，形成一些心理障礙；下屬因害怕「穿小鞋」、受打擊報復而不願反應意見。同時，向上溝通常常效率不佳。有時，由於特殊的心理因素，信息經過層層過濾而被曲解，就會出現適得其反的結果。

常見的上行溝通方式有設置意見箱、做報告、匯報會、接待日、信訪制等。

相比較而言，向下溝通比較容易，居高臨下，甚至可以利用廣播、電視等通信設施；向上溝通則困難一些，它要求基層領導深入實際，及時反應情況，做細緻的工作。一般來說，傳統的管理方式偏重於向下溝通，管理風格趨於專制；而現代管理方式則是向下溝通與向上溝通並用，強調信息反饋，增加員工參與管理的機會。

四、單向溝通與雙向溝通

按照是否執行反饋，溝通可分為單向溝通和雙向溝通。

1. 單向溝通

單向溝通是指沒有信息反饋的溝通。單向溝通比較適合下列四種情況：

（1）問題較簡單，但時間較緊；

（2）下屬易於接受解決問題的方案；

（3）下屬沒有解決問題的足夠信息，在這種情況下，反饋不僅無助於澄清事實反而容易混淆視聽；

（4）上級缺乏處理負反饋的能力，容易感情用事。

2. 雙向溝通

雙向溝通是指有反饋的溝通，即信息發送者和接受者之間相互進行信息交流的溝通。從時間上看，雙向溝通比單向溝通需要更多時間；從準確程度上看，雙向溝通中接受者能夠理解的信息和對發送者理解的準確程度會大大提高；從可信程度上看，在雙向溝通中，溝通雙方對溝通的內容都比較信任；從滿意程度上看，接受者比較滿意雙向溝通，而發送者更傾向於使用單向溝通；從影響方式上看，由於與問題無關的信息容易進入溝通渠道，所以雙向溝通的噪音要比單向溝通的大得多。雙向溝通比較適合下列四種情況：

（1）時間比較充裕，但問題比較棘手；

（2）下屬對解決方案的接受程度至關重要；

（3）下屬能提供有價值的信息和建議；

（4）上級習慣於雙向溝通，並且能夠有建設性地處理負反饋。

五、橫向溝通與斜向溝通

1. 橫向溝通

橫向溝通是水準方向的溝通，也稱平行溝通，是指組織結構中處於同一層級的人員或部門間的信息溝通。在組織中，平行溝通又可具體劃分為四種類型：一是組織決策階層與工會系統之間的信息溝通；二是高層管理人員之間的信息溝通；三是組織內各部門之間的信息溝通與中層管理人員之間的信息溝通；四是一般員工在工作和思想上的信息溝通。

平行溝通具有很多優點：第一，它可以使辦事程序、手續簡化，節省時間，提高工作效率。第二，它可以使組織各個部門之間相互瞭解，有助於培養整體觀念和合作精神，克服本位主義傾向。第三，它可以使職工之間互諒互讓，培養組織成員之間的友誼，滿足成員的社會需要，使成員提高工作興

趣，改善工作態度。其缺點表現在：平行溝通頭緒過多，信息量大，易造成混亂；此外，平行溝通尤其是個體之間的溝通也可能成為職工發牢騷、傳播小道消息的一個途徑，從而造成渙散團體士氣的消極影響。

2. 斜向溝通

斜向溝通，也稱交叉溝通，是指信息在處於不同組織層次的沒有直接隸屬關係的人員或部門間的溝通。它時常發生在職能部門和直線部門之間，如當人事部門的一位主管直接與生產部門經理聯繫時，他所採取的就是斜向溝通。斜向溝通的目的是為了加快信息的傳遞，但為了盡量減少它對組織的等級鏈的影響，斜向溝通也常常伴隨著下行溝通或上行溝通。橫向溝通和斜向溝通往往具有業務協調作用。

六、信息溝通網絡

信息溝通網絡指的是信息流動的通道，是由若干環節的溝通路徑所組成的總體結構。組織中的許多信息通常都需要經由多個環節傳遞才能到達最終接收者。如果不能在組織內部建立良好的信息傳遞網絡，信息就很難在多人之間進行有效的交流。信息流動的通道是多種多樣的，如組織之間的公函來往以及組織內部的文件傳達、召開會議、上下級之間的工作匯報等。

其實，在正式組織環境中，信息溝通網絡錯綜複雜，一般是多種模式的綜合，具體表現為以下五種溝通形態，即鏈式、環式、Y式、全通道式和輪式（如圖8-3所示）。

（1）鏈式溝通。鏈式溝通是指信息在組織成員之間只能從一個人到另一個人，將信息進行單線順序溝通的網絡狀態。在一個溝通群體內，居於兩端的人只能與內側的一個成員聯繫，居中的人則可分別與兩端的人溝通信息。它的溝通渠道類似於一條雙向流水線。鏈式溝通的信息只能逐級傳遞，不能越過中間的一個溝通人而直接與不相鄰的人溝通。成員之間的聯繫面很窄，平均滿意度較低。信息層層傳遞、篩選，容易失真，最終一個環節所收到的信息往往與初始環節發送的信息差距很大。在一個組織系統中，它相當於一個縱向溝通網絡，代表組織的各級層次自上而下地傳遞信息。信息傳送速度與鏈條長短、各鏈節間距及各鏈節間傳送效率成正比。鏈條越長，各鏈節間間距越遠，各鏈節間傳送效率越低。這種網絡表示組織中主管人員與下級部屬之間存在若干管理者，屬於控制型結構。

（2）環式溝通。環式溝通可以看成鏈式溝通的一個封閉式控制結構，表示組織所有成員之間不分彼此地依次聯絡和傳遞信息。其中，每個人都可同時與兩側的人溝通信息，因此，大家地位平等，不存在信息溝通中的領導或

图 8-3　信息沟通网络

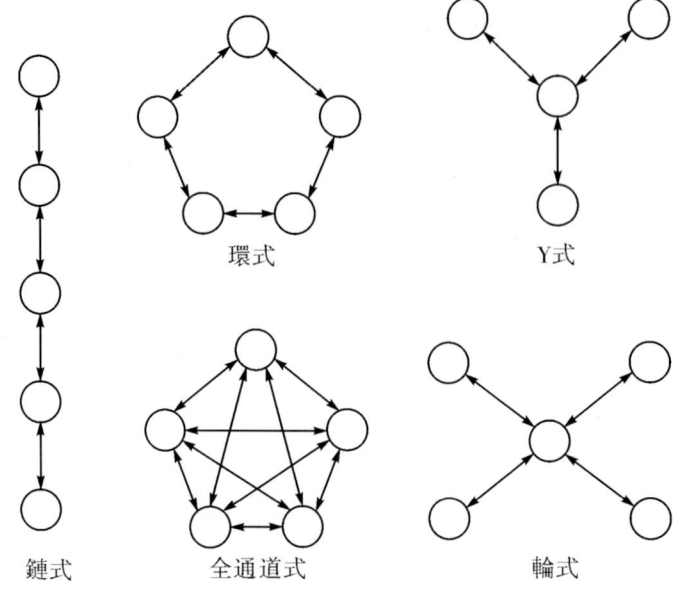

中心人物。在这个网络中，组织的集中化程度和领导人的预测程度都较低；信息流动通道不多，组织成员有比较一致的满意度，组织的士气高昂，但组织的集中化程度和领导人的预测程度较低，沟通速度慢，信息易于分散，难以形成中心。如果需要在组织中创造出一种向上昂扬的士气来实现组织目标，环式沟通是一种行之有效的方式。

　　（3）Y式沟通。这是一种纵向沟通网络，其中只有一个成员位于沟通的中心，成为沟通网络中拥有信息而具有权威感和满足感的人。其实在现实中我们常看到的是倒Y型网络形式，比如，主管、秘书和几位下属构成的倒Y型网络，就是秘书处于沟通网络中心地位的一个实例，由此我们不难理解为何秘书的职位并不高却常拥有相当大的权力。组织中的直线职能系统也是一种变形Y式网络，这一网络大体上相当于主管领导从参谋、谘询机构处收集信息和建议，形成决定后再向下级人员传达命令的这样一种信息联系方式。这种网络集中化程度高，较有组织性，信息传递速度快，组织控制较严格，它通常适用于领导者工作任务繁重，需要有人协助筛选信息、提供决策依据，同时又要对组织实行有效控制的情况。但这种网络容易导致信息扭曲或失真，沟通的准确性受到影响，组织成员间缺乏横向沟通，成员满意度较低，组织气氛不大和谐，从而影响组织成员的士气，阻碍组织提高工作效率。

　　（4）全通道式沟通。这是一个全方位开放式的网络系统，其中每个成员

之間都有不受限制的信息溝通與聯繫。採用這種溝通網絡的組織，集中化程度及主管領導的預測程度均很低。由於溝通通道多，組織成員的平均滿意程度高且差異小，所以士氣高昂，合作氣氛濃厚，有利於集思廣益，提高溝通的準確性，這對於解決複雜問題、增強組織合作精神、提高士氣均有很大作用。但由於溝通通道多，容易造成混亂，並且討論過程通常較長，信息傳遞費時，會影響工作效率。委員會方式的溝通就是全通道式溝通網絡的應用實例。

（5）輪式溝通。這種網絡中的信息是經由中心人物而向周圍多線傳遞的，因其結構形狀像輪盤而得名，也叫作輻射型溝通網絡。這屬於控制型溝通網絡，其中只有一個成員是各種信息的匯集點與溝通中心，溝通中心和其他每個人之間都有雙向的溝通渠道，但非溝通中心的每個人之間沒有直接溝通渠道，必須通過將信息傳遞給溝通中心，再由溝通中心將信息傳遞給溝通目標人，才能進行互相溝通。在組織中，這種網絡大致相當於一個主管領導直接管理幾個部門的權威控制系統，所有信息都是通過他們共同的領導人進行交流，因此，信息溝通的準確度很好，效率和集中化程度也較高，解決問題的速度快，領導人的控制力強，預測程度也很高，但各個一般溝通人之間缺乏直接聯繫，導致他們之間管理溝通較難進行，組織成員的滿意度低，士氣可能低落，而且此網絡中的領導者在成為信息交流和控制中心的同時可能面臨著信息超載的負擔。一般來說，如果組織接受攻關任務，要求進行嚴密控制同時又要爭取時間和速度時，可採用這種網絡。

每種溝通網絡都有優缺點，在實際工作中，應根據工作性質和員工特點選擇不同的溝通網絡。

第三節　溝通的障礙及其改善

一、溝通的障礙

在管理實踐中，溝通障礙是普遍存在的。由於存在著外界干擾以及其他種種原因，信息往往會被丟失或者扭曲，使得信息的傳遞不能發揮正常的作用，困擾了管理者，使管理者的管理效率下降。信息溝通的障礙有來自信息溝通過程中內部方面的因素，也有來自信息溝通過程中所遇到的各種外部因素。

1. 信息溝通過程中的障礙

溝通過程中的障礙主要是指信息從發送者到接受者的傳遞過程中遇到種

種干擾或問題，使信息失真，影響了溝通的效果。這些障礙主要體現在以下三方面：

（1）發送者方面的障礙。這方面的障礙主要體現為信息發送者對信息表達的障礙。發送者要把自己的觀念和想法傳遞給接收者，首先必須通過整理變成雙方都能理解的信號。也就是說，既要把傳達的信息表達出來，又要表達得十分清楚。這方面容易出現障礙的情況主要有：

第一，過濾。過濾指發送者有意操縱信息，以使信息顯得對接受者更為有利。比如，一名管理者告訴上級的信息都是上級想聽到的東西，這名管理者就是在過濾信息。這種現象在組織中經常發生嗎？當然是的。當信息向上傳遞給高層經營人員時，下屬常常會壓縮或整合這些信息以使上級不會因此而負擔過重。在進行整合時，個人的興趣和自己對重要內容的認識也會被加入進去，因而導致了過濾。通用電氣公司的前任總裁曾說過，由於通用電氣公司每個層級都對信息進行過濾，使得高層管理者不可能獲得客觀信息。過濾的主要決定因素是組織結構中的層級數目。組織中向上的層級越多，過濾的機會就越多。

第二，錯覺。錯覺即歪曲的知覺，也就是把實際存在的事物歪曲地感知為與實際完全不相符合的事物。精神病人經常有錯覺，如把屋頂上的圓形燈看成是人頭。正常人也有錯覺，比如處於身體疲乏、精神緊張、心理恐懼等的時候都可能產生錯覺，但正常人的錯覺一般通過驗證能較快地糾正和消除。

第三，信息發送人信譽不佳。信息發送人發出的信息之所以不被信息接收人重視，常常是因為收方對發方的人品、經驗等不信任，甚至厭惡。因此，管理者在與人交往中要做到「言必信」，以便獲得良好的信譽。

第四，語言障礙。發送者採用不當的語言符號來表達自己的意思，如接收者聽不懂的語言或行話，或者，如口頭語言和體態語言表達不一致時導致別人的誤解等。同時，溝通過程中發送者表達能力不佳，詞不達意、口齒不清或字體模糊，也易使信息失真。

（2）信息傳遞過程中的障礙。在信息傳遞過程中，常出現以下障礙：

第一，渠道或媒介選擇不當的障礙。由於所選擇的渠道或媒介與信息符號不匹配，導致信息無法有效傳遞和信息傳遞失真，例如向不懂英語的員工講英語、向文盲員工發一張書面通知等。

第二，時機不當的障礙。抓住有利時機及時傳遞信息能增強信息溝通的價值。不合時機地發送信息，對於接收者的理解將是一個難以克服的障礙。時間的耽擱或拖延，會使信息過時無用。

（3）接收者方面的障礙。在溝通過程中，接收者接到信息符號後進行解

碼，變成對信息的理解。常出現以下障礙：

第一，選擇性知覺的障礙。接收信息是知覺的一種形式。由於種種原因，人們總是習慣接收部分信息，而摒棄另一部分信息，這就是知覺的選擇性。知覺選擇性所造成的障礙，既有客觀方面的因素，也有主觀方面的因素。客觀因素如組成信息的各個部分的強度不同、對接收人的價值大小不同等，都會致使一部分信息容易引人注意而為人接受，另一部分則被忽視。主觀因素也與知覺選擇時的個人心理品質有關。在接受或轉述信息時，符合自己需要的、與自己有切身利害關係的，接收人就很容易聽進去；而對自己不利的、有可能損害自身利益的，接收人則不容易聽進去。凡此種種，都會導致信息歪曲，影響信息溝通的順利進行。在溝通過程中，接受者會根據自己的需要、動機、經驗、背景及其他個人特點有選擇性地去看或去聽信息。解碼的時候，接受者還會把自己的興趣和期望帶進信息之中。例如，如果一名面試主考官認為女職員總是把家庭放在事業之上，則會在女性求職者中看到這種情況，無論求職者是否真有這樣的想法。

第二，情緒的障礙。在接收信息時，接收者的感覺也會影響到他對信息的解釋。不同的情緒感受會使個體對同一信息的解釋截然不同。極端的情緒體驗，如狂喜或悲痛，都可能阻礙有效的溝通。這種狀態常常使人無法進行客觀而理性的思維活動，而代之以情緒性的判斷。

第三，接收者的畏懼感以及個人心理品質的障礙。在實踐中，信息溝通的成敗主要取決於上級與下級、領導與員工之間全面有效的合作。但是，在很多情況下，這些合作往往會因下屬的恐懼心理以及溝通雙方的個人心理品質而形成障礙。一方面，如果主管過分威嚴，給人造成難以接近的印象，或者管理人員缺乏必要的同情心，不願體恤下情，都容易造成下級人員的恐懼心理，影響信息溝通的正常進行。另一方面，不良的心理品質也是造成溝通障礙的因素。

第四，信息過量的障礙。在現代組織中，一些管理人員經常埋怨他們被淹沒在大量的信息傳遞中，因而對過量的信息採取不予理睬的辦法。

（4）反饋過程中的障礙。信息只有通過反饋才能建立有效的溝通過程。在反饋過程中，由於反饋渠道本身的實質和使用以及反饋過程中可能出現的信息失真等，都會給有效溝通帶來障礙。例如，企業中雖然設有意見箱，但領導從未打開過信箱，這種反饋便形同虛設。

2. 信息溝通環境方面的障礙

組織中的信息溝通，除了受溝通過程本身各因素的影響外，還受環境因素的影響，主要表現在以下三方面：

（1）組織結構方面的障礙。在管理中，合理的組織機構有利於信息溝通。但是，如果組織機構過於龐大，中間層次太多，那麼，信息從最高決策傳遞到下屬單位，不僅容易產生信息的失真，而且還會浪費大量時間，影響信息的及時性。同時，自上而下的信息溝通，如果中間層次過多，同樣也浪費時間，影響效率。有的學者統計，如果一個信息在高層管理者那裡的正確性是100%，到了信息的接受者手裡可能只剩下20%的正確性。這是因為，在進行這種信息溝通時，各級主管部門都會花時間自己甄別接收到的信息，一層一層地過濾，然後有可能將斷章取義的信息上報。此外，在甄選過程中還摻雜了大量的主觀因素，尤其是當發送的信息涉及傳遞者本身時，往往會由於心理方面的原因造成信息失真。這種情況也會使信息的提供者望而卻步，不願提供關鍵的信息。因此，如果組織機構臃腫，機構設置不合理，各部門之間職責不清、分工不明，形成多頭領導，或因人設事、人浮於事，就會給溝通雙方造成一定的心理壓力，影響溝通的進行。

一般來說，組織層級越多，信息的失真率越高。一項研究表明，企業董事會的決定通過五個等級後，信息損失平均達80%。其中，副總裁一級的保真率為63%，部門主管為56%，工廠經理為40%，第一線工長為30%，職工為20%（如圖8-4所示）。

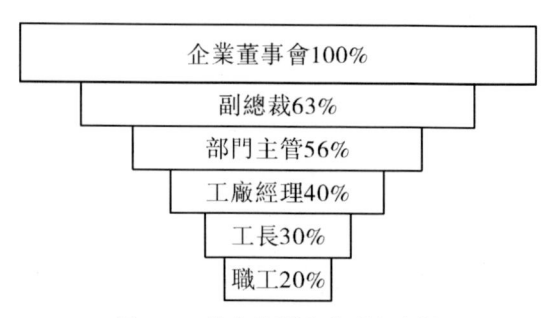

企業董事會100%
副總裁63%
部門主管56%
工廠經理40%
工長30%
職工20%

圖8-4　信息傳遞失真現象實例

（2）組織文化方面的障礙。組織文化是一個組織所創造和形成的以一定的價值觀為核心的一系列獨特的制度體系與行為方式的總和。由於組織文化是組織中員工的價值觀的根本體現，在很大程度上影響著員工的行為，因此，它對組織中的信息溝通也有著深刻的影響。例如，在一個崇尚等級制度、強調獨裁式管理方式的組織裡，信息常常被高層管理者壟斷，有用的信息得不到傳遞，人與人之間的溝通缺乏互動性和開放性，自上而下的溝通行為通常不受重視。組織中的制度體系則直接規定了組織中信息傳遞的渠道和方式，不合理的制度體系在很大程度上給有效溝通設置了障礙。另外，一些組織缺

乏一定的物質文化，如缺乏員工進行正式和非正式溝通的場所等，也不利於組織的有效溝通。

（3）社會環境方面的障礙。不同的社會環境有不同的文化價值觀，各種不同的文化價值觀影響下的溝通行為有很大的區別。例如，美國文化背景下組織中的上下級關係的溝通顯得較為民主，下級可以直接向上級或上級的上級提出自己的意見；而在日本的公司中，等級森嚴，溝通一般都是逐層進行的，因此，日本公司中人們之間的交往較為慎重；在中國的組織中，人們的溝通行為更多地受社會關係的影響，所以，組織中非正式渠道的溝通作用更加重要，人際關係的作用在組織溝通中至關重要。特別是在跨文化的組織裡，不同價值觀影響下的跨文化溝通障礙顯得更加明顯和複雜。

二、如何克服溝通障礙

要實現有效溝通，就必須消除上述溝通障礙。在實際工作中，可以通過以下六個方面來努力。

（1）溝通要有認真的準備和明確的目的性。溝通者自己首先要對溝通的內容有正確、清晰的理解。重要的溝通最好事先徵求他人意見，每次溝通要解決什麼問題、達到什麼目的，不僅溝通者要清楚，而且要盡量使被溝通者也清楚。此外，溝通不僅是下達命令、宣布政策和規定，而且是為了統一思想、協調行動，所以溝通之前應對問題的背景、解決問題的方案及其依據和資料以及決策的理由和對組織成員的要求等做到心中有數。

（2）溝通的內容要確切。溝通的內容要言之有物，有針對性，語意確切、準確；要避免含糊的語言，更不要講空話、套話和廢話。

（3）溝通要有誠意，以取得對方的信任並與被溝通者建立感情。有人對經理人員的溝通做過分析，一天用於溝通的時間占70%左右。其中，撰寫占9%，閱讀占16%，言談占30%，聆聽占45%。但一般經理都不是好聽眾，效率只有25%。究其原因，主要是缺乏誠意。缺乏誠意大多發生在自下而上的溝通中。因此，要提高溝通效率，必須誠心誠意地去傾聽對方的意見，這樣對方也才能把真實想法說出來。

（4）提倡平行溝通。所謂平行溝通指車間與車間、科室與科室、科室與車間等組織系統中同一個層次之間的相互溝通。有些領導整天忙於當仲裁者的角色而且樂於此事，想以此說明自己的重要性，這是不明智的。領導的重要職能是協調，但是，這裡的協調主要是目標的協調、計劃的協調，而不是日常活動的協調。日常活動的協調應盡量鼓勵在平級之間進行。

（5）提倡直接溝通、雙向溝通、口頭溝通。美國曾有人找經理們進行調

查,請他們選擇良好的溝通方式,55%的經理認為直接聽口頭匯報最好,37%的喜歡下去檢查,18%的喜歡定期會議,25%的喜歡下屬寫匯報。另外一項是調查部門經理們在傳達重要政策時認為哪種溝通最有效,共 51 人(可多項選擇),選擇召開會議口頭說明的有 44 人,選擇親自接見重要工作人員的有 27 人,選擇在管理公開會上宣布政策的有 16 人,選擇在內部備忘錄說明政策的有 14 人。這些都說明傾向於面對面的直接溝通、口頭溝通和雙向溝通者居多。

一個企業的領導者應每天到車間科室轉轉,主動問問有些什麼情況和問題,多與當事者商量。日本不主張領導者單獨辦公,主張大屋一體辦公,這些都是為了及時、充分、直接地掌握第一手資料和信息。這樣不僅能瞭解生產動態,而且也能瞭解職工的士氣和願望,還可以改善人際關係。例如某些工廠的工人有連車間主任和廠長都見不到的情況,這不是成功領導者的形象。

(6)設計固定的溝通渠道,形成溝通常規。這種方法的形式很多,如採取定期會議、報表、情況報告、相互交換信息的內容等。

克服溝通障礙不只是工作方法問題,更根本的是管理理念問題。發達國家的現代企業流行的「開門政策」「走動管理」,是基於尊重、瞭解實情以及組成團隊等現代管理理念,溝通只是這種理念的實現途徑。因此,如何克服溝通障礙,以及如何建立高效、通暢的溝通,應站在管理理念和價值觀的高度,妥善地加以處理。

第四節 人際關係溝通

我們生活在一個溝通的社會裡。人們交流思想、情感和期望,心情隨交往中的歡樂和悲傷而變化。人際溝通不但使人們的才能得到了發揮,還關係到人們職業生涯的成功與否。人際溝通是人們生活中的一部分,是企業溝通的基礎。

一、人際關係

1. 人際關係的本質

由於個人的經歷、背景、個性的差異,要做到人與人之間充分溝通的確不是一件容易的事情。所謂人際關係,是在人類社會生活實踐活動中,作為個體的人為了滿足自身生存和發展的需要,通過一定的交往媒介而與他人建立和發展起來的、以心理關係為主的一種社會關係。那麼,人際關係溝通是

什麼呢？顧名思義，人際關係溝通指的就是人與人之間的信息和情感的相互傳遞過程。

卡耐基取得世界性的成功最重要的一點是他能夠很好地與別人溝通，他在自己的奮鬥歷程中累積了許多寶貴而有效的溝通人際關係的經驗。他集幾十年之大成，提出了令世人信服的社交溝通藝術的一般規律和準則。他說：「與人相處的學問在人所有的學問中應該是排在前面的，溝通能夠帶來其他知識所不能帶來的力量，它是成就一個人的順風船。」

2. 人際吸引

茫茫人海中，有的人僅見一面卻讓對方難以忘懷，有的人天天見面卻互相不屑一顧……原因很多而且複雜。人際吸引是個體雙方心理互動的基礎，個體的魅力是人際吸引的根本，這種互動力的大小和持續時間的長短，決定著人際關係的深淺程度。

20世紀60年代初，美國心理學家奧爾伯特對一群素不相識的人的集會進行了人際吸引的研究，發現人際吸引是受很多因素影響而形成的一種動力。這些因素包括個體內在的涵養、禮貌、身體的高度、外表、服飾、行為動作的和諧、地位、角色等。每一種因素的差異以及交往個體是否能巧妙、靈活地運用這些因素，都會直接影響交往程度，甚至產生意想不到的效果。

具體來說，構成人際吸引的因素有如下三個：

（1）接近因素。社會心理學家認為，人與人之間，由於時空距離接近，如座位或辦公室鄰近的同事、住所的鄰居等，或因工作需要而相互接觸交往頻率高的醫生與護士、主任與秘書等，一方面容易有共同的經驗、話題、感受，另一方面容易獲得有關對方的某些信息，從而瞭解對方，進而預測對方的某些行為，所以人際關係密切，相互吸引力增強。尤其是在陌生人交往的早期階段，更是如此。

然而，現實生活中也的確存在這樣的情況，人際關係最緊張的，往往也出現在彼此時空距離接近時。這是因為雙方的關係主要取決於第一印象。第一印象良好，時空越接近，關係越積極；否則，第一印象惡劣，時空越接近，關係反而越消極。

（2）光暈效應。「光暈」是一個攝影名詞。凡懂得攝影知識的人都知道，攝影成像是光線在底片的乳劑層上感光造成的。當光線過於強烈時，它不僅會射進乳劑層，而且會穿過乳劑到達片基反射回來，造成乳劑層的二次曝光。這樣，在成像的周圍就會出現一圈月暈一樣的像影，這被稱為「光暈現象」。

心理學家狄恩設計了一個實驗：讓被試者看外表美、醜、平淡的三種不同形象的照片，然後，讓被試者評定幾項與其外表無關的特徵。結果，美的

評分最高，平淡者居中，醜的評分最低。這個由認知特徵泛化、推及其他方面的現象，叫「光暈效應」。這是指在人際相互作用過程中形成的一種誇大的社會印象，正如日月的光輝，在雲霧的作用下擴大到四周，形成一種光環作用。這常表現為一個人對另一個人（或事物）的最初印象決定了他的總體看法，而看不準對方的真實品質，形成一種好的或壞的「成見」。以貌取人便是對初識者的光暈效應。

（3）投射作用。人際吸引的投射作用表明，人們對他人的認識包含著自己的東西，人們在反應別人的時候也在反應自己。

人際吸引產生投射作用有兩種情況：①當別人行為與自己相同時，對別人行為原因的推測。一個有強烈妒忌心的人取得一點成績時，如果別人對他稍有不恭，即使別人是無意的，他也會覺得別人是在嫉妒自己。這就是所謂的「以小人之心度君子之腹」。②當別人行為與自己不同時，對別人行為原因的推測。如果一個人表現出獨特的、與眾不同的行為，雖然這種行為對社會有益或無害，但相當多的人會對別人的行為做出錯誤的歸因。人們總是認為自己是正確的，會以自己的行為標準衡量別人，倘若別人的行為與自己相異，則會懷疑別人的動機不純。

3. 情商

美國心理學家彼德・薩洛維於 1991 年提出情緒商數（Emotional Intelligence Quotient，EQ）一詞，通常簡稱為情商，是一種自我情緒控制能力的指數。丹尼爾・戈爾曼於 1996 年出版了 *Emotional Intelligence*：*Why It Can Matter More Than IQ*，對情商的概念做瞭解釋，並闡述了其跟智商（IQ）的不同：情商可經人指導而改善。

情緒控制技能對於個人成功及改進組織人事管理具有普遍的實用價值，它們對企業如何決定應該雇傭誰、父母應如何培養自己的孩子、學校應怎樣教育學生都是有用的。以下介紹一個與「情商」有關的「軟糖實驗」。該實驗通過觀察四歲兒童對果汁軟糖的反應預見他們的未來。實驗方法是，研究人員將孩子們帶到一間陳設簡單的房間，告訴每個孩子說，你可以馬上得到一顆果汁軟糖。但是如果你能堅持不拿它直到等我外出辦事回來，你就可以得到兩顆糖。說罷便離去了，當他回來後便兌現承諾。然後，科學研究就這一些參加實驗的孩子成長的過程進行。

在這些孩子長到上中學時，就會表現出某些明顯的差異。對這些孩子的父母及課題的一次調查表明，那些在四歲時能以堅持換得第二顆軟糖的孩子通常成為適應性較強、冒險精神較強、比較受人喜歡、比較自信、比較獨立的少年；而那些在早年經不起軟糖誘惑的孩子則更可能成為孤僻、易受挫、

固執的少年，他們往往屈從於壓力並逃避挑戰。對這些孩子分兩組進行學術能力傾向測試的結果表明，那些在軟糖實驗中堅持時間較長的孩子的平均得分高達 210 分。

在美國企業界，人事主管們普遍認為「智商使人得以錄用，而情商使人得以晉升」。美國第 44 任總統歐巴馬通過一次次演講，用激動人心的願景、催人奮進的語言、令人痴狂的風格點燃了數百萬支持者心中的熱情，傑出的溝通技巧，使原本名不見經傳的歐巴馬成功地擊敗了強勁的競選對手，最終當選為美國歷史上第一位非洲裔總統。

二、人際溝通

1. 人際溝通的動機

人際溝通是一種受特定動機驅使的社會行為。人際溝通的動機通常有如下三類：

（1）歸屬動機，就是人不甘寂寞，想加入他人行列，渴望別人的尊重與贊許，追求友誼與愛情的願望。

（2）實用動機，是指人們為了完成某項任務、追求滿足功利需要的意願。

（3）探索動機，表現為人們對新奇事物的好奇、感興趣、渴望認識和理解，追求的是一種不斷更新和豐富的狀態。

2. 人際溝通行為的經典理論

美國心理學家、人際關係分析學創始人艾因克·伯恩於 19 世紀 50 年代在《人們玩的游戲》一書中，提出了著名的「PAC 人格結構理論」，又稱為「相互作用分析理論」。這也是一種針對個人的成長和改變的系統心理治療方法。

這種分析理論認為，個體的個性是由三種比重不同的心理狀態構成，這就是「父母」「成人」「兒童」狀態。取這三個詞的第一個英文字母，所以簡稱為人格結構的 PAC 分析。PAC 理論把個人的「自我」劃分為「父母」「成人」「兒童」三種狀態，這三種狀態在每個人身上都交互存在，也就是說這三者是構成人類多重天性的三部分。

「父母」狀態以權威和優越感為標志，通常表現為統治、訓斥、責罵等家長製作風。當一個人的人格結構中的 P 成分占優勢時，這種人的行為表現就是憑主觀印象辦事、獨斷獨行、濫用權威，這種人講起話來總是「你應該……」「你不能……」「你必須……」。

「成人」狀態表現為注重事實根據和善於進行客觀理智的分析。這種人能從過去存儲的經驗中，估計各種可能性，然後做出決策。當一個人的人格結

構中的 A 成分占優勢時，這種人的行為表現為：待人接物冷靜，慎思明斷，尊重別人。這種人講起話來總是：「我個人的想法是……」

「兒童」狀態像嬰幼兒的衝動，表現為服從和任人擺布。一會兒逗人可愛，一會兒亂發脾氣。當一個人的人格結構中的 C 成分占優勢時，其行為表現為遇事畏縮、感情用事、喜怒無常、不加考慮。這種人講起話來總是「我猜想……」「我不知道……」。根據 PAC 分析，人與人相互作用時的心理狀態有時是平行的，如父母-父母、成人-成人、兒童-兒童。在這種情況下，對話會無限制地繼續下去。如果遇到相互交叉作用，出現父母-成人、父母-兒童、成人-兒童狀態，人際交流就會受到影響，信息溝通就會出現中斷。最理想的相互作用是成人刺激-成人反應。

3. 人際溝通障礙及其克服

溝通的中斷，大多因為雙方沒有完全正確理解雙方的動機、意圖及目標等，甚至誤解了對方。溝通中常見的障礙有各地方言不同造成的語言障礙，如：四川話「鞋子」，在北方人聽來頗像「孩子」；廣東人說「郊區」，北方人常聽成「嬌妻」；等等；也有因語義不明造成歧義而引起誤會；還有濫用晦澀艱深的專業術語造成的理解障礙；有時不同的習俗、觀念、個性也會導致心理上的或是理解上的障礙。

在瞭解自我情緒的基礎上，學會恰當地表達情緒對於縮短人際距離、消除彼此之間的隔閡、增強人際吸引具有重要的作用。在情緒表達方面，一定要注意方式、方法，並非在任何場合、對任何人都可以隨意地表達自己的情緒，在措辭上也要注意採用委婉的說法，並要注意及時表達，時過境遷後，當時的情緒可能就隨之消失。同時，要注意學習提高表達自己情緒的技能。

第五節　組織溝通

簡單地說，組織溝通是指發生在組織環境中的人際溝通。因為在組織溝通中，仍然是人們在相互進行溝通，而不是組織本身。但組織溝通不同於一般意義上的人際溝通。組織溝通的目的非常明確，是為了實現組織的最終目標。組織溝通的活動是按照預先設定的方式，作為一種日常管理活動而發生的，而且公司規模越大，組織溝通越規範。組織溝通作為管理的一項日常功能，組織對信息傳送者有一定的約束，管理者必須為自己的溝通行為負責，並確保實現溝通目的。

一、組織溝通的功能

溝通在一個組織的營運體系中發揮了重要的作用，有效的溝通是企業成功實施管理的關鍵。

1. 組織對內溝通的功能

（1）管理溝通是潤滑劑。通過管理溝通，具有不同個性、價值觀、生活經歷的員工可以更好地換位思考，彼此理解，建立信任、融洽的工作關係。

（2）管理溝通是黏合劑。通過管理溝通，組織中的員工可以在企業的發展藍圖中描繪自己的理想，同時緊密與其他個體協調合作，在實現組織願景的努力工作中，追求個人的理想和人生價值。

（3）管理溝通是催化劑。良好的管理溝通可以激發員工內在的潛力和潛能，提升員工士氣，增進員工相互之間的瞭解，眾志成城，實現組織目標。

2. 組織對外溝通的功能

（1）塑造和維護組織形象。良好組織形象的塑造，可以減少組織與外部其他機構合作中的摩擦，減少營運成本，建立積極有益的組織形象，對於改善與供應商、合作商、顧客、政府和社區的關係都有積極作用。

企業形象識別（Corporate Identity，簡稱 CI），是企業對自身理念、文化、行為方式及視覺識別進行系統革新、統一傳播，塑造出富有個性的企業形象，獲得內外公眾組織認同的經營戰略。

國內外不少知名企業如 IBM、奔馳、美的等通過導入科學合理的 CI 活動，塑造了鮮明獨特、充實可信的企業形象，獲得了消費者的認同和社會公眾、政府的支持。

（2）為顧客提供服務。在競爭激烈、顧客決定企業生存的情況下，企業最重要的外部溝通功能就是為組織的客戶提供服務交流活動。只有與顧客溝通，才能為顧客提供更好的服務，也才能體現企業自己的價值。

二、組織溝通的方式

1. 組織內部溝通方式

內部溝通的主要目的是創造良好的內部工作環境，使信息能夠真實、正常地流動，減少衝突，增強員工之間的和諧合作，並傳播企業文化。

有效的組織內部溝通方式有如下幾種：

（1）應用正式的組織結構。應用正式的組織結構進行內部溝通是企業內部最主要的一種溝通方式，最常使用，傳遞的信息量也最大。它是指依據職權指揮鏈所進行的與工作相關的溝通。例如，經理向職員部署任務，員工向

上司請示，部門之間的工作協調。其通常採用的是規章、手冊、指示、會議、培訓、簡報等方法。按照信息的流向可以分為上行、下行、平行、斜向溝通四種形式（見圖8-5）：①上行溝通，是指在組織中信息從較低的層次流向較高的層次的一種溝通。其主要是下屬依照規定向上級書面或口頭匯報工作，許多機構還採取意見調查、座談會等措施來鼓勵上行溝通。②下行溝通，是指在組織中信息從較高的層次流向較低的層次的一種溝通。一般以命令方式傳達上級組織所決定的政策、計劃等信息。③平行溝通，是指組織中處於同一層次的員工之間的溝通。其通常有利於節約時間、促進協調，許多大型企業還設立了專門的委員會來組織各部門間的平行溝通。④斜向溝通，即組織內處於不同層次的沒有直接隸屬關係的成員之間的溝通。其常用來加速信息的流動，促進理解，尤其是在遇到突發事件需即時行動時，斜向溝通更是必要。

平行溝通和斜向溝通是不遵循統一指揮原則的，但在現實中仍廣泛存在，因為事實證明它有助於提高效率。只要在進行溝通前先得到直接領導者的允許並在溝通後把結果及時向直接領導匯報，這兩種溝通就是可以起到積極作用的。

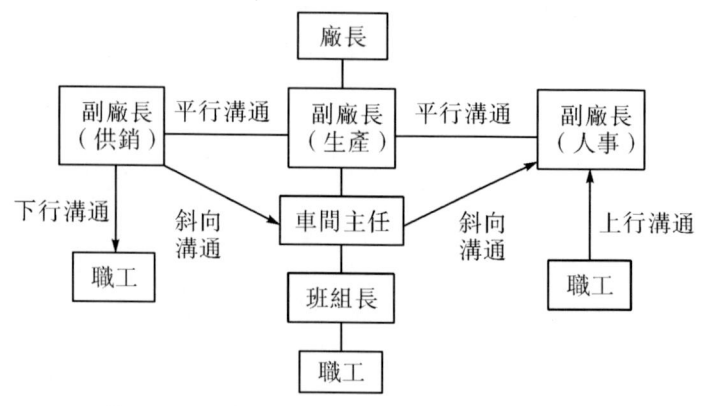

圖8-5 組織內部應用正式的組織結構進行溝通

（2）應用信息技術。隨著信息技術日新月異的發展，人們之間的溝通方式變得豐富多樣，也更加便捷。電子信箱、視頻會議、網絡系統都是進行交流的有效工具，新的通信系統摧毀了不同層次、不同部門、不同地區溝通上的傳統障礙，也削弱了層層命令的管理方式。

但這些夢幻般的電子通信系統是永遠無法代替人際間感情交往的，一幅特殊的畫、一張手寫的便條、一份小小的禮物，使人們超越冰冷的電子系統，感知著人際交往的溫暖。

奇妙的電子溝通工具雖帶來了極大的便利，但不可能代替所有的溝通方式，企業內部還需要其他的溝通方式，如直接溝通等。

（3）直接溝通。今天的時代是信息爆炸的時代，伴隨著大量瞬息萬變的新元素的不斷湧現，管理者要想實現有效的溝通，必須要摘下高高在上的帽子，以真誠的態度平等對待每位員工，並盡可能採用和員工直接溝通的方式。

「耳朵是通向心靈的道路。」溝通首先是傾聽的藝術，傾聽是管理者與員工進行良好溝通的重要技巧。善於傾聽、坦誠對話、及時反饋，可以充分地瞭解員工的需要和見解，受到員工的認同。

2. 組織外部溝通方式

企業只有擁有顧客，才能擁有市場。提供優質的產品和服務是企業與顧客溝通的根本所在。企業提供的產品是供客戶使用的，因而質量的標準是由用戶認定的，而非生產者。企業應當根據客戶的需求和建議而不是根據自己的主觀判斷去製造產品。

斯圖·倫納德公司在一次聽取客戶意見的會議中充分瞭解了顧客心目中質量的含義。斯圖·倫納德公司是美國一家著名的超市，顧客對於斯圖·倫納德的服務贊不絕口。他們認為在這兒購物能夠時時刻刻感受到新奇，因此這家超市被稱為零售業中的迪士尼。在斯圖·倫納德公司一次聽取顧客意見的會議上，一個女顧客抱怨：「你們的魚不新鮮，我喜歡在魚店買新鮮的魚。」鮮魚部的負責人告訴這位女顧客：「我們都是每天早上進貨，都是很新鮮的魚呀？」女顧客說：「但你們的魚是用塑料紙包裝後在超市出售的。」於是超市在那次會議之後立即動手，設了一個鮮魚框，框裡放著冰塊，上面擺鮮魚。包裝好的魚隔一走道就是放在冰塊上的魚，價格一樣，由顧客挑選。用塑料紙包的鮮魚銷售量絲毫未減，可是，鮮魚的總銷售量卻翻了一番。以前每週銷售 15,000 磅鮮魚，而現在每週銷售量為 50,000 磅。這就是所謂顧客可感覺的質量。

懂得經營之道的企業，在和顧客的溝通中會發現商機、發現市場。一名日本顧客買了松下公司生產的有線熨斗，使用幾年後，發現熨斗的電線破皮了，有漏電傷人的危險。這名顧客以此為由，抱怨松下公司產品設計有缺陷，並要求賠償。面對這種「無事生非」的舉動，松下公司本可置之不理，但產品開發人員敏感地從中發現了無線熨斗的潛在市場。他們迅速組織人員進行技術攻關，隨後研發出自動充電的無線熨斗，一上市便受到消費者的青睞。為此，松下公司重金酬謝了那位「雞蛋裡挑骨頭」的顧客。

消費者的需求是不斷發展的，企業應該積極、理性地和消費者溝通，並從中找到搶占市場的先機。

三、跨文化溝通

隨著經濟全球化進程的加速,「地球村」的出現,知識經濟悄然興起,跨國、跨文化的交往活動日益頻繁,企業原有的組織機構、技術方法、管理模式等在跨國經營時,越來越多地會面臨各種諸如語言、價值觀念、心理、傳統習俗、行為方式等民族文化差異的挑戰。要在國際市場上佔有一席之地,提高競爭力、實現有效的跨文化溝通是一個重要前提。所謂跨文化溝通是指跨文化組織中擁有不同文化背景的人們之間的信息、知識和情感的互相傳遞、交流和理解過程。

1. 影響跨文化溝通的主要因素

(1) 感知。在跨文化溝通過程中,感知對溝通的影響具有十分重要的意義。一方面,人們對外部刺激的反應,對外部環境的傾向性、接受的優先次序,是由文化決定的;另一方面,當感知形成後,它又會對文化的發展以及跨文化的溝通產生影響。人們在溝通過程中存在的種種障礙和差異,主要是由感知方式的差異所造成的。要進行有效的溝通,我們必須瞭解來自異文化環境中人們感知世界的不同方式。

(2) 種族中心主義。種族中心主義是人們作為某一特定文化中成員所表現出來的優越感。它是一種以自身的文化價值和標準去解釋和判斷其他文化環境中的群體——他們的環境和溝通的一種趨向。從一種文化的角度去假定另一種文化能選擇「最好的方式」是不合理的。因而,我們對文化差異很大的人們之間的溝通,在早期是抱著否定態度的。

(3) 缺乏共鳴。缺乏共鳴的主要原因是人們經常站在自己的立場上而不是他人的立場上理解、認識和評價事物。在正常情況下,站在他人立場上設身處地地想像他人的境地是十分困難的,尤其是加入文化的因素之後,這個過程就更加複雜了。如果從來沒有在國外的企業工作過或從事過管理,也就沒有機會瞭解他國的文化,我們就很容易誤解他國人們的行為。

2. 跨文化溝通的障礙及改進

各國價值觀和準則的差異造成了各國人們的思維方式和行為規範的不同。在國際商務中,這些差異很容易導致交往雙方的誤解。美國著名國際商務學者大衛-里克斯,把許多大公司在國際商務中因對他國文化不瞭解而失敗的事例編成《國際商務誤區》一書,這些失敗和教訓大部分都是因為公司高層管理人員不瞭解其他國家的文化和具體國情。跨文化交際障礙嚴重時會出現「文化休克」。「文化休克」是指當人們到國外工作、留學或定居時,因到了一種不熟悉的文化環境中生活,常常會體驗到不同程度的心理反應。「文化休

克」對剛到新環境中工作的人影響很大。

應對全球化浪潮的關鍵技能是跨文化無障礙溝通，許多跨國公司早已為此紛紛行動。培養跨文化溝通能力的對策主要有以下幾個方面：

（1）增強全球意識。人們難免會用自己的價值觀來分析和判斷周圍的一切，比如人家批評幾句，就什麼都聽不進去，總覺得自己的文化比別人的優越，或者有種族偏見和歧視，這些都是跨文化溝通的嚴重障礙。只有帶著虛心和平靜的心態與態度才能真正聽得進去，有效溝通才可能真正發生。要學會培養接受和尊重不同文化的意識。

（2）培養跨文化的理解力。只有多學習接近對方的文化，在行為上不斷訓練自己和不同文化背景的人交往，才能更瞭解東西方文化的差異。跨文化企業應通過培訓，培養目光長遠、能適應多種不同文化並具有積極的首創精神的經理人員。

（3）正視差異，保持積極的心態去實現文化認同。在文化溝通中，各種文化之間的差異是客觀存在的，這是我們進行跨文化溝通的前提。為了有效地進行跨文化溝通，避免無謂的價值衝突，正確對待文化差異是一種基本要求。首先要準確地診斷文化衝突產生的原因；其次要洞悉文化的差異以及多樣性所帶來的衝突的表現狀態；最後，在明晰衝突根源、個人偏好和環境的前提下，必須能夠選擇合適的跨文化溝通方法和途徑，同時盡力總結溝通的經驗教訓，從中探討相關的溝通規律。跨文化溝通是個複雜的過程，不同文化之間的差異是巨大的。在日常國際交往中，這些差異很容易導致交往雙方的誤解，多學習溝通對象的文化、習慣、價值觀、思維方式、心理特點等對於跨文化交往和溝通是大有裨益的。

實現有效的跨文化溝通的根本點就是揭開異質文化的隱蔽層，跨越文化障礙，使各個國家和民族順利交往。

練習題

一、選擇題

1. 能提高士氣的溝通方式是（　　）。
    A. 鏈式　　　　　　　　B. 輪式
    C. Y式　　　　　　　　D. 圓周式
2. 解決複雜問題應採用的溝通方式是（　　）。
    A. 鏈式　　　　　　　　B. 輪式

C. 圓周式　　　　　　　　D. 全通道式

3. 下述對於信息溝通的認識中，哪一條是錯誤的？（　　）。

　　A. 信息傳遞過程中所經過的層次越多，信息的失真度就越大

　　B. 信息量越多，就越有利於進行有效的溝通

　　C. 善於傾聽，能夠有效改善溝通的效果

　　D. 信息的發送者和接受者在地位上的差異也是一種溝通障礙

4. 人際溝通中會受到各種「噪音干擾」的影響，這裡所指的「噪音干擾」可能來自（　　）。

　　A. 溝通的全過程　　　　　B. 信息傳遞過程

　　C. 信息解碼過程　　　　　D. 信息編碼過程

5. 如果發現一個組織中的小道消息很多，而正式渠道的消息較少，這意味著該組織（　　）。

　　A. 非正式溝通渠道中消息傳遞很流暢，運行良好

　　B. 正式溝通渠道中信息傳遞存在問題，需要調整

　　C. 其中有部分人特別喜歡在背後亂發議論，傳遞小道消息

　　D. 運用了非正式溝通渠道的作用，促進了信息的傳遞

二、名詞解釋

溝通　人際溝通　上行溝通　雙向溝通　橫向溝通

三、簡答題

1. 信息溝通的目的是什麼？
2. 信息溝通中的主要障礙是什麼？
3. 如何克服溝通障礙？
4. 人際關係的本質是什麼？
5. 組織溝通主要有哪些方式？

四、案例分析題

張經理的溝通三部曲

某公司張經理在實踐中深深體會到：充分與員工溝通，才能調動員工的積極性，在競爭中立於不敗之地。幾年來，他在調查員工積極性，發揮其創造能力方面進行了改革。

首先，張經理直接與員工溝通，避免中間環節。他告訴員工自己的電子郵

箱，要求員工尤其是外地員工大膽反應實際問題，積極參與企業管理，多提意見和建議。張經理本人則每天上班時先認真閱讀來信並進行處理，他從大量員工中收集到了許多對決策有用的信息。如該公司在對生產技術進行改革時，一名員工通過信箱，毛遂自薦要求擔任改造工程現場指揮，張經理及其他管理者經過調查後，認為該員工技術過硬，善於搞革新，便決定任用，結果該員工提前圓滿地結束了任務。自從設立經理信箱以來，張經理先後收到來信 500 多封，這反應出員工對公司興衰的關心。為激勵員工的這種熱情，工廠決定，凡是被採納的建議，給予鼓勵；提出帶有普遍性的問題的來信，張經理給予答覆。

其次，為了建立與員工的溝通體制，公司又建立了經理公開見面會制度，會議定期召開，也可因重大事件臨時召開。參加會議的有員工代表、特邀代表和自願參加的員工代表。每次會議前，員工代表都會廣泛徵求群眾意見。如 2008 年年底的調資晉級剛開始時，員工中議論較多，公司便及時召開了會議，經理對調資晉級的原則、方法和步驟等做瞭解答，使部分員工的疑慮得以澄清和消除，保證了這項工作的順利進行。

最後，張經理還注意公司的輿論，將收集到的小道消息進行分析和利用。2009 年，該公司面臨經濟危機，市場競爭加劇，許多員工對未來產生疑慮，一時間小道消息滿天飛，認為該公司會裁員，也可能倒閉，人心惶惶。張經理積極瞭解小道消息的內容，臨時決定召開公開見面會，給員工提問的機會。意見集中在兩點：一是企業如何生存；二是員工的收入是否會受影響。面對問題，張經理結合公司面臨的實際情況，如實全面地向員工介紹了公司的經營狀況，認為公司面臨的經濟危機、市場競爭加劇的不利形勢等情況確實存在，可能要暫時影響員工的收入，但公司有信心解決困難，並向員工詳細介紹了公司的經營方針和對策，並請員工對這些政策、方針和對策提出意見，以便及時修改。張經理自動提出扣除自己上半年的獎金。出人意料的是，員工對公司的政策十分配合，部分員工自動請求減免自己上半年的獎金，最後大家一致同意扣除自己上半年的獎金。這一舉動，使公司上下齊心，共同努力，克服了困難，渡過難關，使產值和利潤也有了大幅度的增長。

問題：

（1）請分析張經理與員工在溝通方式上所做的選擇有何特點。

（2）溝通的主要內容是什麼？根據這個溝通案例分析管理者在溝通中所起的作用。

第九章 控制

導入案例

新規定為何落實不了？

鴻運公司制訂了一條規定：在公路上的最高車速不得超過88km/h。因為把車速降下來，公司的汽油成本可以節約10%以上。但是，那些卡車司機們對這條新規定大為不滿，因為他們願意開快車，以便在一裝一卸之間有更多的時間隨意逗留。

鴻運公司為了保證司機們在路上遵守新的車速規定，保證汽油能省得下來，就在每臺運貨卡車上安裝了電子監控儀，它能記錄車速與運行時間。而以前車上只有計程儀，但它說明不了什麼問題，對裝卸中途耽擱或消磨掉的時間，司機很容易編造借口。

不出所料，卡車司機們以種種理由來對抗公司的這種控制：他們埋怨電子監控儀出了毛病，車速記錄得不準確，實耗時間記錄儀也沒有反應真實的路況，他們不能負責一裝一卸之間的耽擱，因為是碼頭上裝卸貨物太慢。

問題：

假如你是鴻運公司的經理，你怎樣讓卡車司機們接受這套新的控制措施呢？

第一節 控制概述

一、控制的定義

「控制」一詞最初來源於希臘語「掌舵術」，意指領航者通過發號施令將偏離航線的船只拉回到正常的軌道上來。由此說明，維持朝向目的地的航向或者說維持達到目標的正確行動路線，是控制概念的最核心內容。

1. 傳統的定義

控制的傳統定義就是「糾偏」，即按照計劃標準衡量所取得的成果，並糾正所發生的偏差以確保計劃目標的實現。

2. 廣義的定義

從廣義的角度來理解，控制包括「糾偏」（糾正偏差）和「調適」（修改標準）這兩方面的內容。這是因為，積極、有效的控制工作，不能僅限於針對計劃執行中的問題採取「糾偏」措施，它還應該包括能促使管理者在適當的時候對原定的控制標準和目標做出適當的修改，以便把不符合客觀需要的行動路線拉回到正確的軌道上來。就像在大海中航行的船只，一般情況下船長只需對照原定的航向調整因風浪和潮流作用而造成的航線偏離，但當出現巨大的風暴和故障時，船只也有可能需要改變整個航向，駛抵新的目的地。這種導致控制標準和目標發生調整的行動簡稱為「調適」，應該是現代意義下企業控制工作的有機組成部分。

基於這種認識可將管理中的控制職能寬泛地定義為：由管理人員對組織實際運行是否符合預定目標進行測定並採取措施確保組織目標實現的過程。

二、控制的作用

在管理工作中，人們借助計劃工作確立目標，借助組織工作來調整資源，構建分工協作網絡，借助領導和激勵來指揮和激發員工的士氣和工作積極性。但是，這些活動並不一定能夠保證實際工作按計劃進行和組織目標的真正實現。可見，控制尤為重要，可以說控制是管理職能鏈上的最終環節。

1. 控制可以使組織適應環境的變化

在組織管理中，管理者在制定目標之後到目標實現之前，總有一段時間。在這段時間內，組織內部和周圍環境往往會發生變化：政府可能會制定新的法規或對原有政策進行修正，競爭對手可能會推出新產品和新的服務項目，新材料和新技術可能會出現，組織內部的人員可能會產生很大的變動，等等。這些不僅會阻礙組織目標的順利實現，甚至可能要求對目標本身進行修改。因此，要構建有效的控制系統，幫助管理者預測和確定這些變化，並對由此帶來的機會和威脅做出相應反應。這種環境探測越有效、越正確、持續的時間越長，組織對外部的適應能力就越強，計劃實現的可能性就越大，組織在激烈變化的環境中生存和發展的可能性也就越大。

2. 控制可以保障計劃的順利實施

由計劃與控制的關係我們知道，控制是計劃順利實施的保障，沒有控制，就像汽車沒有駕駛一樣，會偏離既定的軌道。控制通過「糾偏」可以防止

或減少計劃執行中的偏差，從而確保計劃的順利實施；同時通過積極調整原定標準或重新制定標準，可以確保計劃運行的適應性。

3. 控制能促進創新

創新能促進企業在競爭中擁有更大的優勢；控制有一個重要職能就是反饋，在具有良好反饋機制的控制系統中，通過反饋，管理者不僅可以及時掌握計劃的執行情況，糾正所產生的偏差，還可以從反饋中受到啟發，激發管理方法和手段的創新，從而促進組織管理各個環節的創新。

4. 控制可以提高效率

通過「糾偏」，有助於提高組織員工的工作責任心和工作能力，可以防止類似偏差的再次發生，以降低其他成本；此外，通過反饋，有助於管理者增加經驗，有助於提高管理者的決策能力水準，達到提高管理效率的良好效果。1979年12月，學者洛倫茲在華盛頓召開的美國科學促進會的一次演講中提出這樣一個觀點：一隻蝴蝶在巴西扇動翅膀，有可能會在美國的德克薩斯州引起一場龍捲風。他的演講和結論給人們留下了極其生動的印象，從此以後，所謂的「蝴蝶效應」反應了混沌運動的重要特徵的說法不脛而走。從科學的角度看，「蝴蝶效應」反應了混沌運動的重要特徵——系統的長期行為對初始條件的敏感依賴性。在混沌系統中，初始條件十分微小的變化經過不斷放大，對未來的狀態會造成極其巨大的影響。

美國Whistle公司是一家製造雷達探測器的大型廠商，曾經因需求日益旺盛而放鬆了質量控制。次品率由4%上升到了9%，再到15%，直到25%。終於有一天該公司的管理者意識到公司全部250名雇員中有100人不得不完全投入到次品維修工作中，待修理的庫存產品更是達到了200萬美元。

工作中的偏差即工作失誤一般是不可能完全避免的，但是可以減輕偏差的幅度，關鍵是要能夠及時地獲得偏差信息，及時採取有效的矯正措施。20世紀90年代出版的暢銷著作《第五項修煉》始終強調管理中的兩個關鍵點——尋找槓桿和減少時滯，這都需要有效的控制系統來保證，從而較大幅度提高管理效率和效益。

5. 控制可以降低成本

從事經營管理工作的人，最熟悉的一個公式應該是：利潤＝收入－成本。成本領先是企業獲得競爭優勢的一個主要手段，它要求建立起達到有效規模的生產設施，強化成本控制，減少浪費。為了達到這些目標，有必要在管理方面對成本控制予以高度重視，通過有效的成本控制來降低成本，增加產出。

6. 控制有利於處理組織內部的複雜局面

企業的內部組織是複雜的，有設計、生產、銷售、財務、人事等，如果

一個企業只購買一種原材料，生產一種產品，組織設計簡單，並且市場對其產品需求穩定，那麼它的管理者只需一個非常基本和簡單的系統就能保持對企業生產經營活動的控制。但這樣的企業在現實中幾乎沒有，大多數企業要選用很多原材料，製造多種產品，市場區域廣闊，組織設計複雜並且競爭對手林立，他們需要複雜的系統來保證有效的控制。

面對組織內部的複雜局面，領導者授權很有必要，但是現實中很多管理者怕授權，原因是怕下屬將他們負責的事情做錯。然而管理者一旦建立起有效的控制系統，由它給管理者提供有關下屬工作績效的信息，那麼管理者對授權的擔心就會減輕，從而使組織內的複雜局面變得井然有序。

三、控制的目的

1. 限制偏差的累積

在實際工作的執行過程中，出現偏差是難以避免的，但小偏差會逐漸累積放大並最終對計劃的正常實施造成威脅。因此，防微杜漸，及早發現潛在的問題並進行及時的處理，就有助於確保組織按既定的路線發展下去。控制應密切關注那些經常發生變化而又直接影響組織活動的關鍵性問題；應隨時將計劃的執行結果與標準進行比較，若發現有超過計劃允許範圍的偏差時，應及時採取必要的糾正措施，使組織內部系統活動趨於相對穩定，以確保既定組織目標的實現。

2. 適應環境的變化

組織目標的實現總是需要相當長的一段時間，在這期間，對於那些長期存在的影響組織素質的慢性問題，控制要根據內外環境的變化對組織提出新的要求，打破執行現狀，重新修訂計劃，確定新的管理控制標準，使之更先進、更合理。

四、控制和計劃

控制就是檢查工作是否按既定的計劃、標準和方法進行，若有偏差就要分析原因，發出指示，並做出改進，以確保組織目標的實現。由此可見，控制職能幾乎包括了管理人員為保證實際工作與計劃一致所採取的一切活動。

控制和計劃的工作相當密切，具體體現在以下四個方面：

（1）計劃起著指導性作用，管理者在計劃的指導下領導各個方面的工作以便完成組織目標，而控制則是為了保證組織所完成的工作與計劃一致而產生的一種管理職能。

（2）計劃預先指出了所期望的行為和結果，而控制是按計劃指導實施的

行為和結果。

（3）有的管理者獲取關於每個部門、每條生產線以及整個組織過去和現狀的信息才能制訂出有效的計劃，而大多數人都是通過控制過程得到這些信息的。

（4）如果沒有計劃來表明控制的目標，管理者就不可能進行有效控制。

計劃和控制都是為了實現組織的目標，兩者是相互依存的。一般來說，控制過程中採取的更正措施是使實際工作符合原來的計劃目標，但有時也會導致更換目標和計劃，甚至是改變組織的機構，更換人員及其他重大的變革。

是否在任何情況下都能設計出一個完整的控制系統，是人們研究控制職能時所遇到的一個基本問題。為了解決這個基本問題，人們提出了許多控制模型，最常用的是傳統的控制模型，這個模型包括三個基本假設：

（1）要有界限清楚的一致標準，根據這種標準就能對實施情況進行度量。

（2）能夠找到某種度量單位，以便衡量所達成的實際結果。

（3）當標準同實施的情況比較時，任何差異都能夠被用來作為更正活動的根據。

滿足這三個基本假設是利用傳統控制模型來設計控制系統的前提條件。一般來說，企業的生產經營活動往往能夠滿足這些基本假設，因此傳統的控制模型在企業中得到了廣泛的應用。

然而，也有一些控制活動不能滿足傳統控制模型的三個基本假設，這時人們不得不採取策略控制模型來設計控制系統。這種模型的基本內容不是要有界限清楚一致的標準，而是利用協商和談判的方法進行控制。例如，對於某些一次性項目，由於以前對此毫無經驗，因此信息反饋作用就十分有限，唯一的控制標準可能是資源是否被充分利用了以及有沒有資源被挪作他用。用這種根據來評價的做法往往依賴於具體分配資源權力的個人或群體的價值觀與行為規範。

五、控制與組織

控制是現代管理的重要職能之一，必須存在於組織中，以監督和保證目標的實現。如果把組織看成一個開放系統，為了使組織的產出符合本身及環境的要求就必須存在控制子系統，它在組織系統中與其他子系統的關係如圖9-1所示。

組織系統中的最高領導者首先根據組織所面臨的內外環境來設計組織目標、計劃子系統，根據目標和環境狀況來判定管理計劃。這些計劃一方面下達給運行子系統，付諸實施；另一方面要送到控制子系統儲存起來，供日後

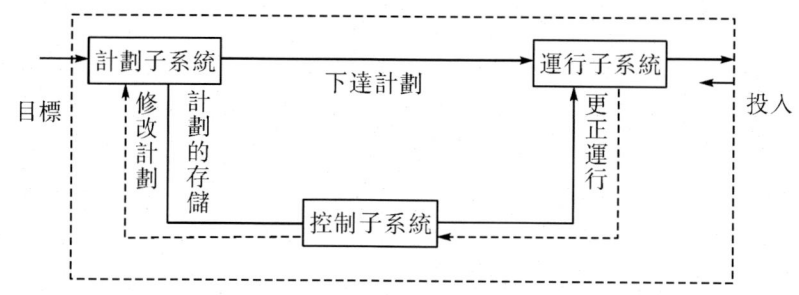

圖 9-1 控制系統與其他子系統的關係圖

與實際執行情況比較，找出偏差，以更正運行活動或提出修改計劃，實現控制。控制子系統向計劃子系統提出的報告有時會導致目標的改變。

第二節 控制工作原則和要求

任何一個負責任的管理人員，都希望有一個適宜的、有效的控制系統來幫助他們確保各項活動都符合計劃要求。但是，主管人員卻往往認識不到他們所進行的控制工作要根據組織機構、關鍵環節和下級主管人員的特點來設計，他們往往不能全面瞭解控制系統的原理。因此，要使控制工作發揮有效的作用，在建立控制系統時必須遵循一些基本的原理。

一、控制工作的原理

1. 反應計劃要求原理

反應計劃要求原理可表述為：控制是實現計劃的保證，控制的目的是為了實現計劃，因此計劃越是明確、全面、完整，所設計的控制系統越是能反應這樣的計劃，控制工作也就越有效。

每一項計劃或每一種工作都各有其特點。所以，為實現每一項計劃和完成每一種工作所設計的控制系統和所進行的控制工作，儘管基本過程是一樣的，但是確定什麼標準、控制哪些關鍵點和主要參數、收集什麼信息、如何收集信息、採用何種方法評定成效，以及由誰來控制和採取糾正措施等方面，都必須按不同計劃的特殊要求和具體情況來設計。例如，質量控制系統和成本控制系統儘管都在同一個生產系統中，但二者的設計要求是完全不同的。

2. 組織適應性原理

控制必須反應組織結構的類型。既然組織結構是對組織內各個成員擔任什麼職務的一種規定，而且它還是成為明確執行計劃和糾正偏差職責的依據，

那麼組織適應性原理可表述為：若一個組織結構的設計是明確的、完整和完善的，所設計的控制系統越是符合組織結構中的職責和職務要求，就越有助於糾正脫離計劃的偏差。例如，如果產品成本不按製造部門的組織結構分別進行核算和累計，如果每個車間主任都不知道該部門產出的產成品或半成品的目標成本，那麼他們就不可能知道實際成本是否合理，也不可能對成本負責任。這種情況下是談不上成本控制的。

因此，控制工作除了要能及時地發現執行過程中發生偏離計劃的情況外，還必須知道發生偏差的責任和採取糾正措施的責任應當由誰來承擔。組織結構作為明確組織中人們權責的主要工具，提供了哪些部門（或人員）要對計劃的實施以及計劃執行中的偏差負責的主要線索，因此，擬定的控制系統和方法必須考慮組織結構。同樣道理，控制技術和控制系統也應當考慮職位的情況。不可否認，控制越是能夠反應組織機構中負責採取措施的職位職責，就越有利於糾正偏離計劃的情況。

組織適應性原理的另一層含義是：控制系統必須符合每個主管人員的特點。也就是說，在設計控制系統時，不僅要考慮具體的職務要求，還應考慮到擔當該項職務的主管人員的個性。在設計控制系統信息的格式時，這一點特別重要。送給每位主管人員的信息所採用的形式，必須分別設計。例如，送給上層主管人員的信息要經過篩選，要特別表示與設計的偏差、與去年同期相比的結果以及主要的例外情況。為了突出比較的效果，應把比較的數字按縱行排列，而不要按橫行排列，因為從上到下看要比橫看數字更容易得到一個比較的概念。此外，還應把相互比較的數字均用統一的足夠大的單位來表示（如萬元、萬噸等），甚至可將非零數字限制在兩位數或三位數。

3. 控制關鍵點原理

控制關鍵點原理是控制工作的一條重要原理。這條原理可表述為：為了有效地進行控制，需要特別注意在根據各種計劃來衡量工作成效時有關鍵意義的那些因素。對一個主管人員來說，隨時注意計劃執行情況的每一個細節，通常是浪費時間精力和沒有必要的。他們應當也只能夠將注意力集中於計劃執行中的一些主要影響因素上。事實上，控制住了關鍵點，也就控制住了全局。

控制工作效率的要求，則從另一方面強調了控制關鍵點原理的重要性。所謂控制工作效率是指：控制方法如果能夠以最低的費用或其他代價來探查和闡明實際偏離或可能偏離計劃的偏差及其原因，那麼它就是有效的。既然對控制效率的要求是控制系統的一個限定因素，那自然就在很大程度上決定了主管人員只能在他們認為是重要的問題上選擇一些關鍵因素來進行控制。

選擇關鍵控制點的能力是管理工作的一種藝術，有效的控制在很大程度上取決於這種能力。目前已經有了一些有效的方法能幫助主管人員在某些控制工作中選擇關鍵點。例如，計劃評審技術就是一種在有著多種平行作業的複雜管理活動網絡中，尋找關鍵活動和關鍵線路的方法，它的成功運用確保了大型工程項目的提前和如期完成。

4. 控制趨勢原理

控制趨勢原理可表述為：對控制全局的主管人員來說，重要的是現狀所預示的趨勢，而不是現狀本身。控制變化的趨勢比僅僅改善現狀重要得多，也困難得多。一般來說，趨勢是多種複雜因素綜合作用的結果，是在一段較長的時期內逐漸形成的，並對管理工作成效起著長期的制約作用。趨勢往往容易被現象掩蓋，並不易被察覺，也不易被控制和扭轉。例如，一家生產高壓繼電器的大型企業，當年的統計數字表明銷售額較去年增長5%，但這種低速的增長卻預示著一種相反的趨勢。因為從國內新增的發電裝機容量來推測高壓繼電器的市場需求，較上年增長了10%，因此該企業的相對市場地位實際上是在下降。同樣是這個企業，經歷了連續幾年的高速增長後，開始步入一個停滯和低速增長的時期。儘管銷售部門做了較大的努力，但局面卻未根本扭轉。這迫使企業的上層主管人員從現狀中擺脫出來，把主要精力從抓銷售轉向了抓新產品開發和技術改造，因而從根本上扭轉了被動的局面。

通常，當趨勢可以明顯地描繪成一條曲線，或是可以描繪為某種數學模型時，再進行控制就為時已晚了。控制趨勢的關鍵在於從現狀中揭示傾向，特別是在趨勢剛顯露苗頭時就敏銳地察覺到。這也是一種管理藝術。

5. 例外原理

這一原理可表述為：主管人員越是只注意一些重要的例外偏差，也就越是把控制的注意力集中在那些超出一般情況的特別好或特別壞的情況，控制工作的效能和效率就越高。質量控制中廣泛地運用了例外原理來控制工序質量，工序質量控制的目的是檢查生產過程是否穩定。如果影響產品質量的主要因素，例如原材料、工具、設備、操作工人等無顯著變化，那麼產品質量也就不會有很大差異。這時我們可以認為生產過程是穩定的，或者說工序質量處於控制狀態中。反之，如果生產過程出現違反規律性的異常狀態時，應立即查明原因，及時採取措施使之恢復穩定。

需要指出的是，只注意例外情況是不夠的。在偏離標準的各種情況中，有一些偏差是無關緊要的，而另外一些則不然，某些微小的偏差可能比某些較大的偏差影響更大，比如說，一個主管人員可能認為利潤下降一個百分點非常嚴重，而對「合理化建議」獎勵超出預算的20%不以為然。

因此，在實際運用當中，例外原理必須與控制關鍵點原理相結合。僅立足於尋找例外情況是不夠的，我們應把注意力集中在關鍵點的例外情況控制上。這兩點原理有某些共同之處。但是，我們應當注意到它們的區別在於：控制關鍵點原理強調選擇控制點，而例外原理則強調觀察在這些點上所發生的異常偏差。

6. 直接控制原理

直接控制是相對於間接控制而言的。一個人，無論他是主管人員還是非主管人員，在工作過程中都常常會犯錯誤，或者往往不能覺察到即將出現的問題。這樣，在控制其工作時，就只能在出現了偏差後，通過分析偏差產生的原因，然後再去追究其個人責任，並使他們在今後的工作中加以改正。已如前述，這種控制方式，我們稱為「間接控制」。顯而易見，這種控制的缺陷是在出現了偏差後才去進行糾正。針對這個缺陷，直接控制原理可表述為：主管人員及其下屬的素質和工作質量越高，就越不需要進行間接控制。這是因為主管人員越能勝任他所負擔的職務，也就越能在事先覺察出偏離計劃的誤差，並及時採取措施來預防他們的發生。這就意味著任何一種控制的最直接方式，就是採取措施來盡可能地保證主管人員的質量。

二、控制的類型

按照控制點位置的不同進行分類，控制可分為前饋控制、同期控制和反饋控制三種，如圖 9-2 所示。

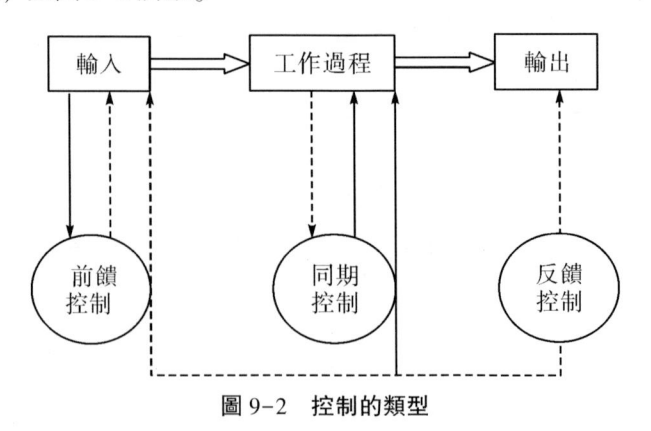

圖 9-2　控制的類型

1. 前饋控制（也稱預先控制）

前饋控制是指在系統運行的輸入階段就進行控制。前饋控制是在行動之前排除隱患，即「防患於未然」，事事想在前面、準備在前面，把握將來的發展勢態，把偏差消滅在萌芽狀態，損失最小、效率最高，是最科學、最經濟

的控制方法，但也是最難的方法。它需要充分準確的信息、準確的分析預測、準確的決策，要做到「料事如神」。如在組織中建立一系列規章制度，進行職工的崗前培訓等均屬於前饋控制。

2. 同期控制（也稱現場控制、同步開展、現時控制）

同期控制是在計劃的執行中同步進行控制，與工作過程同時發生的控制。同期控制是在行動過程中，及時發現偏差並糾正，將活動的損失控制在較低程度。同期控制較多用於基層管理者對生產經營活動的現場進行控制，是一種經濟有效的方法。同期控制可以對下屬的工作方法、工作程序、工作進度、工作態度等進行控制，管理者要進行比較、分析、糾正偏差等完整的控制工作，控制的標準是計劃工作確定的目標、政策、規範和制度等，同期控制對控制人員的素質要求比較高，要求有敏銳的判斷力、快速的反應能力和靈活多變的控制手段。隨著計算機技術的普及和發展，即時的信息採集、傳輸和控制得以有效實現。

3. 反饋控制（事後控制）

反饋控制是在計劃完成之後進行控制，並以此為改進下一次行動的依據，其目的並非要改進本次行動，而是要改進下一次行動的質量。反饋控制可以是行動的最終結果，也可以是行動過程的中間結果，反饋對於及時發現問題、排除隱患有著非常重要的作用。如組織中的產品質量檢查、職工的績效考評、財務報告的分析等均屬於反饋的內容。

反饋控制有一個致命的弱點就是滯後性，即對組織已經造成的危害無能為力，從衡量結果、比較分析到制定糾偏措施及實施都需要時間，很容易貽誤時機，增加控制的難度，而且往往已經造成了損失。

事後控制雖然有些不足，但常常是只能採用的唯一的控制手段，因為很多事件只有在發生後才可能看清結果。因為能給後面的工作提供信息和借鑑，以便改進工作，所以反饋控制也是一種常用的控制方法。

第三節　控制的過程與方法

一、控制的基本過程

控制工作的過程基本分為四個步驟：確定控制標準，衡量工作，分析衡量結果，針對問題採取管理行動。具體如圖 9-3 所示。

管理學基礎

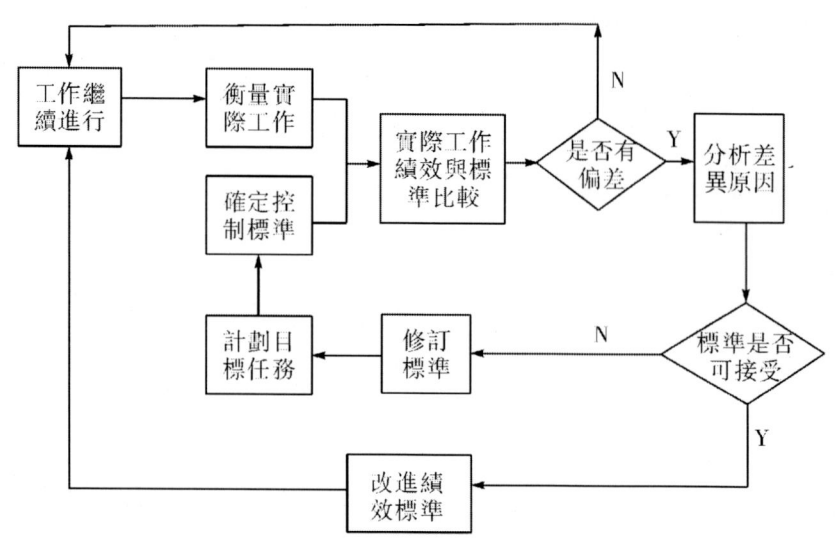

圖 9-3　控制工作的過程

1. 確定控制標準

標準是衡量工作績效的尺度，對照標準，管理人員可以判斷績效和成果。標準是控制的基礎，離開了標準，控制就無從談起。標準從計劃中產生，計劃必須先於控制。計劃是管理者設計工作和進行控制工作的準繩，所以控制工作的第一步總是制訂計劃。由於計劃的詳細程度和負責程度不一，它的標準不一定適合控制工作的要求，而且控制工作需要的不是計劃中的全部指標和標準，而是其中的關鍵點。所以，管理者實施控制的第一步是以計劃為基礎，制訂控制工作的標準。

標準的類型很多，可以是定量的，也可以是定性的。一般情況下，標準應盡量數字化和定量化，以保持控制的準確性。企業常見的控制標準有：

（1）時間標準：完成一定工作所需花的時間限度。
（2）生產標準：在規定時間裡所完成的工作量。
（3）消耗標準：完成一定工作所需的有關消耗。
（4）質量標準：工作應達到的要求，或產品、勞務應達到的品質標準。
（5）行為標準：對員工規定的行為準則要求。

對不同的組織、不同的計劃、不同的控制環節，控制標準也有所不同。如麥當勞快餐店的服務標準是：①95%的顧客進店3分鐘之內應受到接待；②預熱的漢堡在售給顧客前，其烘烤的時間不得超過5分鐘；③顧客離開後5分鐘之內所有的空位必須清理完畢等。

2. 衡量工作

衡量績效也是控制當中信息反饋的過程。管理者首先需要收集信息，考慮衡量什麼和如何衡量兩大問題，以及衡量時的注意事項。

（1） 如何衡量

如何衡量，是一個方法問題，在實際工作中常用的方法有：個人觀察、統計報告、口頭報告、書面報告和抽樣調查等方法。最常用的方法有下面幾種。

個人觀察法提供了關於實際工作的第一手資料，避免了可能出現的遺漏和失真。特別是在對基層工作人員工作績效控制時，個人觀察是一種非常有效的手段。個人觀察法的局限性是：這種方法費時費力，難以考慮更深層的內容，由於受時間的限制，有時不能全面瞭解觀察對象的總體情況。

口頭報告法主要通過下屬對上級的匯報，使上級能夠掌握實際情況，瞭解工作的成果、現狀及存在的問題和困難等。這種方法比較靈活，聽取報告者可以隨時提出自己需要瞭解的問題，報告者和聽取者也可以雙向傳遞信息。因此，它比個人觀察法能取得更加廣泛、深入和完整的信息。

書面報告法是提供控制信息最常用的一種方法。書面報告的形式很多，大致可分為報表資料和專題報告兩種。報表資料一般由大量的統計數據和各種指標以及必要的文字說明構成。專題報告則主要是根據有關的資料對某一個問題進行比較深入的分析，找出問題的原因。但不論哪種形式的報告，其內容都應該包括計劃和實際兩方面的資料，並且其詳細程度應與標準相一致，這樣便於閱讀者進行對比分析。書面報告提供速度要相對慢一些，比口頭報告顯得要正式一些。它的優點是比較精確和全面，且易於分類存檔和查找。

衡量實際工作績效實際上是一種信息的收集過程，任何信息收集過程都要注意所獲取信息的質量。因此，在利用上述方法進行衡量工作時，要特別注意所獲取信息的準確性、及時性、可靠性和實用性。計算機的廣泛應用和企業管理信息系統（MIS）的建立，使信息的收集工作和統計報表的製作日益方便，除了提供數據以外還可提供圖形、圖表等多種形象直觀的顯示方法以及數據之間的關係，極大地方便了使用者，為有效控制工作的實施創造了良好的條件。上述這些方法各有其優缺點，管理者在控制活動中必須綜合使用才能取得較好的效果。

（2） 衡量什麼

衡量什麼是一個比如何衡量更關鍵的問題。如果錯誤地選擇了標準，將會導致嚴重的不良後果。衡量什麼還將會在很大程度上決定組織中的員工追求什麼。

有一些控制標準是可在任何管理環境中都運用的。例如，根據定義，管理者是指導他人行動的人，因此像員工的滿意程度或營業額以及出勤率等是可以衡量的。許多管理者通常都有他職權範圍內的費用預算，因此將支出費用控制在預算之內是一種常用的衡量手段。但是，任何內容廣泛的控制系統都必須承認管理者方式的多樣化。例如，一個製造工廠的經理可以用每日的產量、單位產品所耗費的工時、單位產品所耗費的資源或客戶退貨的百分比來衡量工作業績。一個政府管理部門的負責人可以用每天起草的文件份數、每小時分佈的命令數或用電話處理一項事務的平均耗費時間進行衡量。這些都體現出了衡量的多樣性及其不同組織和管理者追求和控制重點的不同。

有些工作和活動的結果是難以用數量標準來衡量的。例如，管理者在衡量一個化學研究人員或一個小學教師的工作量時，顯然要比衡量一個人壽保險推銷員的工作要困難得多。

但是，許多活動是可以分解成能夠用目標來衡量的工作的。這時管理者需要首先確定某個個人、部門或單位對整個組織所貢獻的價值，然後將其轉換成標準加以衡量。

許多工作和活動是可以用確定的或可度量的術語來表達的。當一種衡量成績的指標不能用定量方式表達時，管理應該尋求一種主觀的衡量方法。當然，主觀方法具有很大的局限性，但這總比什麼都沒有要好，比沒有控制機制要好。以難以度量為借口來避免對重要活動進行衡量是不可取的，在這種情況下管理者應該使用主觀標準進行衡量，但應該意識到其根據的局限性。

3. 分析衡量結果

獲得了實際工作績效的結果之後，接下來的工作就是：將衡量結果與標準進行比較，並對比較結果進行分析。比較的結果無非有兩種可能：一種是存在偏差，另一種是不存在偏差。需要注意的是，只有實際工作與標準之間的差異超過了一定的範圍，我們才認為存在偏差。偏差有兩種情況：一種是正偏差，即實際工作績效優於控制標準；另一種是負偏差，即實際工作績效低於控制標準。出現正偏差，表明實際工作取得了良好的績效，應及時總結經驗，肯定成績。但如果正偏差太大也應引起注意，這可能是因為控制標準制定得太低，這時應對其進行認真分析。負偏差的出現表明實際工作績效不理想，應迅速準確地分析其中的原因，為糾正偏差提供依據。

偏差出現的原因是多種多樣的，例如，某企業某月的實際銷售低於計劃的銷售額，原因可能是銷售部門工作不力，也可能是產品質量有所下降，也可能是競爭對手降低了產品價格，也可能是宏觀經濟因素引起的需求疲軟，還可能是該月的銷售計劃不合實際。因此，對於偏差的原因可以歸結為三大

類：計劃或標準不合理、組織內部因素的變化以及組織外部環境的變化。

（1）計劃或標準不合理

計劃或標準過高或過低，都會造成偏差。在制訂計劃或標準時不切實際、盲目樂觀，把目標定得過高，有時甚至根本達不到，如過高的利潤目標、市場佔有率目標等，在這種情況下就容易出現負偏差。相反，在制訂計劃或標準時過於保守，低估自己的實力，把目標定的太低，很容易達到，這種情況就容易出現正偏差。

（2）組織內部因素的變化

組織內部因素的變化是組織中人、財、物等資源供應配置狀況或人員行為結果等與計劃中的前提條件不符，具體包括生產的物質條件、資金的供給、員工的工作態度和工作能力等。這些組織內部因素、現實情況與計劃的前提條件不符合就會導致偏差的發生。如質量管理部門的工作不力會造成產品質量的下降，生產設備的故障會造成生產任務不能及時完成的後果。

（3）組織外部環境的變化

組織外部環境的變化是指組織外部環境因素，如經濟、技術、政治、社會、供應商、顧客、競爭對手等因素與計劃中的前提條件不符。這種不符就會導致偏差的發生，如成本的上升也會造成財務費用的增加，競爭對手加大促銷力度會造成銷售額的下降等。

4. 採取管理行動

控制的最後一個步驟就是根據衡量和分析的結果採取適當的措施，管理者應該在下面三種控制方案中選擇一個：維持現狀、糾正偏差、修訂標準。當衡量績效令人滿意時，可採取第一種方案；如果發現偏差，就要根據對結果的分析，採取不同的更正措施，即糾正偏差或修訂標準。

在實際控制工作中，如果偏差沒有超出管理者可接受的範圍或者執行工作順利沒有任何偏差，管理者就不需要採取糾偏行動。還有一種可能，通過成本效益比較，如果採取糾偏行動，其費用可能會超過偏差帶來的損失。也就是說，對於糾偏的措施，其實施條件和效果的經濟性都要低於不採取任何行動，那麼最好的方法也許就是不採取行動。下面主要討論其他兩種糾偏措施。

（1）改進工作績效

如果偏差分析結果表明，計劃或標準是符合實際情況的，偏差是因實際工作績效不理想而產生的，那麼管理者就應該採取一定的糾正行動來有針對性地改善實際工作績效。這種糾正行動可以是管理策略的調整、組織機構的變動、培訓計劃的改變、人事方面的調整、資金計劃的調配等。例如，如果

發現造成銷售收入下降的原因是產品技術陳舊，那就要通過增加研發投入來改變這種狀況；當發現工人完不成生產任務的原因是操作不當，就需要對工人提供額外的培訓以使其熟練掌握操作技術。

（2）修訂標準

正如前面所述，產生偏差的原因可能來自不合理的控制標準，標準制定得過高或過低都會造成偏差的出現。當發現控制標準不切實際時，管理者應仔細分析，重新修訂標準，使其符合實際情況，因不切合實際的標準會給組織帶來很大的危害。因此，管理者應特別注意這一點，當其他因素都發揮正常時，如果出現偏差，管理者就應注意標準是否有問題，而不是實際工作績效。

二、控制的基本方法

1. 預算控制

預算是一種以貨幣和數量表示的計劃，是關於為完成組織目標和計劃所需資金的來源和用途的一項書面說明。預算將計劃規定的活動用貨幣作為計量單位表現出來，由於組織內的任何活動都離不開資金的運動，通過預算，就可以使計劃具體化，從而更富有控制性。

預算的種類很多，不同的組織，其預算也會各有特色。一般的預算可分為以下幾種：收支預算（營業預算）、實物預算、現金預算、總預算、投資預算。

2. 生產控制

從系統的角度看，我們可以把企業看成一個投入產出系統。首先企業從系統外部獲得生產所需的原材料、零部件、燃料動力、人工等投入要素，經過企業系統的轉換和營運，生產出有形的產品或無形的勞務。在這個過程中，為了達到企業的經營目標，就必須對企業的經營管理活動進行有效的控制。控制活動貫穿於企業經營活動的全過程。這裡我們就與投入有關的供應商的控制和庫存控制以及與產出有關的質量控制進行討論。

（1）供應商的控制

供應商供貨的及時與否、質量的好壞、價格的高低，都會對企業最終產品產生重大影響。因此，對供應商的控制就是對企業經營活動源頭的控制。隨著全球經濟一體化的發展，為了保證原材料的價格和質量以及供貨的可靠性，目前大多企業都在全球範圍內選擇自己的供應商。

對供應商的控制主要有兩種途徑：①通過建立一種長期的、穩定的、合作的雙贏局勢。企業同供應商之間建立一種相互依賴、相互促進的新型關係，

可以幫助供應商提高原材料質量，降低成本，使供需雙方在這種協作中分享共同創造的價值。這種新型關係的建立，降低了雙方的經營風險，提高了效益，真正做到了雙贏。②通過持有供應商一部分或全部股份，或通過由本企業系統內部某個子企業供貨的方式。這常常是跨國公司為了保證貨源而採取的一種做法，也是企業縱向一體化戰略實施的一個例證。很多日本的大型企業便是採取這種做法來控制供應商。

（2）庫存控制

對庫存的控制主要是為了減少庫存量，降低各種占用，提高經濟效益。管理人員可通過使用經濟訂購批量模型計算出最優訂購批量，使所有費用達到最小。這個模型考慮了三種成本：①訂購成本，即每次訂貨所需要的費用（包括通信、文件處理費、差旅費、行政管理費等）；②保管費及儲存原材料或零部件所需的費用（包括庫存費、占用資金利息、保險費、折舊費等）；③總成本是訂購成本和保管成本之和。

當企業在一定期間內總需求量或訂購量為一定時，如果每次訂購的數量越大，則所需訂購的次數越少；如果每次訂購的數量越小，則所需訂購次數越多。也就是說，訂購成本隨定購批量的增加而減小，保管成本隨訂購批量的增加而增加。總成本費用肯定有一個最小值，這個最小的總成本對應的訂購批量就是經濟訂購批量。

（3）質量控制

質量有廣義和狹義之分。狹義的質量指產品的質量；而廣義的質量除了涵蓋產品質量以外，還包括工作質量。產品的質量主要指產品的使用價值，即產品滿足消費者需要的功能和性質。這些功能和性質可以具體化為下列五個方面：性能、壽命、安全性、可靠性和經濟性。工作質量主要指在生產過程中，圍繞保障產品質量而進行的質量管理活動水準。

質量管理和控制經歷了三個階段，即質量檢驗階段、統計質量管理階段和全面質量管理階段。全面質量管理自20世紀50年代產生以來，目前已經形成了一套完整的管理理念，風靡全球。他強調質量管理的全過程、多指標、多環節、綜合性以及全員參與的管理理念。主要有以下方面的特徵：

（1）管理對象的含義是全面的。全面質量管理中的質量含義是廣義的質量，它既包括產品的質量，又包括產品賴以形成的工作質量。

（2）管理的範圍是全面的。其包括產品設計、製造、輔助生產、原料供應、銷售過程直至使用的全過程。

（3）參與的人員是全面的。企業的領導者、管理者、技術人員和每一個員工，各部門、各機構都要參與到質量管理活動中來。

（4）管理的方法是全面的。全面質量管理強調要根據不同情況和影響因素，採取多種多樣的管理技術和方法，包括科學的組織工作、數理統計方法的應用、先進的科學技術手段和技術改造措施等。

全面質量管理活動最基本、最重要的工作程序是 PDCA 循環，它是提高產品質量和管理工作質量的有效手段。所謂 PDCA 循環，就是在質量控制和管理活動中，將其分為計劃、實施、檢查、處理四個階段。通過這個循環，質量水準可以提升到一個更高的層次。

練習題

一、選擇題

1. 最理想的標準是（　　）的標準。
   A. 定性　　　　　　　　B. 定量
   C. 統一　　　　　　　　D. 可考核

2. （　　）控制又叫預先控制。
   A. 前饋　　　　　　　　B. 反饋
   C. 現場　　　　　　　　D. 直接

3. 原材料的前饋控制中，常用的方法是通過檢查（　　）來進行控制。
   A. 計劃　　　　　　　　B. 樣品
   C. 全部材料　　　　　　D. 化驗結果

4. 管理者在視察中發現一員工操作機器不當，立即為其指明正確的操作方法並告訴該員工在以後的工作中要按正確的方式操作。這是一種（　　）。
   A. 反饋控制　　　　　　B. 現場控制
   C. 前饋控制　　　　　　D. 指揮命令

5. 統計分析表明，「關鍵的事總是少數，一般的事總是多數」，這意味著控制工作最應該重視（　　）。
   A. 突出重點，強調例外　　B. 靈活、及時和適度
   C. 客觀、精確和具體　　　D. 協調計劃和組織工作

二、名詞解釋

控制　前饋控制　同期控制　反饋控制

三、簡答題

1. 在管理中控制主要有哪些作用？

2. 控制的過程包含哪幾個步驟？
3. 對人員日常控制的方法有哪些？
4. 在控制的幾大職能中，計劃職能與控制職能的關係如何？
5. 簡述控制的類型。

四、案例分析題

麥當勞公司的控制

麥當勞公司以經營快餐而聞名。1955 年，羅伊·克洛克在美國創辦了第一家麥當勞餐廳，其菜單上的品種不多，但食品質量高、價廉、供應迅速、環境優美。連鎖店迅速擴大到每個州，至 1983 年，美國國內分店已超過 6,000 家。麥當勞金色的拱門允諾：每個餐廳的菜單基本相同，而且「質量超群，服務優良，清潔衛生，貨真價實」。它的產品、加工和烹制程序乃至廚房布置，都是標準化、嚴格控制的。

麥當勞的各分店都是由當地人所有，並由當地人從事經營管理。鑒於在快餐飲食業中維持產品質量和服務水準是其經營成功的關鍵，因此，麥當勞公司在採取特許連鎖經營這種開闢分店和實現地域擴張的同時，特別注意對連鎖店的管理控制。如果管理控制不當，使顧客吃到不對味的漢堡包或受到不友善的接待，其後果不僅是這家分店將失去這批顧客及其周圍人的光顧，還會波及影響到其他分店的生意，乃至損害整個公司的信譽。

麥當勞公司主要是通過授予特許權的方式來開闢分店。其考慮之一就是使購買特許經營權的人在成為分店經理人員的同時也成為該分店的所有者，從而使其在直接分享利潤的激勵中形成了對所擴展業務的強有力控制。麥當勞公司在出售其特許經營權時非常慎重，總是通過各方面調查瞭解後，挑選那些具有卓越經營管理才能的人作為店主，而且若事後發現其能力不符，則撤回這一授權。

麥當勞公司還通過詳細的程序、規則和條例，使分佈在世界各地的麥當勞分店的經營者和員工們進行標準化、規範化的作業。麥當勞公司對製作漢堡包、炸土豆條、招待顧客和清理餐桌等工作都事先進行翔實的動作研究，確定各項工作開展的最好方式，然後再編成書面的規定，用以指導和規範各分店管理人員和一般員工的行為。公司在芝加哥開辦了專門的培訓中心——漢堡包大學，要求所有的特許經營者在開業之前都要接受一個月的強化培訓。回去之後，還要求他們對所有的工作人員進行培訓，確保其對公司的規章條例有準確的理解並貫徹執行。

為了確保所有特許經營分店都能按統一的要求開展活動，麥當勞總部的管理人員還經常走訪、巡視世界各地的經營店，進行直接的監督和控制。除了直接控制外，麥當勞公司還定期對各分店的經營業績進行考評。為此，各分店要及時提供有關營業額、經營成本和利潤等方面的信息，這樣總部管理人員就能及時把握各分店經營的動態和出現的問題，以便商討和採取改進的對策。

麥當勞公司的另一個控制手段，就是要求所有經營分店都塑造公司獨特的組織文化，這就是大家所熟知的由「質量超群，服務優良，清潔衛生，貨真價實」口號所體現的文化價值觀。麥當勞公司共享價值觀的建設，不僅在世界各地的分店及其上上下下的員工中進行，而且還將公司的顧客也包括進這支隊伍中。麥當勞的顧客雖然要自我服務，但公司特別重視顧客的要求，如為他們的孩子們開設游戲場所，提供快樂餐和生日聚會等服務，以形成家庭式的氛圍，這樣既吸引了孩子們，也增強了成年人對公司的忠實度。

問題：

(1) 麥當勞提出的「質量超群，服務優良，清潔衛生，貨真價實」口號是通過什麼控制手段實現的？

(2) 該控制系統是如何促進麥當勞公司全球擴張戰略實現的？

(3) 麥當勞的管理控制方法對中國的飲食連鎖店有什麼啟示？

第十章　管理創新

導入案例

創新的力量

　　缺乏創造力的人會說輪胎可以用來做救生圈或者捆在樹上做秋千，富有創造力的人會說諸如「當大象的眼鏡架」或是「機器人頭上的光環」。富有創造力的人比缺乏創造力的人更加靈活。

　　美國明尼蘇達採礦公司總能產生新穎的想法並將其轉換成盈利的產品，如玻璃紙袋、防刮、保護材料，帶有鬆緊帶的一次性尿布等；同樣，英特爾公司在芯片微型化方面也領先於所有的製造商，當時，386和486芯片的成功開發使該公司佔有了與IBM兼容的個人計算機微處理器市場的75%份額。以50億美元的年銷售收入作為支撐，該公司每年投入12億美元用於廠房和設備，8億美元用於研究開發，從而保證有新的更有力的產品源源推出，使公司保證競爭的領先地位。

　　問題：
　　（1）企業進行創新是否有必要？為什麼？
　　（2）企業應該如何進行創新？

第一節　創新概述

一、作為管理基本職能的創新

　　「創新」並不是陌生的詞彙，它經常出現在各類管理學著作、教材之中。人們通常將它與設備的更新、產品的開發或工藝的改進聯繫在一起。無疑，這些技術方面的革新是創新的重要內容，但不是全部內容。創新首先是一種思想及在這種思想指導下的實踐，是一種原則以及在這種原則指導下的具體活動，是管理的一種基本職能。創新工作作為管理的職能表現為它本身就是

管理工作的一個環節，它對於任何組織來說都是一種重要的活動。創新工作也和其他管理職能一樣，有其內在邏輯性。建構在其邏輯性基礎上的工作原則，可以使創新活動有計劃、有步驟地進行。

1. 創新工作是管理過程的重要一環

從邏輯順序上來考察，在特定時期內對某一社會經濟系統（組織）的管理工作主要包括下述內容：①確立系統的目標，即人們從事某項活動希望達到的狀況和水準；②制定並選擇可實現目標的行動方案；③分解目標活動，據此設計系統所需要的職務、崗位並加以組合，規定它們之間的相互關係，形成一定的系統結構；④根據各崗位的工作要求，招聘和調配工作人員；⑤發布工作指令，組織供應各環節活動所需的物質和信息條件，使系統運行起來；⑥在系統運轉過程中，協調各部分的關係，使他們的工作相互銜接、平衡進行；⑦檢查和控制各部門的工作，糾正實際工作中的失誤和偏差，使之符合預定的要求；⑧注意內外條件的變化，尋找並利用變革的機會，計劃並組織實施系統的創新和發展。

上述管理工作可以概述為：設計系統的目標、結構和運行規劃，啟動並監視系統的運行，使之按預定的規則操作；分析系統運行中的變化，進行局部或全局的調整，使系統與內外環境保持動態的一致。顯然，管理過程是由維持與創新兩個部分構成，任何組織系統的任何管理工作無不包含在「維持」或「創新」中，維持與創新是管理的本質內容。

2. 創新工作是重要的管理活動

組織作為一個有機體也和所有的生物有機體一樣，都是處於不斷進化和演變過程之中的，任何組織管理只有維持工作顯然是不夠的，它無法實現組織的可持續發展。管理的創新職能就是要突出「物競天擇，適者生存」的基本規律對於組織的作用。

創新對於組織來說是至關重要的，這首先是因為創新是組織發展的基礎，是組織獲取經濟增長的源泉。在過去的一個世紀中，人類的經濟獲得了迅猛的增長，20世紀大部分組織的增長率超過了第一次工業革命時期。這種發展和增長的根源就是約瑟夫·熊彼特所說的「創新」。創新是經濟發展的核心，創新使得物質的增長更加便利。

其次，創新是組織謀取競爭優勢的利器。當今社會，各類組織的迅速發展使得組織間的相互競爭成為普遍現象，特別是全球化的深入使得工商業的競爭更加激烈。要想在競爭中獲得有利位置，就必須將創新放在突出的地位。競爭的壓力要求企業家們不得不改進已有的制度、採用新的技術、推出新的產品、增加新的服務。有數據表明，在創造性思維和組織效益之間具有直接

的正相關性。

最後，創新是組織擺脫發展危機的途徑。發展危機是指組織明顯難以維持現狀，如果不進行改革，組織就難以為繼的狀況。發展危機對於組織來說是週期性的，組織每一步的發展都有其工作重心的轉變和新的發展障礙。在創業期間管理目標更主要是對需求的快速、準確反應，關注的是資金的充裕和安全問題；進入學步期和青春期，組織管理的目標更多在於利潤的增加和銷售量與市場份額的擴大；組織成熟期後管理目標則轉向維持已有市場地位。相應地，在各階段組織會出現領導危機、自主性危機、控制危機和硬化危機。組織只有不斷創新才能渡過各種難關，持續健康地發展。

3. 創新工作具有邏輯的結構

人們對於管理的創新職能存在一些誤解，例如有些人會將創新看成是偶然性的活動，是非正常的千奇百怪的事情等。事實上，就個體的某次創新活動而言，它可能出自勇於探索的成員，創新的成果也會超出常人的想像，會具有偶然性因素的作用。但是，組織的創新工作並不等於個別的創新活動，而是大量的創新活動表現出的共性的邏輯與原則。作為管理職能的創新工作就是在這種原則指導下的創新活動。

實踐和理論研究都表明組織的創新工作經歷了內外因素分析、創新計劃和決策、組織和實施創新活動等幾個環節。內外因素分析就是要分析公司所面對的內外環境因素、分析組織的創新需求、明確組織可創新的問題、認清創新活動的利弊得失。創新的計劃和決策的任務是確定公司新的願景和戰略，制訂創新的計劃，如創新的內容、創新的深度和力度、創新的切入點、創新的時間進度和預期達到的目標；創新的組織和實施階段包括組建創新團隊、培訓創新的骨幹，進行組織重構和重新分配資源，進行創新進程的控制和評估創新的成果，並將獲得的成果加以推廣和應用。於是，組織進入了新的管理階段，其目標是保持和鞏固創新的結果，使創新活動帶動組織績效的全面提升。

二、創新管理與維持管理的關係

作為管理的基本內容，維持與創新對系統的存在都是非常重要的。

維持是保證系統活動順利進行的基本手段，也是組織中最常見的工作。根據物理學的熵增原理，原來基於合理分工、職責明確而嚴密銜接起來的有序的系統結構，會隨著系統在運轉過程中各部分之間的摩擦而逐漸地從有序走向無序，最終導致有序平衡結構的解體。管理的維持職能便是要嚴格地按預定的規劃來監視和修正系統的運行，盡力避免各子系統之間的摩擦，或減

少因摩擦而產生的結構內耗，以保持系統的有序性。沒有維持，社會經濟系統的目標就難以實現，計劃就無法落實，各成員的工作就有可能偏離計劃的要求，系統的各個要素就有可能相互脫離，各行其是，從而使整個系統呈現出一種混亂的狀況。所以，維持對於系統生命的延續是至關重要的。

但是，僅有維持是不夠的。任何社會系統都是一個由眾多要素構成的，與外部不斷發生物質、信息、能量交換的動態、開放的非平衡系統。而系統的外部環境是在不斷發生變化的，這些變化必然會對系統的活動內容、活動形式和活動要素產生不同程度的影響；同時，系統內部的各種要素也是在不斷發生變化的。系統內部某個或某些要素在特定時期的變化必然要求或引起系統內其他要素的連鎖反應，從而對系統原有的目標、活動要素間的相互關係等產生一定的影響。系統若不及時根據內外變化的要求，適時進行局部或全局的調整，就可能被變化的環境淘汰，或為改變了的內部要素所不容。這種為適應系統內外變化而進行的局部和全局的調整，便是管理的創新職能。

任何社會經濟系統，不論是誰創建了它，不論創建的目的是什麼，一旦它開始存在，它首先必須追求的目標均是維持其存在、延續其壽命、實現其發展。但是，不論系統的主觀願望如何，系統的壽命總是有一定期限的。系統自誕生被社會承認開始到消亡、被社會淘汰結束的時期稱為系統的壽命週期。一般社會經濟系統在壽命週期中要經歷孕育、成長、成熟、蛻變以及消亡五個階段。

從某種意義上來說，系統的社會存在是以社會的接受為前提的，而社會之所以允許某個系統存在，又是因為該系統提供了社會需要的某種貢獻；系統要向社會提供這種貢獻，則必須首先以一定的方式從社會中取得某些資源並加以組合。系統向社會的索取（投入資源）越是小於它向社會提供的貢獻（有效產出），系統能夠向社會提供的貢獻與社會需要的貢獻越是吻合，則系統的生命力就越是旺盛，其壽命週期也越可能延長。孕育、初生期的系統，限於自身的能力和對社會的瞭解，提供社會所需要的貢獻的能力總是有限的；隨著系統的成長和成熟，它與社會的互相認識不斷加深，所能提供的貢獻與社會需要的貢獻便傾向和諧；而一旦系統不能跟上社會的變化，其產品或服務不再被社會需要，或內部的資源轉換功能退化，系統向社會的索取超過對社會的貢獻，則系統會逐步地被社會所拋棄，趨向消亡。

根據上面的分析可以看出，系統的生命力取決於社會對系統貢獻的需要程度和系統本身的貢獻能力；而系統的貢獻能力又取決於系統從社會中獲取資源的能力、利用資源的能力以及對社會需要的認識能力。要提高系統的生命力，擴展系統的生命週期，就必須使系統提高內部的這些能力，並通過系

統本身的工作，增強社會對系統貢獻的需要程度。由於社會的需要是在不斷變化的，社會向系統供應的資源在數量和種類上也在不斷改變，系統如果不能適應這些變化，以新的方式提供新的貢獻，則可能難以被社會允許繼續存在。系統不斷改變或調整取得和組合資源的方式、方向和結果，向社會提供新的貢獻，這正是創新的主要內涵和作用。

綜上所述，作為管理的兩個基本職能，維持與創新對系統的生存發展都是非常重要的，它們是相互聯繫、不可或缺的。創新是維持基礎上的發展，而維持則是創新的邏輯延續；維持是為了實現創新的成果，而創新則是為更高層次的維持提供依託和框架。任何管理工作，都應圍繞著系統運轉的維持和創新而展開。只有創新沒有維持，系統會呈現時刻變化的無序混亂狀態；而只有維持沒有創新，系統則缺乏活力，猶如一潭死水，適應不了任何外界變化，最終會被環境淘汰。卓越的管理是實現維持與創新最優組合的管理。

（1）創新管理與維持管理在邏輯上表現為相互連接、互為延續的鏈條。組織的管理總是從創新到維持、再到創新和再到維持的循環反覆的過程。美國管理學者戴維・K．赫斯特運用案例研究的方法揭示了組織管理的維持和創新生態循環過程，這種過程如同森林的產生、成長、毀滅和再生的循環過程。與此類似，阿伯納西和厄特拜克在產品生命週期理論的基礎上進一步描述了創新類型的分佈。在產品的幼年期，組織中需要重大的產品創新；進入產品成長期，重大的工藝創新占據主導地位；而在成熟期主要是維持活動；在衰退期組織又需要重大的產品創新。

（2）有效的管理是實現維持與創新最優組合的管理。維持與創新在邏輯上的相互連接、互為延續的關係並不意味著兩者在空間和時間的分離。事實上，組織管理活動是維持和創新的相互融合。有效的管理就是要根據組織的結構維度和關聯維度來確定維持和創新的組合。過度維持會導致組織的僵化和保守，抑制人的能力的發展，也會忽視市場的競爭和技術的變化，導致組織反應能力的下降，使得組織失去發展的機會；過度的維持往往只是注重短期利益，忽視組織的長期的發展戰略。另外，過度的創新和對創新的採納會消耗大量的物力、財力資源，並不能從創新收益中得到補償；過度創新會導致組織規章制度權威性減弱、結構體系的紊亂、專業化程度的削弱；嚴重的、過度的創新還會導致組織凝聚力的下降，乃至組織的瓦解。

（3）維持管理與創新管理在目標和方向上的不同表現為在基本職能上的差異。就管理使命方面來說，創新管理是力圖突破現狀，率領所領導的企業拋棄一切不適宜的傳統做法；而維持管理則致力於維持秩序和守業。在計劃上，創新是以確定組織未來的經營方向為目標，包括遠景目標和實現遠景目

標的戰略。而維持管理一般是編製短期、周密的計劃方案和預算。在組織上，創新組織聯合所有相關者，形成企業內外相互密切配合的關係網絡。而維持管理一般是設計體現合理的工作分工和協作、匯報關係的結構體系，並配備合適的人員執行結構設計所規定的角色任務。在領導上，創新管理通過與所有能提供合作和幫助的人們進行大量的溝通交流，並提供有力的激勵和鼓舞，率領大眾朝著某個共同方向前進；而維持管理借助於指揮、命令，通過上級對下級的指導、監督，使各層次、各部門的人員能按部就班地開展工作。在控制上，創新管理表現為盡量減少計劃執行中的偏差，確保主要績效指標的實現。而維持管理是因環境變化的需要而適時、適度地調整計劃目標。總體上來說，維持管理與創新管理在風格上表現出了較大的差異性。在組織中，一個管理者往往難以承擔起兩方面的角色任務。例如，像艾柯卡那樣優秀的創新管理者，卻無法完成維持管理的任務。

三、創新的類別與特徵

系統內部的創新可以從不同的角度去考察。

從創新的規模以及創新對系統的影響程度來考察，可將其分為局部創新和整體創新。局部創新是指在系統性質和目標不變的前提下，系統活動的某些內容、某些要素的性質或其相互組合的方式，以及系統的社會貢獻的形式或方式等發生變動；整體創新則往往改變系統的目標和使命，涉及系統的目標和運行方式，影響系統對社會貢獻的性質。

從創新與環境的關係來分析，可將其分為消極防禦型創新與積極攻擊型創新。防禦型創新是指由於外部環境的變化對系統的存在和運行造成了某種程度的威脅，為了避免威脅或由此造成的系統損失擴大，系統在內部展開的局部或全局性調整；攻擊型創新是在觀察外部世界運動的過程中，敏銳地預測到未來環境可能提供的某種有利機會，從而主動調整系統的戰略和技術，積極開發和利用這種機會，謀求系統的發展。

從創新發生的時期來看，可將其分為系統初建期的創新和運行中的創新。系統的組建本身就是社會的一項創新活動。系統的創建者在一張白紙上繪製系統的目標、結構、運行規劃等藍圖，這本身就要求有創新的思想和意識，創造一個全然不同於現有社會（經濟組織）的新系統，尋找最滿意的方案，取得最優秀的要素，並以最合理方式組合，使系統進行活動。但是「創業難，守業更難」，在動盪的環境中「守業」，必然要積極地以攻為守，不斷地創新。創新活動更大量地存在於系統組建完畢開始運轉以後。系統的管理者要不斷地在系統運行的過程中尋找、發現和利用新的創業機會，更新系統的活動內

容，調整系統的結構，擴展系統的規模。

從創新的組織程度上看，可將其分為自發創新與有組織的創新。任何社會經濟組織都是在一定環境中運轉的開放系統，環境的任何變化都會對系統的存在和存在方式產生一定影響，系統內部與外部直接聯繫的各子系統接收到環境變化的信號以後，必然會在其工作內容、工作方式、工作目標等方面進行積極或消極的調整，以應付變化或適應變化的要求。同時，社會經濟組織內部的各個組成部分是相互聯繫、相互依存的。系統的相關性決定了與外部有聯繫的子系統根據環境變化的要求自發地作了調整後，必然會對那些與外部沒有直接聯繫的子系統產生影響，從而要求它們也做出相應調整。系統內部各部分的自發調整可能產生兩種結果：一種是各子系統的調整均是正確的，從整體上說是相互協調的，從而給系統帶來的總效應是積極的，可使系統各部分的關係實現更高層次的平衡——除非極其偶然，這種情況一般不會出現；另一種情況是，各子系統的調整有的是正確的，而另一些則是錯誤的——這是通常可能出現的情況。因此，從整體上來說，調整後各部分的關係不一定協調，給組織帶來的總效應既可能為正，也可能為負（這取決於調整正確與失誤的比例），也就是說，系統各部分自發創新的結果是不確定的。

與自發創新相對應的是有組織的創新。有組織的創新包含兩層意思：①系統的管理人員根據創新的客觀要求和創新活動本身的客觀規律，制度化地檢查外部環境狀況和內部工作，尋求和利用創新機會，計劃和組織創新活動。②同時，系統的管理人員要積極地引導和利用各要素的自發創新，使之相互協調並與系統有計劃的創新活動相配合，使整個系統內的創新活動有計劃、有組織地展開。只有有組織的創新，才能給系統帶來預期的、積極的、比較確定的結果。

鑑於創新的重要性和自發創新結果的不確定性，有效的管理要求有組織地進行創新。為此，必須研究創新的規律，分析創新的內容，揭示創新過程的影響因素。

當然，有組織的創新也有可能失敗，因為創新本身意味著打破舊的秩序，打破原來的平衡，因此具有一定的風險，更何況組織所處的社會環境是一個錯綜複雜的系統，這個系統的任何一次突發性的變化都有可能打破組織內部創新的程序。但是，有計劃、有目的、有組織地創新，取得成功的機會無疑要遠遠大於自發創新。

第二節　管理創新的基本內容

創新的內容非常廣泛，它涉及管理工作的各個方面。概括地講，主要有觀念創新、目標創新、環境創新、技術創新、組織創新和制度創新等幾項基本內容。

一、觀念創新

人們的行為總是要受到一定思想觀念的支配，思想解放是社會變革的前提，觀念創新是一切創新的先導。所以，創新最基本的內容就是觀念創新。

1. 觀念創新的概念

所謂觀念創新就是創造和運用體現現代進步的新思想、新方法處理現實問題的過程。思路決定出路，沒有創新的思維就沒有創新的方法，沒有創新的方法就不可能解決新問題。如果不首先解決思想問題，就不可能最終解決實際問題。無論是組織改革還是組織發展，首先受到衝擊的就是組織成員的思想觀念。不首先打破傳統思維模式的束縛，就難以產生新穎而有意義的行動。觀念落後、抱殘守缺，組織的一切創新也就無從談起。但是，觀念創新並非是一件容易的事情，因為相對於傳統的思想觀念和社會生產，觀念的創新是一個否定自我、超越自我的過程；是一個改變現有利益格局、重新構建新的利益關係的過程；是一個不斷學習、累積和提高的過程；是一個從現有信息和條件出發，對於未來不確定的事件做出重大決策的過程。因此，觀念創新必須具有足夠的勇氣和無畏的精神。一般說來，觀念創新是從領悟與眾不同的個性特徵開始的。

觀念創新既是管理創新的重要內容，同時也是推動管理創新最直接的動力。在管理的過程中，我們常常能見到這樣的情況：一些資金充裕的大公司，由於忽視了市場和科技的發展趨勢，缺乏創新觀念，於是不能正確地調整資源配置，從而跟不上時代的發展。IBM公司對於20世紀70年代末期興起的個人電腦無論從技術還是資金上都有充分的開發能力，但它卻沉迷於大型計算機的開發與生產，沒能及時地進行觀念創新，調整資源配置，結果在個人電腦市場上落後於許多小公司。摩托羅拉公司對於開發數字移動通信設備，無論在技術還是資金方面都有雄厚的實力，但它卻迷戀於模擬技術和已有的市場，結果在技術上一度落後於一些歐洲公司。日本索尼公司由於把大量的資金用於購買美國的電視公司和房地產，從而造成技術創新後繼乏力。1995

年索尼公司被迫承認：20世紀90年代以來，索尼已經拿不出什麼創新產品，在數字技術方面也已落後於競爭對手，再這樣發展下去，索尼將面臨創造力枯竭的危險。由此我們可以看出，是觀念和意願在調動著組織的資本營運，觀念創新雖然是無形的，但它卻是組織的重要資源，是管理創新的重要組成部分與推動力。

2. 觀念創新的特點

觀念創新是管理創新的重要內容，它有管理創新的一般特點，但它又有其他管理創新所不具備的特點。概括地講，主要有以下幾方面：

(1) 觀念創新首先要戰勝自己

人最大的對手就是自己。對於一個組織來說，情況也是一樣。組織的管理思想是組織管理者思想的體現，組織能否拋棄落後的思想而重新建立一種符合時代發展的新思想，關鍵取決於組織管理者思想更新的程度。這是一個非常痛苦的過程，需要組織管理人員對自己現有的思想進行修正並接納各種新的思想。這等於給組織管理人員進行一次「洗腦」手術，也等於是給組織進行一次「洗腦」手術。手術的過程是痛苦的，需要管理人員和組織全體員工積極配合。如果組織管理人員不能有效地戰勝自己，不斷地吐故納新，更新自己的思想，那麼，觀念創新就只是空談。

(2) 觀念創新必須打破已有的利益格局

觀念創新就是不滿足於現狀，就是要改變過去已經習慣了的工作方式和生活方式，就是要改變現有的利益格局，這必然會對某些人的利益造成損失，或與某些人的利益發生衝突，其阻力和困難可想而知。但是，沒有這種舊的平衡的打破，就永遠不會建立更高層次的新的平衡。

(3) 觀念創新的基礎在於學習

觀念創新和其他所有創新一樣是一個過程。在這個過程中，學習是基礎。這裡所說的學習既包括對前人、別人的思想和經驗的學習，也包括創新主體本身在實踐中的思考和學習。但是，我們必須注意，學習只是基礎，不是創新的本質，更重要的是要通過學習產生超前的觀念並實現已有觀念的突破。

(4) 觀念創新面臨著巨大的風險

任何創新工作都將面臨巨大的風險，觀念創新也不例外。觀念創新所面臨的風險主要有兩個方面：一方面，觀念創新是摒棄原有社會條件下的思想，創造一種前所未有的新的觀念，這種新的觀念可能不被組織甚至社會所接受，可能遭受組織甚至社會各方面的排斥和打擊，有時候甚至需要為此付出很大的代價。另一方面，當創新者首次提出一種創新觀念時，只是對改變現狀、走向未來的一種假說，往往沒有什麼證據能夠證明其觀念的正確性與合理性，

這種觀念是否符合社會發展的需要具有很大的不確定性。

總之，觀念創新並不僅僅局限於觀念本身，觀念創新的指向實際上是現有的利益格局，意味著自己「否定」自己的過去，意味著自己超越自己，加之創新本身具有極大的風險性，更增加了觀念創新的難度。這時，創新者不但需要挑戰他人的勇氣，而且需要挑戰自我的勇氣，更需要充分地學習和掌握信息，需要不確定型決策者的勇氣和超人的膽識，甚至需要「冒天下之大不韙」的氣魄。

二、目標創新

企業是在一定的經濟環境中從事經營活動的，特定的環境要求企業按照特定的方式提供特定的產品。一旦環境發生變化，企業的生產方向、經營目標以及企業在生產過程中與其他社會經濟組織的關係就應有相應的調整。以前，中國的社會主義工業企業，在高度集權的經濟體制背景下，必須嚴格按照國家的計劃要求來組織內部的活動。經濟體制改革以來，企業同國家和市場的關係發生了變化，企業必須通過其自身的活動來謀求生存和發展。因此，在新的經濟背景中，企業的目標必須調整為：「通過滿足顧客需要來獲取利潤。」至於企業在各個時期的具體經營目標，則更需要適時地根據市場環境和消費需求的特點及變化趨勢加以整合，畢竟每一次調整都是一種創新。

三、環境創新

組織與人一樣都生存在特定的環境之中，環境的好壞對人有著重要的影響，同樣，環境的好壞對一個組織的生存與發展也有著重要的影響。離開了環境，組織也就不存在了，更談不上什麼管理了。由於環境對組織、對管理都如此重要，因此，在管理的過程中必須對組織所處的環境有一個清醒的認識，因為管理的成效在很大程度上取決於管理行為符合環境需要的程度，一切脫離環境的管理行為，最終都會造成組織的損失。

所謂環境創新就是有效利用組織的資源，突破局部環境的束縛，造就一個有利於組織生存與發展的環境狀態的過程。管理必須有效地適應環境的變化，但適應環境變化絕不是管理的全部，管理同時還是一種改造環境的創造性活動。就改造組織的外部環境來說，管理人員的改造能力雖有限，但也絕不是無處發揮。管理人員完全可以利用自己的聰明才智，利用組織有限的力量，通過創造市場、戰略重組等手段，突破局部環境的束縛，為組織的生存與發展創造一個良好的局部環境。對組織的內部環境來說，管理人員是可以控制和改造的，而且是管理人員發揮自己領導才能的舞臺。作為現代管理人

員，必須樹立起環境創新的思想意識，主動積極地投身到環境的變化之中。

一般說來，環境創新首先是從完善內部條件入手（也就是內部環境創新）。沒有良好的內部管理、沒有奮發向上的精神文化、沒有先進的生產技術和雄厚的技術開發能力等作為基礎，環境創新就只是一句空話。另外，環境創新必須有效地利用外部環境變化所提供的機會。對於組織來說，創新環境的能力是很有限的，只有把組織有限的能量與環境變化所提供的機會有機地結合起來，才可能很好地突破局部環境狀態，為自己營造一個良好的發展空間。

四、技術創新

技術創新是一項高風險、高回報的科研生產經營活動，是組織實現可持續發展的基礎，是一個國家實現經濟持續增長的重要來源。沒有技術創新，組織生產的產品或提供的服務就難以適應社會需求的變化；而不能適應社會需求變化的組織，最終將為社會所淘汰。對於一個國家來說，沒有技術創新，國民經濟的增長就缺乏必要的保證和支持，難以實現經濟增長方式的有效轉變，難以提高國家在國際市場上的競爭能力。在高新技術激烈競爭的今天，技術創新就顯得尤為重要。

1. 技術創新的概念

關於技術創新的概念，目前理論界還沒有一個完全統一的認識，概括地說有狹義和廣義兩種不同的解釋。狹義的技術創新是指新產品和新工藝設想的提出和開發，而廣義的技術創新則是指一個創新的過程。後者是從新產品或新工藝設想的提出，經過研究與開發，到實現產業化、商業化生產，而且在市場上獲得成功的全過程，是技術與市場的有機結合。我們這裡所提到的技術創新，主要是指廣義的技術創新。

2. 技術創新的特點

技術創新不同於組織日常性的生產經營活動，與其他形式的管理創新相比較，也具有一些不同的特點。一般說來，技術創新有以下幾個方面的特點：

（1）信息化的特點

技術創新的信息化特點，主要是指技術創新對信息和信息技術的依賴程度。信息是一種能交換、能創造價值或能滿足人們某種需要的知識。在工業生產時代，經濟組織一般是以物質生產為主，而 21 世紀的經濟則是把物質生產和知識生產結合起來，並充分利用知識和信息資源，大幅度提高產品的技術含量和附加值。技術創新是一種人們認識世界和改造世界的活動，而這個活動過程必須不斷地從外界獲得信息，並對信息進行交換、傳遞、儲存、處

理、比較、分析、判斷和提取。技術創新活動是否能夠成功，在很大程度上取決於信息的獲取與利用。

（2）多學科性的特點

縱觀歷史上幾次重大的技術變革，都是由比較單一的技術發展起來的，其中跨學科的技術突破則很少見。比如18世紀的幾次重大技術突破，紡織機的出現，繼而蒸汽機和電力的發明等，這些技術創新雖然帶動了其他科學技術的發展，但它們都是以單學科獨立的技術形式出現的。而目前的技術創新卻不是這樣的，是多學科的綜合，是以群體形式出現的。比如現代機械產品的開發創新，已經不再是單純的機械技術的創新了，而是機、電、光、聲、磁等多種學科理論和技術的綜合與開發應用。所以，技術創新有多種科學技術融合的特點。這種多學科技術的融合、滲透、互補和合作，賦予了技術創新無窮無盡的生命力。

（3）很大的風險性特點

技術創新的風險性特點，是指技術創新具有許多不確定性和高投入性。這是因為技術創新具有許多試驗性問題，其中每一個環節都包含了很多的不確定因素，如技術上的不確定性（即技術上的不成熟）、新技術的不斷湧現和快速變化、市場的激烈競爭以及預測不準確和技術引進的衝擊等。此外，在創新過程中，資金不能及時到位可能導致創新失敗；由於缺乏管理經驗，管理不善可能造成技術創新失敗；外部環境變化，如社會、政治、法律、國家政策等條件的變化，也可能給技術創新活動帶來風險。據國外調查資料反應，新產品開發的成功率一般都不太高，即使在美國這樣的技術經濟強國，也只有30%左右。由此可見，技術創新成功率低是其風險的主要因素。此外，與其他管理創新相比較，技術創新的投資較大，雖然技術創新一旦獲得成功，將會對組織的發展產生極大的促進，但是，如果技術創新失敗，給組織帶來的衝擊也將是巨大的。

（4）高收益性特點

高風險與高收益總是聯繫在一起的。據有關資料顯示，技術創新有20%左右的成功率就可以收回技術創新的全部投入並獲得相應的利潤。也正是因為技術創新的這一特點，世界上許多國家相繼建立了風險投資銀行和風險投資公司，向技術創新提供風險性貸款或融資，促進技術創新。現在，許多企業正是以技術創新的高收益為目標來進行技術創新，以求得自身的發展。

（5）顯著的創造性特點

應該說創造性是所有管理創新都具有的特點，正是基於這一特點，熊彼特將創新活動形容為「創造性的破壞」。但技術創新的創造性特點更為突出，

對社會發展的推動作用更為直接，這是技術創新的基本特徵。技術創新是組織的一種創造性行為，是組織創新精神的實踐，它要求創新主體——組織，具有強烈的創新意識，具有一定的創造性決策能力和勇於承擔風險的膽識，具有創造性的組織才能。另外，就技術創新的成果而言，無論創新的程度如何，所有的技術創新都具有一定程度的獨創性，或是創造出全新的功能，或是對原有功能、價值的增加或革新。

（6）繼承性的特點

從技術創新的發展來看，任何技術創新活動都是建立在以前技術創新成果的基礎之上並攀登前進的。技術創新的這種繼承性創造了一代又一代不斷完善的新產品，如計算機的誕生和發展就是一個明顯的例子。自20世紀40年代後期第一代電子管計算機誕生，到第二代晶體管計算機、第三代小規模集成電路計算機和第四代大規模集成電路計算機的相繼問世，都繼承了前一代的技術原理，而計算機的性能、結構、速度和規模等都一代勝過一代。因此，新一代技術創新要善於繼承前人的技術成果，並在新的起點上有所發明和創造。

五、組織創新

組織與任何生命體一樣，都有自己的生命週期，存在著初生、成長、成熟和衰亡的過程。為了延長組織的生命週期，增強組織的生命活力，就需要不斷地進行組織創新。當前我們所處的時代是一個變革的時代，組織面臨著更加複雜多變的環境：一方面是現有的組織理論和組織形式面臨著巨大的衝擊，另一方面是新的管理思想和新的組織形式不斷湧現，客觀上都要求組織迅速做出反應。因此，組織創新無論是在理論界，還是在實業界，都日益受到重視。

1. 組織創新的概念

關於組織創新的概念，目前理論界存在許多不同的看法。有的學者認為，組織創新是指影響創新性技術成果運行的社會組織方式、技術組合形態和制度支持體系的創新。它不是泛指一切有關組織的變革，而是專指能使技術創新得到追加利益的組織變革。還有學者認為，組織創新是指在現行的生產體系中引入新的組織形式，形成新的組織。我們認為，組織創新是指組織根據內外環境的變化，調整內部的若干狀態，以維持組織本身的生存與發展的過程。這種調整可以分為兩種類型：一是組織的增量式創新，即不是改變原有組織結構的性質，而是對組織的機構、手段或程序等的調整，如控制制度的精細化、組織機構的精簡、人事上的變更或組織交易程序的調整等。二是組

織的徹底性創新，即組織結構的根本性變化。如組織機構的基本形態的發展、部門機構職責和權限的發展、組織機構中信息網絡重構以及組織機構中人際關係的重新安排等。

2. 組織創新的特點

組織創新無論是在創新的內容、過程上，還是在創新的結構上，都表現出了一些重要的特點，這些特點集中體現在四個方面：

（1）組織創新的產權難以以專利的方式來進行保護。

（2）要評估組織創新的經濟地位及其重要性很困難。

（3）組織創新活動對組織的戰略和經濟技術實力的依賴很大。

（4）組織創新是組織內部結構的不斷優化或是各種社會組織之間的橫向結合，表現為組織功能的不斷完善。

六、制度創新

對經濟增長起著決定性作用的因素是制度性因素，而非技術性因素。一個社會如果未能實現經濟持續增長，那是因為社會沒有為經濟創新活動提供激勵，也就是沒有從制度方面去保證創新活動的行為主體得到最低限度的報酬或好處。有效率的、有組織的生產，需要在制度上做出安排，確定產權能對人的經濟活動造成一種激勵效應。制度創新為技術創新的持續湧現和經濟持續增長提供了體制保障。

1. 制度創新的概念

制度是指一個有機組織為了實現組織的既定目標和實現內部資源與外部環境的協調，在財產關係、組織結構、運行機制和管理規範等方面的一系列制度安排。它主要包括產權制度、經營制度（經營機制）和管理制度三個層次、不同方面的內容。產權制度是決定組織其他制度的根本性制度，它規定著組織所有者對組織的權利、利益和責任。經營制度（經營機制）是有關經營權的歸屬及行使權利的條件、範圍、限制等方面的原則規定，它構成公司的「法人治理結構」，包括目標機制、激勵機制和約束機制等。管理制度是行使經營權、組織日常經營活動的各項具體規則的總稱，其中，分配制度是其重要的內容之一。

所謂制度創新就是改變原有的組織制度，塑造適應社會生產力發展的市場經濟體制和現代化大生產要求的新的微觀基礎，建立「產權清晰、權責明確、政企分開、管理科學」的現代組織制度的過程，如產權制度創新、系統化管理制度創新、管理制度的制定方式創新，以及管理制度效用評價體系創新等。

2. 制度創新的作用

制度創新是組織發展的基礎，是組織整體創新的前提和條件，同時也是實現一個組織不斷創新的保障。沒有一個創新的組織制度，組織的其他創新活動就不可能有效和持久。制度創新的作用突出表現在以下幾個方面：

（1）適時的制度創新能夠使組織站在發展的前沿

組織的外部環境總是處在不斷的發展變化之中，隨著世界經濟一體化、國際化、區域化和網絡化格局的形成和加深，組織比任何時候都更開放，組織只有和外界保持良好的關係，才能經久不衰，站在發展的前沿。相反，如果組織的體制僵化，創新不足，便會給組織帶來毀滅性的打擊。

（2）制度創新是搞好組織各項管理工作的基礎

從廣義的角度上講，組織的制度就是管理的制度化。管理本身就是強制性與藝術性的統一。為了使組織的各項管理工作（如人事管理、生產管理、行銷管理以及管理創新工作等）符合組織內外環境變化的需要，並取得良好的管理成效，就必須首先從體制上、制度上為其開路。沒有適時的制度創新，就沒有充滿活力的組織。

（3）制度創新能夠為創新過程中的合作提供基礎

隨著人類創新活動的不斷拓展，隨著社會化、專業化程度的不斷提高，創新活動已經從個人行為轉變為集團行為，這就使不同創新者之間的合作變得越來越重要。但是，不同創新者之間的合作是以「共識」的形成為基礎的。這裡所說的「共識」，就是人們在社會分工與協作過程中，經過多次較量而達成的一系列契約的總和。它通過明確人們在什麼條件下能做什麼、能得到什麼、不能做什麼，以及違約將要付出的代價等問題，為合作提供了一個基本框架。因此，沒有制度的創新，不同創新者之間的這種「共識」就難以形成，創新合作也就不可能。

（4）制度創新將為組織的其他創新活動提供激勵機制

任何一種制度的基本任務都是對個人的行為形成一個激勵集，通過這些激勵，每個人都將受到鼓勵而去從事那些對他們有利的經濟活動。創新是具有很大風險的活動，如果沒有相應的制度激勵，創新的動力必將大打折扣。在激烈的市場競爭中，誰勝誰負的關鍵取決於創新，創新已經成為組織生存與發展之本。因此，任何組織都必須不斷地進行制度創新，不斷地形成新的激勵機制，最大限度地刺激組織其他創新活動的開展。

第三節　創新的方法與策略

國外有一門「創造學」，產生於 20 世紀中葉，它作為一個科學體系尚不夠成熟，但已初步形成一門獨立的學科。該學科對人在創造性活動中的心理過程特徵及心理障礙進行研究，並在此基礎上提出了一些創新技術和方法。

一、創新的方法

創新方法是指人們在創新過程中所具體採用的方法，它包括創新思維方法和創新技法兩方面。

1. 創新思維方法

大腦是人類進行創新的最重要的器官，是創新的物質基礎和生理基礎，由大腦產生的活動是人創新才能的源泉。在實際的創新活動中，人們運用的創新技巧和方法雖然很多，但其基本原理不外乎邏輯思維、形象思維和靈感思維。

（1）邏輯思維

邏輯思維撇開事物的具體形象而抽取其本質，從而具有抽象性的特徵。這是一種運用概念、判斷和推理來反應現實的思想過程。如甲>乙，乙>丙，則有甲>丙。這種「甲>丙」的結論就是運用概念進行邏輯推理得來的判斷，並不涉及具體事物的形象，不管甲、乙、丙是動物還是房屋。這種判斷是由甲—乙—丙的順序，由一個點到另一個點進行的。邏輯思維是一種求同性思維，不論是由個別到一般的歸納法，還是由一般到個別的演繹法，其目的都是求同。如人們看到天上飛的天鵝都是白的，於是得出了「天鵝是白的」這個結論，但後來人們在澳洲發現了黑天鵝。由此可見，「從個別到一般」推理的弱點在於，如果大前提錯了，後面的推斷必然跟著錯。所以，在運用邏輯推斷時要注意大前提的正確性。

（2）形象思維

這是一種借助具體形象來展開思維活動的過程，帶有明顯的直覺性。形象思維屬於感性認識活動，它的特點是大腦完整地感知現實。日常的形象思維被動復現外界事物的感性形象，而創新性思維則是把外界事物的感性形象重新組織安排加工並創造出新的形象。如德國化學家凱庫勒在研究有機化合物苯分子的結構時，百思不得其解。一天，他坐在火爐旁邊沉思，恍然入夢，見很多蛇在眼前晃動，每條蛇咬住前面一條蛇的尾巴，組成了一個環。這些

蛇組成的六角形的「環」使他得到了啟發：苯分子的結構可能是由6個碳原子各帶1個氫原子組成的六角環形結構。凱庫勒正是通過對蛇的形象思維發現了苯環結構，這個設想使有機化學徹底革新。

形象思維按其內容可分為直覺判斷、直覺想像和直覺啟發三類。

①直覺判斷。它就是人們通常所說的思維洞察力，也就是通過主體耦合接通、激活在學習和實踐中累積起來並儲存在大腦中的知識單元——相似塊，對客觀事物迅速判斷，直接理解或綜合判斷。例如，甲是如此，乙跟甲相似，所以乙也可能如此。直覺理解或綜合判斷，中間沒有經過嚴密的邏輯推理程序。

②直覺想像。與直覺判斷相比，其更有潛意識的參與，即已經忘記下沉到意識深處的知識，通過對潛意識的重新組合，做出新的判斷或理解。對於這種判斷或理解，當事人往往也說不出其中的原因或道理。

③直覺啟發。直覺啟發是指通過「原型」，運用聯想或類比，給互不相關的事物架起「創新」的橋樑，從而產生新的判斷和新的意識。如中國古代發明家魯班從手指被茅草的小齒劃破一事中得到啟發，於是發明了鋸子。這裡茅草上的小齒就是直覺啟發的「原型」。

（3）靈感思維

靈感思維是一種突發式的特殊思維形式，它常出現在創新的高潮時期，是人腦的高層活動。1981年，獲得諾貝爾醫學獎的斯佩里的研究成果認為，顯意識功能主要在左腦，潛意識功能主要在右腦，左右腦相互交替作用，從而產生靈感。但靈感具有突發性和瞬時性，來得快，去得也快，必須及時捕捉。儘管如此，靈感並不是不可捉摸的東西，它的誕生和降臨也是有如下條件的。

①要有執著的追求。
②要有知識和經驗的累積。
③要進行長期艱苦的思維勞動。
④常需要信息或事物的啟發。
⑤有潛意識的參與。

總之，創新思維大體上可以分為上述三種類型。但創新思維的形成要滿足以下三個條件：

第一，建立創新思維必須使認識形成概念。人們要在原有事物的基礎上有所創新，必須擺脫原有事物在具體形象、方法等方面對思維的束縛。所以，人們必須透過事物的表象抓住其本質。而概念是在人們大量觀察同一類現象時形成的。普遍性的概念，能概括所有同一類事物，從各種形態的個性中提

示出該事物的共性。因此，使之形成概念是創新思維形成的先決條件。

第二，創新必須借助正確的判斷。判斷是人們的一種思維形式。正確的判斷能反應事物的內在聯繫及其規律性，它可以使人對未來作出正確的預言。

第三，建立創新思維必須有正確的推理，因為正確的判斷來自正確的推理。人類的推理不外乎三種方式，即演繹法、歸納法和類比法。演繹法是從一般到個別的方法；歸納法是從個別到一般的方法；類比法是從一方面的相似推廣到其他方面也相似的方法。使用演繹法要注意大前提的滿足，使用歸納法要考慮特殊性的存在，而使用類比法則要注意可比性。

2. 創新技法

創新技法是人們在創新過程中所具體採用的方法，常用的主要有以下幾種：

（1）列舉創新法

列舉創新法是創意生成的各種方法中較為直接的方法。按其列舉對象的不同可分為特性列舉法、缺點列舉法、希望點列舉法和列舉配對法。

①特性列舉法。該法是通過對研究對象進行分析，逐一列出其特性，並以此為起點探討對研究對象進行改進的方法。在使用該法進行創新時，所列舉的特性應當具體、明確，以便於有針對性地予以改進。

②缺點列舉法。該法是通過對研究對象進行分析，逐一列出其缺點，然後針對這些缺點尋求改進方案。

③希望點列舉法。該法是通過分析研究對象的需要或他們的希望（要求），通過列舉服務對象的希望點，來尋求滿足他們的需要或希望的方法，從而實現創新。

④列舉配對法。該法是通過對研究對象進行分析，把其中不同的組成部分任意組合以尋求創新。比如，在家具的生產中列舉出所有家具如床、桌子、沙發、衣櫃、茶幾等。由於現代社會居民住房條件緊張，因而需要占地（空間）小的家具，人們可以試圖把這些家具組合起來並設法發明新家具，如把床和沙發組合起來等。

（2）聯想創新法

聯想創新法是依靠創新者從一個事物想到另一個事物的心理現象來產生創意，從而進行發明或革新的一種方法。按照聯想對象及其在時間、空間、邏輯上所受到的限制的不同，聯想創新法可分為以下幾種：

①非結構化自由聯想。非結構化自由聯想是在人們的思維活動過程中對思考的時間、空間、邏輯方向等主要方面不加任何限制的聯想方法。這種方法在解決某些疑難問題時很有效，往往能產生新穎獨特的解決辦法，但不適

合解決那些時間緊迫的問題。

②相似聯想。相似聯想是根據事物之間在原理、結構、功能、形狀等方面的相似性進行想像，期望從現有的事物中尋找發明創造的靈感的方法。比如，古人看到魚在水裡用鰭劃水就能自由自在地遊動，聯想到自己如果在水裡用手和腳劃水不就可以遊了嗎？於是，人們學會了游泳。並且，人們還通過模仿各種動物遊水的動作和姿勢，發明了各式各樣的泳姿，如蛙泳等。

③對比聯想。對比聯想是指創新者根據現有事物在不同方面具有的特徵，反其道而行之，向與之相反的方向進行聯想，並以此來改善原有的事物或發明創造出新的東西。

（3）類比創新法

類比創新法的共同特點是，由於兩個或兩類事物在某一或某些方面具有相同或相似的特點，因而人們期望通過類比把某類事物的特點復現在另一類事物上以實現創新。類比創新法包含了多種具體的創新方法，現介紹幾種常用的方法：

①變陌生為熟悉階段。本階段是綜攝法的準備階段。在這一階段中，創新者把所面臨的問題分解成為幾個較小的問題，並熟悉它們的每個細節，深入瞭解問題的實質，找出對本次創新至關重要的小問題。在認識事物的過程中，創新者要把不熟悉的事物同自己已經熟悉的事物進行比較，找出其異同點，並通過對異同點的把握重點認識事物獨特的特點，再把它們結合成關於事物的綜合形象。在這一階段，問題的分解非常重要，要把問題分解到能夠同已熟悉的事物相比較為止。在這一階段中，創新者在對事物有了全面把握的基礎上，通過各類類比手法的綜合運用，暫時離開原來的問題，放大創新對象的不同點，從陌生的角度對問題進行探討，在得到啓發後再回到原來的問題上去，通過強行關係法把類比得到的結果應用到原問題的解決過程中。

②因果類比法。因果類比法是根據已經掌握的事物的因果關係與正在接受研究改進事物的因果關係之間的相同或類似之處，去尋求創新思路的一種類比方法。例如，發泡劑能使合成樹脂布滿無數小孔從而使泡沫塑料具有良好的隔熱和隔音性能，據此，一名日本人嘗試在水泥中加入發泡劑，結果製成了具有隔熱和隔音性能的氣泡混凝土。

③相似類比法。相似類比法就是根據類比對象之間在一些屬性上的相似性，推出它們在其他屬性或綜合屬性上也應該相似。相似類比法為改進產品的綜合或具體的個別性能提供了參考。比如，為了減少摩擦，人們一直在不斷地改進軸承，但正常思路無非是改變滾珠形狀、軸承結構和加入潤滑劑等，效果一直都不理想。後來人們想到高壓空氣可以使氣墊船漂浮，相同極性的

磁性材料會相互排斥並保持一定的距離，於是把這些設想移入軸承中，發明了不用滾珠和潤滑劑而只向軸套中吹入高壓空氣便使轉軸呈懸浮狀的空氣軸承或用磁性材料制成的磁性軸承。

④模擬類比法。模擬類比法即模擬法，這是指對某一對象進行實驗研究時，對實驗模型進行改進，最後再把結果推廣到現實的產品或經營決策中去的一種類比法。借助現代計算機技術，模擬法的應用範圍大大擴大，甚至在許多重要決策過程中需要進行全過程模擬。模擬類比法可以盡早發現並解決問題。

⑤仿生法。仿生法要模仿的對象是生物界中神奇的生物，創新者試圖使人造產品具有自然界生物的獨特功能。仿生法可以從原理、結構、形狀等多個方面對有關生物進行模仿。比如，人們模仿青蛙的眼睛創制了電子蛙眼等。

⑥剩餘類比法。剩餘類比法是指把兩個類比對象在各個方面的屬性進行對比研究，如果發現它們在某些屬性上具有相同的特點，那麼可以推定它們剩餘的那些屬性也可能是相同或類似的，從而可以根據一個事物推定另一個事物的屬性。

二、創新策略

1. 首創型創新策略

首創型創新是創新度最高的一種創新活動，其基本特徵在於首創性。例如，率先推出全新的產品、率先開闢新的市場銷售渠道、率先採用新的廣告媒介、率先改變銷售價格等，所有這些行為都是首創型創新。

首創型創新具有十分重要的意義，因為沒有創新，就不會有改創或仿創。每一項重大的首創型創新，都會先後在不同地區裡引起一系列相應的改造型和仿創型創新活動，從而具有廣泛而深遠的創新效應。對於企業來說，進行首創型創新，可以開闢新的市場領域，提高企業的市場競爭力，獲得高額利潤。對於處於市場領先地位的企業來說，要想保持自己的領先地位，也必須不斷地進行首創型創新。

一般來說，首創型創新活動風險大，成本高，相應的利潤也較高。由於市場需求的複雜性和市場環境的多變性，以及生產、技術、市場等方面的不確定性，使首創型創新活動具有較大的不確定性和風險性。另外，要開闢一個全新的市場，企業必須先進行大量的市場開發投資，包括市場調查、產品開發、設備更新、組織變動、人員培訓、廣告宣傳等市場開發費用。當然，如果首創型創新獲得成功，企業便會因此而獲得巨大的市場利益。如果失敗，企業就會蒙受一定的經濟損失。

首創型創新活動是一種高成本、高風險、高報酬的創新活動。因此，在採用首創策略時，創新者應根據實際情況，充分考慮各種創新條件的影響，選擇適當的創新時機和方式，及時進行創新。

2. 改創型創新策略

改創型創新策略的目標是對已有的首創進行改造和再創造，在現有首創的基礎上，充分利用自己的實力和創新條件，對他人的首創進行再創新，從而提高首創的市場適應性，推動新市場的不斷發展。這是一種具有中等創新度的創新活動，是介於首創戰略和仿創戰略之間的一種中間性創新策略。

改創性是改創型創新戰略的基本特徵，改創者不必率先進行創新，而只需對首創者所創造的進行改良和改造，因此改造者所承擔的創新成本和風險比較小，而所獲創新收益卻不一定比首創者少。當然，改造也是一種創造，也具有一定的風險。

首創是重要的，改造也是重要的。如果沒有首創，便沒有其市場發展前景，例如飛機、汽車、計算機等首創產品，但如果沒有後來的不斷改進和再創新，也就不會有今天這樣的市場大發展。

3. 仿創型創新策略

仿創型創新是創新度最低的一種創新活動，其基本特徵在於模仿性。模仿者既不必率先創造全新的新市場，甚至也不必對首創進行改造。仿創者既可以模仿首創者又可以模仿改造者，其創新之處表現為自己原有市場的變化和發展。一些缺乏首創能力和改創能力的中小型企業，往往採用模仿策略，進行仿創型創新。

一般來說，仿創者所承擔的市場風險和市場開發成本都比較小。雖然仿創者不能取得市場領先地位，卻可以通過某些獨占的市場發展條件來獲取較大的收益和競爭優勢。例如，仿創者可採取率先緊跟首創者的策略，從而取得市場上的價格競爭優勢。

仿創有利於推動創新的擴散，因而也具有十分重要的意義。任何一個首創者或改創者企業，無論它擁有多大實力，也無法在一個比較短的時期內占領所有的市場。因此，一旦首創或改創獲得成功，一大批仿創者出現就成為必然。

總之，在制定創新策略時，不同的企業應該選擇一個適當的創新度，進行適度創新。所謂適度創新，就是既要適應市場需求的發展情況，又要適應本企業的創新條件。只有這樣，創新者才能充分利用和發揮本企業的創新優勢，盡量減少或避免創新的風險，改善創新的效果，促進企業的發展。

第四節　創新理論的發展趨勢

一、知識經濟背景下的管理創新

在知識經濟時代，市場競爭激烈，企業經營面臨著環境的日新月異，顧客需求的千變萬化，如此一來，企業按傳統分工的理論設計的組織形式顯然不能適應新形勢的要求，必須進行管理變更與創新，對傳統理論提出挑戰。「企業再造工程」就是為適應這種客觀需要才產生的。

企業再造工程的完整意義就是以信息化和知識化為基礎，以市場為導向，以具有創造性的合作關係為紐帶，以大幅度提高工作效率和效益為核心，對企業的工作程序進行關鍵性的重新設計和根本性的變革創新。其能夠建立充分體現個人價值和團隊精神的團隊或組織並層層擴大，直到整個企業都按照新原則構建起來，最終形成新型的企業組織。這一構想特別強調對工藝過程、管理組織系統進行重組、再建，期望能在成本、品質、服務以及績效等方面得到顯著的、決定性的改善。因此，在知識經濟背景下的管理模式從根本上不同於工業化時代的規模模式和質量模式，它一經提出便引發了企業最廣泛的關注和積極的回應。眾多企業紛紛進行改革，探索適應新時代要求的新的管理模式。在發達國家還掀起了管理變革與創新的浪潮。實踐證明，企業再造工程的指導思想體現在以下三個方面：

（1）要以顧客為中心。從「顧客第一」觀點出發，重新思考關鍵的業務流程，無論是管理組織的設計還是管理程序、管理人員的安排，都要遵循「顧客就是上帝」的理念。

（2）要以員工為中心。企業再造工程緊緊圍繞「以人為中心」來開展。力求使個人目標與組織目標相結合，為所有員工提供自我管理、自我創新的廣闊空間。

（3）以效率和效益為中心。構成整個企業業務流程的核心就是堅持以顧客為中心、以員工為中心和以效率和效益為中心。在這三個中心之間，效率和效益是企業奮鬥的最終目標，企業較多的經濟行為都是圍繞效率和效益的提高進行的。企業再造工程強調通過業務流程的改造來實現，也就是說，以顧客為中心和以員工為中心這一思路一開始並不是以降低成本為目的，而是在追求顧客滿意度和員工自我價值實現的過程中使成本降低和效益提高。總之，企業再造工程注重結果，但更注重過程的實現，從而追求企業可持續發展的能力。在知識經濟的背景下，管理變革的創新具有客觀必然性，誰先意

識到，誰就能佔有先機。

二、管理創新的發展趨勢

1. 創新型管理的主要特徵

隨著時代的進步，創新型管理代替傳統管理是歷史發展的必然。創新型管理的主要特徵有：①把企業建成個性化、活潑化的創新組織，以新取勝。②每一位管理者都是創新者，主要精力放在研究新問題、提出新思路上。③在企業內部組建新型管理機制，激勵員工勇於自由發揮、不斷探索。④融創新於整個管理過程。

2. 知識將是企業的核心資源

誰最先擁有並能有效運用創新知識，誰就在競爭中具有明顯優勢，處於積極主動地位。知識成為決定企業經營成效的關鍵因素，這就要求企業要加大研究與開發新產品的投入力度，建立相應的激勵機制，在管理中不斷增加知識含量，以知識創新的優勢來彌補自然資源以及資本上的劣勢。日本許多知名企業的成功案例都充分說明了這一點。

3. 快速的應變能力是企業的基本素質

未來社會競爭的主要標誌就是速度與效率的較量，要在瞬息萬變的市場中迅速抓住商機，必須有快速的反應力。因此，企業必須把效率作為衡量組織功能的首要標準，以敏銳的洞察力簡化工作程序，抓住有利時機，果斷決策，力求以快取勝，正所謂「效率就是生命」。

4. 學習型組織是成功企業的模式

在學習型社會大環境下，企業要想保持生機和活力，就必須不斷學習新的知識。無論是管理者還是一般員工，都要在學習中不斷更新知識，超越自我，實現知識的整合，從而增強企業的自身功能，提升企業的競爭實力。

5. 通過合理授權提高組織效率

孤獨集權的管理模式已不適應物質財富日益豐富的現代社會。人們的需求已變得越來越個性化、差異化，獨立處理問題的管理才能不斷昇華。為此，未來組織必將實現權利結構的轉換，在組織中實現授權，讓最瞭解行情的員工在自己的職責範圍內處理相關的事物，直接承擔為用戶服務的責任。這種轉換有利於減少管理的層次，增加管理的幅度，這是未來企業提高組織效率的必由之路。

6. 團隊精神是企業成功的法寶

商場如戰場，企業間的競爭如同作戰的雙方，只要雙方在戰鬥中能做到相互協作、相互支持、相互信任，就能勝利。在企業內部各部門之間強調團

隊精神，就要打破部門分工的嚴格界限，為實現共同的目標，就必須進行功能的重新組合，建立富有彈性、靈活性的機動團體，提高系統整體合力，適應萬變的環境。無論是在企業內部，還是在企業與企業之間，都能實現分散風險、共享技術資源、拓寬經營渠道的目標。

7. 讓消費者滿意是企業永恆的追求

在以人為本的今天，員工是企業重要的財富，是企業生存與發展的根本，創新的發明和運用都要靠大家。所以，企業要通過尊重人、關心人、培養人等方面積極為員工創造實現人生價值的條件，不斷提高其對工作及企業的滿意度。在員工隊伍穩定的前提下，大家就會把顧客當作「上帝」，為顧客提供一流的生產、技術、行銷等方面的服務，提高消費者的滿意度。隨著社會文明程度越來越高，現代企業除了追求企業價值最大化、實現最大的經濟效益外，應更注重社會效益，提高人們的生活質量、改善環境、提高社會貢獻率和累積率，從而令社會滿意。

8. 實施全球性戰略和可持續發展戰略是決定企業生存與發展的關鍵因素

在經濟全球化的時代背景下，企業一方面要樹立牢固的全球性觀念，制定全球經營戰略，力求以高品位、高質量和名牌產品打開國際市場大門；另一方面，企業在資源利用、對生態環境的影響以及對勞動者的培養等方面，要實現可持續發展戰略，力求讓企業長壽。

9. 跨文化管理是企業管理的必然趨勢

地區封鎖已成為過去，隨著經濟全球化趨勢的不斷發展，各國各地區之間的文化交流日益頻繁，不同文化之間會相互衝擊、相互滲透、相互影響、相互融合。文化環境的變化，必將促進各國、各地區管理發生變化。吸取精華、淘汰糟粕，已成為不斷完善自己的管理理論與方法的發展趨勢。

10. 沒有管理的管理是企業管理的最高境界

這種管理的特徵主要體現在：①人本管理。它注重啟迪人們自我管理的自覺性，把人的因素放在首要位置，主要依靠人們的自覺性開展全員、全過程、全方位的經營管理活動。②企業內全體成員，人人參與管理，既是重大決策的決策主體，又是該決策的執行主體。③榮辱與共的群體。上下級之間、員工之間高度和諧，凝聚力強，人們共生共存，即使有矛盾，也是推動企業發展的動力。④關注結果，不看過程。在人性化管理的前提下，員工不應拘泥於同樣的方式去實現自己的目標。

練習題

一、選擇題

1. 創新是社會、（　　）發展的基礎。
   A. 文化　　　　　　　　B. 企業
   C. 經濟　　　　　　　　D. 機構

2. 在企業的所有制度中，（　　）是決定企業其他制度的根本性制度，它規定著企業最重要的生產要素的所有者對企業的權利、利益和責任。
   A. 產權制度　　　　　　B. 經營制度
   C. 管理制度　　　　　　D. 用人制度

3. 下列不屬於管理的「維持職能」的是（　　）。
   A. 組織　　　　　　　　B. 創新
   C. 控制　　　　　　　　D. 領導

4. （　　）是反應企業經營實力的一個重要標志。
   A. 固定資產　　　　　　B. 流動資產
   C. 生產技術水準　　　　D. 市場佔有率

5. 關於國家創新體系不正確的理解是（　　）。
   A. 主要目標是啟發、引進、發行與擴散新技術
   B. 各國創新體系的結構與特點都一致
   C. 國家創新體系不僅僅由國內參與者構成
   D. 國家創新體系是一種有關科學技術植入經濟增長過程的制度安排

二、名詞解釋

創新　觀念創新　技術創新　組織創新　制度創新

三、簡答題

1. 什麼是創新？創新與維持有什麼聯繫？
2. 創新過程包括哪幾個階段？
3. 如何理解熊彼特關於創新的含義？
4. 創新理論發展的趨勢包括哪些內容？
5. 怎樣認識未來管理創新的發展趨勢？

四、案例分析題

把無聊換成錢——江南春創造樓宇電視新廣告媒體

如果有一筆包含兩種賺錢方式的業務——一個市場，一年需要近六萬元的液晶顯示屏，用來安裝在商務樓宇、大型超市等場所滾動播放廣告，其中製造、銷售液晶屏的利潤率不足10%，且以驚人的速度逐年下降；而數字化戶外廣告媒體正以不低於20%的利潤率逐年遞增——你會選擇哪一個？答案似乎顯而易見，然而難點不在選擇，而在創意。

江南春——分眾傳媒總裁，多年來他十分關注液晶屏的價格趨勢，對於那些下降最多的主流屏進行批量採購，以實現自己聽起來並不複雜的商業模式。僅用了兩年，分眾就從月廣告營業額100多萬元突破至4,000萬元。不知液晶電視的製造商對此有何感想？

2002年，在傳統廣告業呆了近8年的江南春，開始對這個行業進行深入細緻的思考。他當時領導的永怡傳播成為七家知名的互聯網客戶的廣告代理公司，營業額突破億元，利潤卻沒有同步提升，這個市場一不缺高級管理人才，二不缺有經驗的銷售人才，但市場的發展趨勢卻是背道而馳的。這說明，教科書上推崇的成功模式都用完了。一次，江南春在乘坐電梯時，在人們「坐電梯時間過長，若有電視打發時間就好了」的議論中，想到了有學者提到的「無聊經濟」的概念，很快發現了踐行「無聊經濟」的經營模式：在城市各個大寫字樓建立LCD—TV平臺，賣廣告段位給廣告主播放。

江南春喜歡看電影《英雄》，分眾註冊創立之時，正值《英雄》熱映。中文科班出身的他與其說喜愛《英雄》的情節，不如說喜愛《英雄》的敘事結構，一種他一直推崇的博爾赫斯型敘事結構：當你對故事中的種種暗示和提示做出常規判斷的時候，情節卻發生大逆轉。或許是因為博爾赫斯作品中這種思維方式的影響，江南春的分眾傳媒從形式到內容都是基於逆向多維化思考產生的，他不再關注行銷的手段和發掘客戶來提升傳統業務，而是重新迴歸人性本身來研究廣告效率逐漸降低的問題。

江南春花了很多時間思考這個問題，最終他將自己要做的事定義為幫別人打發無聊時間的產業。這個令他滿意的答案得益於他以文學形式研究非產業觀，以人為本的思想，是反經驗模式的結果。這也是江南春理解的大多數創新商業模式的成功通則。

2002年6月到12月，江南春說服了40家寫字樓；2003年1月，300臺液晶顯示屏裝進了上海50幢寫字樓的電梯旁。2003年5月，江南春正式註冊

成立分眾傳媒（中國）控股有限公司。此後兩年時間，分眾傳媒把中國商業樓宇聯播網從上海擴展至全國 40 多座城市，日覆蓋數千萬中國中高收入人群，使廣告以最經濟的成本最有效地傳播給了經過細分後的目標受眾。同時，分眾傳媒也贏得了眾多國際知名投資機構的青睞。軟銀、高盛、3i 集團先後對其投資了數千萬美元。2005 年 7 月 13 日，分眾傳媒登陸納斯達克。一夜之間，分眾傳媒 CEO 江南春身價暴漲至 2.7 億美元，遠超數字英雄張朝陽。

問題：

江南春是如何理解、實踐創業商業模式的？

國家圖書館出版品預行編目（CIP）資料

管理學基礎 / 王建華, 薛穎　主編. -- 第一版.
-- 臺北市：崧博出版：崧燁文化發行, 2019.05
　　面；　公分
POD版

ISBN 978-957-735-835-6(平裝)

1.管理科學

494　　　　　　　　　　　　　　108006393

書　　　名：管理學基礎
作　　　者：王建華、薛穎 主編
發 行 人：黃振庭
出 版 者：崧博出版事業有限公司
發 行 者：崧燁文化事業有限公司
E - m a i l：sonbookservice@gmail.com
粉 絲 頁：　　　　　網　址：
地　　　址：台北市中正區重慶南路一段六十一號八樓815室
8F.-815, No.61, Sec. 1, Chongqing S. Rd., Zhongzheng
Dist., Taipei City 100, Taiwan (R.O.C.)
電　　　話：(02)2370-3310 傳　真：(02) 2370-3210
總 經 銷：紅螞蟻圖書有限公司
地　　　址：台北市內湖區舊宗路二段 121 巷 19 號
電　　　話:02-2795-3656 傳真:02-2795-4100　網址：
印　　　刷：京峯彩色印刷有限公司（京峰數位）

本書版權為西南財經大學出版社所有授權崧博出版事業股份有限公司獨家發行電子書及繁體書繁體字版。若有其他相關權利及授權需求請與本公司聯繫。

定　　　價：350 元
發行日期：2019 年 05 月第一版
◎ 本書以 POD 印製發行